变形监测数据灰色模型理论及其应用

◎李双平 刘祖强 张斌 等著

长江出版社
CHANGJIANG PRESS

图书在版编目（CIP）数据

变形监测数据灰色模型理论及其应用 / 李双平等著．
武汉：长江出版社，2024．6．-- ISBN 978-7-5492-9538-8

Ⅰ．TV698.1

中国国家版本馆 CIP 数据核字第 2024JY2532 号

变形监测数据灰色模型理论及其应用

BIANXINGJIANCESHUJUHUISEMOXINGLILUNJIQIYINGYONG

李双平等　著

责任编辑：郭利娜　吴明洋
装帧设计：蔡丹
出版发行：长江出版社
地　　址：武汉市江岸区解放大道 1863 号
邮　　编：430010
网　　址：https://www.cjpress.cn
电　　话：027-82926557（总编室）
027-82926806（市场营销部）
经　　销：各地新华书店
印　　刷：武汉市卓源印务有限公司
规　　格：787mm×1092mm
开　　本：16
印　　张：17.5
字　　数：420 千字
版　　次：2024 年 6 月第 1 版
印　　次：2024 年 10 月第 1 次
书　　号：ISBN 978-7-5492-9538-8
定　　价：118.00 元

PREFACE

前言

传统的变形监测数据处理方法是以数学作为理论基础的。近三十年来，控制论、信息论和模糊集合论逐步渗入变形监测数据处理之中。虽然，控制论和信息论试图利用统计方法和随机理论来研究与描述系统信息的不确定性，并指出了事物的随机性；模糊集合论也试图用精确数学描述模糊现象来解决系统复杂性与精确性的矛盾，指出了事物的模糊性。但是，客观系统除了随机性与模糊性之外，还存在着一种范围更为广泛、内容更为深刻的特性，这就是系统的灰色性，亦即信息不完全或不确知现象。信息不完全的系统称为灰色系统。灰色系统理论认为，系统的随机性与模糊性是灰色性的两个不同方面的不确定性。系统的灰色性不但包含了随机性和模糊性，还包含了这两种不确定性之外的许多特性。例如，变形监测数据不可避免地存在粗差的干扰，有时甚至存在个别错误的监测数据。这正是灰色系统理论能够应用于变形监测数据处理的基础。

灰色系统理论是华中理工大学(今华中科技大学)邓聚龙教授于 1982 年创立的。该理论一经提出就引起了国内外各领域学者的广泛重视并得以成功地应用，经过数十年的蓬勃发展，已经逐渐成为控制理论的一个热门领域。对于物理世界的各种信息不充分、信息未知和不可估计的系统，灰色系统理论可以很好地实现系统内的因素由杂乱到有序，趋势由模糊到清晰，信息由匮乏到完备，并以此为基础实现系统的有效研究。灰色系统理论以“部分信息已知，部分信息未知”的不确定灰色系统为研究对象，以灰色系统的白化、量化、建模和优化为核心，以预测和控制各种灰色系统的发展为目的，通过对“部分”已知信息的产生和发展来提取有价值的信息，从而实现对系统作用方式和运行规律的正确认识和有效控制。灰色模型是灰色系统理论的重要内容之一，从灰色系统理论应用目的来划分，它通过对较少或不精确的表示灰色系统行为特征的原始数据序列进行分析，经序列算子与灰序列生成(数据预处理)，形成以描述灰色系统中事物的连续变化过程、用于系统因子间相关性分析的灰色关联分析模型、系统未来趋势预测的灰色预测模型、系统运行状态评估的灰色评估模型等。这些模型完美契合于水库大坝运行安全监测数据预处理、因子相关性分析、分析建模与趋势预警、运行性态评价等。目前,灰色模型的多样性发展使其形成了一套比较完备的理论体系。

人类对工程建筑变形观测的研究起步较早,20 世纪 60 年代关于变形观测的数学模型的探讨使工程建筑物的变形观测得到较大发展。目前,各国对变形观测数据处理都有比较深入的研究,形成了许多成熟的理论体系,如回归分析法、时间序列法、卡尔曼滤波法、人工神经网络法、频谱分析法、小波分析法、有限元法等。除了多种变形数学模型的广泛应用外,系统论、控制论、运筹学等科学的理论思想也逐步引进,数据分析和处理的工作在不断向纵深发展。

近 30 余年来,水库大坝安全管理工作者也将灰色系统理论成功地应用于水库大坝变形监测数据处理之中,这无疑给变形分析工作提供了一条崭新的途径。本书重点阐述了变形体变形监测数据灰色模型理论及其应用技术,有以下主要内容。

第 1 章为绪论。包括变形监测数据采集技术、变形监测数据预处理、变形监测数据分析模型与预测方法。第 2 章为灰色系统理论与变形体系统。包括灰色系统理论概述、变形体系统及灰色特征、灰色系统理论在变形监测数据处理中的应用现状。第 3 章为变形序列算子与灰序列生成。包括灰数及白化、变形序列、序列算子与灰序列生成。第 4 章为变形因子灰色关联分析。包括灰关联度、扩展灰关联度、灰关联序、灰关联矩阵、实例。第 5 章为变形过程灰色模型。包括 GM(r,h)概括灰模型、GM(1,1)模型、非等间隔 GM(1,1)模型、GM(2,1)模型、灰 Verhulst 模型、GM(1,h)模型、GM(0,h)模型。第 6 章为变形趋势灰色预测。包括灰预测基本概念、变形灰预测基本方法、变形趋势的残差迭加与周期修正灰预测、变形趋势的灰预测平面、变形新信息模型灰预测。第 7 章为变形状态灰色评估。包括灰关联评估、灰统计评估、灰聚类评估。第 8 章为灰色模型应用。包括大坝变形影响因子主分量分析与灰色关联分析、基于灰关联分析渠道膨胀土边坡含水率和大气降雨综合分析、大坝变形灰色季节模型预测、大坝变形状态灰色模型、大坝变形性态的灰色评估方法、大坝变形 GM-BP-SVM 智能组合模型、高边坡深层岩体变形的灰色空间模型预测、边(滑)坡变形破坏灰色模型预测技术、滑坡变形破坏灰色模型预测技术、滑坡体变形空间分布的灰关联评估模型分析、基于灰统计评估模型的活断层错动识别与分级。

参加本书撰写的还有中国三峡建工(集团)有限公司刘科、黄海龙、莫中平等人。由于灰色系统理论本身还很年轻,囿于作者水平,书中一些问题的认识是粗浅的,甚至是错误的,敬请读者批评指正。

作　者

2023 年 10 月 18 日

CONTENTS

目录

1 绪　论

1.1　概述

随着国民经济的飞速发展，各种大型工程建筑物(如水坝、桥梁、隧道、高层建筑物以及高速公路、铁路、城市地铁等)如雨后春笋般地涌现。这些建筑物在施工建设和运行管理过程中，受各种外因及其变化的影响，都会产生变形，一旦变形超出设计允许值，就可能遭到损伤甚至造成巨大灾害，如大坝溃坝、桥梁垮塌等。由工程引起的灾害如地面沉降、崩塌、滑坡、泥石流或地震等，给人类带来的损失非常大，因此工程的变形监测分析与预报很重要，是一个永恒的主题。变形监测是基础，变形分析是手段，变形预报是目的。通过变形监测和分析，变形是可以预测预报的，预警也是可以实现的，但准确的预报特别是准确的短期预报又是十分困难的。工程的变形监测、分析与预报涉及多学科交叉，测绘学是其中最重要的学科。

变形监测的意义主要表现在两个方面：首先是工程上的意义，确保工程安全；其次是科学上的意义，研究变形机理，为工程设计服务。

变形监测的内容包括水平位移、垂直位移、倾斜及裂缝观测等，称外部观测；与工程建筑物内部结构有关的如应力、应变、压力、渗流、渗压等观测，称内部观测；还要进行气温、气压、水位等观测。在进行变形监测数据处理时，需将各种观测资料结合起来分析。

变形监测就是采用专用的仪器和方法对变形体进行周期性或持续性的观测，变形分析和预报是对变形监测数据进行处理，对变形体的时空变形性态进行描述，对变形的发展态势进行预测、预警和预报。例如，通过10余年的艰苦调查研究和长年累月的大地测量变形监测工作，长江水利委员会和地方科技人员成功地预报了1985年6月12日凌晨3时45分至4时20分发生在湖北省秭归县境内长江西陵峡中新滩镇的大型滑坡，该滑坡的体积3000余万立方米，滑坡产生的块石、碎石及泥土将新滩镇全部摧毁。滑坡体前部的土石堵塞长江江面的1/3，江中激起涌浪54m高，波及上下游共42km长的江段。由于预报及时，撤离措施果断有效，首当其冲的新滩镇457户居民1371人无人伤亡，使一场毁灭性的地质灾害带来的经济损失和人员伤亡，减小到最低程度。这是滑坡变形监测、分析、预报工作最成功的案例。1980 年 6 月 3 日，湖北省某磷矿突然发生了一场巨大的岩石崩塌。乱石块把磷矿的五层大楼掀倒、掩埋，死亡 307 人。其实在岩石崩塌前，就发现了山体裂缝，该矿曾对裂缝的发展情况进行了设点简易监测，虽然掌握一些实际资料，但是不重视分析监测资料，没有密切注意裂缝的发展趋势，因而不能正确及时预报。这是这次灾难性崩塌的主要教训之一。

1.2 变形监测数据采集

1.2.1 大坝安全监测技术

1.2.1.1 概述

大坝安全监测是为了解大坝运行状态及发展趋势，在大坝运营管理中非常重要，是了解大坝运行状态、保证大坝运行安全、保障人民生命财产安全、实施工程风险管控的重要措施，也是检验设计成果、检查施工质量和认识大坝各种参量变化规律的有效手段。

为了保证大坝安全运行，通常可采用工程技术，以固定的时间间隔对大坝进行加固和维护，或者采用非工程措施包括洪水预报、安全监测等手段。由于人们认知水平的局限，大坝设计和建设不可能做到万无一失，大坝运行中也可能产生安全问题，加强大坝安全监测就成了非工程措施中极为重要的一个部分。在全球范围内，大坝安全行业非常重视对大坝的监测，以便及早发现任何一类风险指标，从而及时采取纠正措施，防止安全事故的发生。实践证明，对大坝进行安全监测，是保障大坝运行安全的重要工作。通过监测仪器观测和巡视检查对大坝工程主体结构、地基基础、两岸边坡、相关设施及周围环境进行测量及观察，可以掌握大坝的工作性态，诊断大坝的健康状况。安全监测在大坝工程的规划设计、施工建设、运行管理全生命期的各个阶段中扮演着极其重要的角色，其意义不仅在于提供评价大坝安全状况、制定预警和应急方案的基础信息，还可以通过认识监测量的变化规律，来检验原设计理论方法，改进施工与提升工程风险管控，从而提高坝工理论水平。

安全监测可以提供连续评估工程全生命期安全性以及不利情况下对工程性能进行显示和控制所需要的资料，其面临的主要技术问题是判定工程是否处于预计状态。这需要尽可能全面地获取工程健康状态信息；尽可能准确地筛选、识别出反映工程状态的有效信息；尽可能提前准确判断工程安全状态。新时代的水利工程运行管理随着工程规模的提升而更趋复杂，对大坝安全监测提出的要求更多、标准更高。因此，不断完善安全管理系统，提升安全监测技术，建立准确的数据分析模型、行为预测模型和风险预警系统，发展安全监测自动化、信息化与智能化，是确保水利水电工程高效、高可靠性运行的必然要求。

大坝安全监测主要包括变形监测、渗流渗压监测、应力应变及温度监测等，还包括上下游水位、降雨量、气温、水温等环境量监测。其中，变形监测和渗流渗压监测直观可靠，可基本反映在各种荷载作用下的大坝安全性态，因而成为最重要的监测项目。

(1)变形监测

大坝在自重、水压及温度等荷载作用下，会产生坝体变形，变形监测是了解大坝工作性态的重要内容。变形监测的主要项目有表面变形、内部变形、坝基变形、裂缝及接缝、混凝土面板变形、岸坡位移等。

(2)渗流渗压监测

对大坝在上下游水位差作用下产生的渗流压力、渗流量及水质进行监测，渗流监测的主要项目有坝体渗流、坝基渗流、绕坝渗流和渗流量等；渗压监测主要是对大坝的孔隙水压力、扬压力、土压力和接触土压力等进行监测。

(3)应力应变及温度监测

主要包括混凝土应力应变、锚杆应力、钢筋应力、钢板应变、基岩应变、混凝土温度等项目。

(4)环境量监测

主要包括上下游水位、降雨量、气温、水温等项目，主要用于分析环境量对大坝变形、应力、应变、渗流及坝内温度场的影响。

1.2.1.2 传统监测数据采集

大坝安全监测可分为外部观测和内部观测两大类型，主要是研制各种专用监测仪器，并使用一些传统和现代的大地测量仪器，动态地获取大坝的性态资料，以便做出安全评价。它涉及自动控制、精密机械、光电、微电子、计算机、传感和通信等技术。大坝安全监测技术发展的特点可概括为自动化、智能化、高精度、高可靠性、实时、连续、遥控、遥测和网络化。

(1)外部观测

外部观测主要是从整体和局部监测大坝所处环境、大坝本身及局部位置随时间的变化，即确定测点在某一时刻的空间位置或特定方向的位移。外部观测项目主要包括以下几个方面。

1)大坝变形监测网的周期观测

主要采用大地测量方法，用传统或现代的测角测距仪器、光学或电子水准仪和全球定位系统(GNSS)等进行周期性测量。监测网要有足够的多余观测，需进行严密的数据处理，获取网点的一、二、三维坐标。变形监测网的布置、优化设计和数据处理是该项观测的重点。其目的在于提供各种监测资料的几何基准，获取监测点相对于基准点的变形。

2)基准线观测

包括由正垂线、倒垂线构成的垂直基准线，用垂线坐标仪测量位移特别是垂向偏距；由激光或真空激光构成的准直线，采用光电探测器、波带板或CCD传感器等测量沿激光光路上各测点的垂向位移；用由金属丝或尼龙丝构成的引张线，测量沿线测点的偏移量。若与外部观测的基准点相联系，可得各测点在大坝坐标系各坐标轴轴线方向上的位移量。上述基准线均布置在坝内，已实现非接触遥测的数据采集自动化。在坝顶沿坝轴线用视准线法布置基准线，采用测小角法或活动标牌法测量大坝水平位移，对于大中型大坝已很少采用。

3)坝内各高程面上的垂直位移观测

主要采用几何水准测量方法或液体静力水准测量方法，后者已实现自动化观测，并解决了两容器之间高差较大情况下的测量问题。

4)典型项目观测

如大坝两岸边坡稳定性观测，靠近大坝的上下游岸坡的滑坡监测等，除上述有关方法外，还有近景摄影测量方法，以及采用测量机器人进行周期观测或持续性自动遥测。

外部观测还包括对大坝特定部位用挠度计或电平仪测量挠度和用测倾仪测量倾斜值。

(2)内部观测

内部观测主要是通过埋设在大坝内部特定部位的仪器，如应变计、测缝计、裂缝仪、渗压计、扬压力计、测压管、渗流量仪、温度计等，对大坝的应力应变、裂缝、渗流渗压以及温度等进行持续自动化观测，如差动电阻式仪器(卡尔逊式仪器)和弦式仪器广泛地用于混凝土坝的温度、应力应变、渗压等的监测。根据实测应变计算坝体内部应力，如拱坝的径向应力、拱向应力和梁向应力等，看是否有较大的拉应力存在，对于大坝的安全评判十分重要。基于Fabry-Perot的光纤传感技术用于应变、渗压、温度和裂缝测量，具有许多传统传感器无法替代的优点，且可布设成分布式网络，在大坝内部观测中有广阔的应用前景。

(3)其他观测

与外部观测和内部观测有关的其他观测还包括用水位计测量大坝的上下游水位与溢流堰水位、用雨量计测量降水量、用温度计测量大气干湿温度等。

1.2.1.3 测量机器人智能变形监测技术

测量机器人智能变形监测是基于测量机器人实现大坝表面变形智能监测的一

门技术。测量机器人是具备自动搜索、自动精确照准和读数功能的智能型电子全站仪。目前，单台测量机器人组成的极坐标测量系统、利用多重实时差分技术等，已在水利水电、桥梁、隧道等工程得到很好的应用。但单台测量机器人由于受通视条件和最大目标识别距离的限制，只能用于通视条件好、变形区域较小的变形体的变形监测。

在通常情况下，远程测量机器人的采集控制软件是基于随机软件二次开发的，其观测方案受到随机软件的功能限制，不能满足不同工程相关的规范要求。测量机器人智能变形监测技术，利用获取的测量机器人授权，直接开发了“测量机器人—光通信—服务器”全链条的自动化采集控制系统。这实现了根据不同工程的规范要求定制适合的观测控制方案，并能够依据实时采集的气象信息（包括气温、湿度、气压、雨量等），智能识别当前为浓雾、雨雪等天气时，暂停观测，直到气象条件满足要求为止；若当前气象满足要求，则开始启动测量机器人自动观测。观测过程中发生测点被遮挡等情况暂时无法观测的，则等待一段时间后自动重测；超限的测点也进行重测。观测原始数据经过在线平差处理计算后，若发现平差精度不满足要求的测点，也会在进行重测后重新计算。

测量机器人智能变形监测技术主要包括测量机器人机载自动采集软件、基于PC端的远程测量机器人采集控制软件、基于实时气象场模型内插的测距边气象改正算法、测量机器人实时组网自动平差计算、测量机器人高精度智能变形监测管理系统等，实现了对多台测量机器人远程智能采集控制，使各台测量机器人站点之间相互配合、协调组网运行。通过对多台测量机器人站点和监测点动态位置的实时组网解算（含实时气象改正模型），获取高精度的监测点的实时运动轨迹。

（1）测量机器人机载自动采集软件

适用于徕卡TM50全站仪设备，底层依赖WINCE6.0固件。软件分为数据层、硬件层、控制逻辑层、用户界面层。软件功能模块包括参数设置、测站设置、学习测量、自动测量、数据浏览等。

（2）基于PC端的远程测量机器人采集控制软件

基于PC端的远程测量机器人采集控制软件采用.Net Core跨平台框架开发，其核心控制指令对接徕卡GeoCOM接口，采集的数据自动保存到MS SQLServer中。软件作为WindowService服务运行于系统后台，并基于WebSocket与其他系统或管理系统前端进行通信。软件功能模块包括限差设置、制定观测方案、学习测量、周期采集、即时采集、气象采集、设备控制等。

（3）基于实时气象场模型内插的测距边气象改正算法

为了更精确地对测距边进行气象改正，利用构建的实时气象场模型内插测线上的气象元素，进而对测距边进行分段气象改正，分段气象改正能够显著提高边长测量精度。

(4)测量机器人实时组网自动平差计算

主要包括水平角归零处理、测站平差、边长气象改正、计算标心斜距、斜距改平距、计算概略坐标等数据预处理。实时组网自动平差计算包括确定角和边的权、建立误差方程式、组成法方程、按最小二乘法解算获得测点坐标。最后计算单位权中误差、点位中误差等。

(5)测量机器人高精度智能变形监测管理系统

集成了上述4种技术，实现对测量机器人的采集控制、数据传输、数据处理、数据存储、数据管理、数据统计分析等全流程的管理。测量机器人高精度智能变形监测技术架构见图1.2-1。软件功能包括项目管理、观测方案制定、采集控制、数据管理、数据查询、数据处理、运行状态、系统管理等模块。

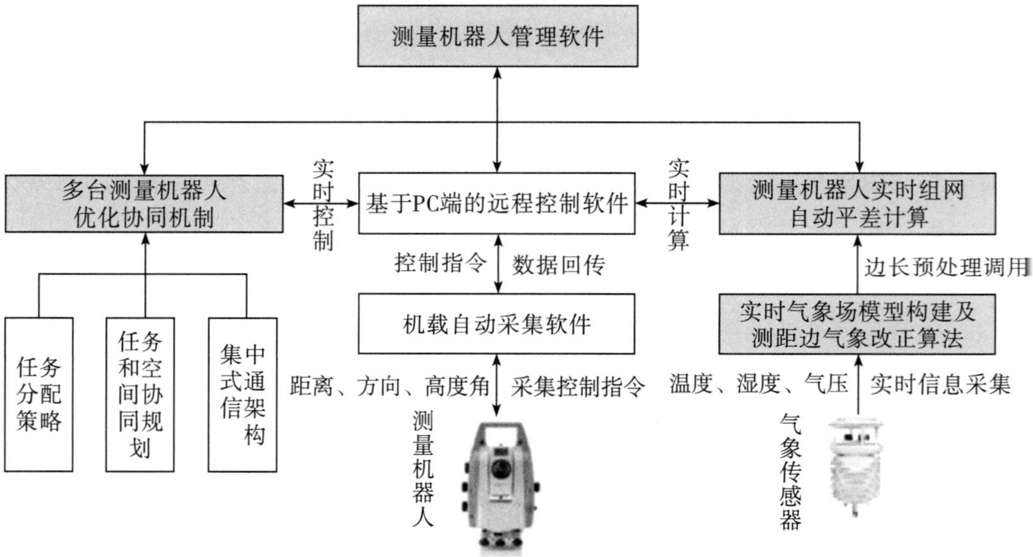

图1.2-1　测量机器人高精度智能变形监测技术架构

1.2.1.4　智能巡检技术

从工程施工期到运行期，各级大坝均须进行现场巡视检查。依据大坝的运行情况和阶段制定现场巡视检查程序，规定巡视检查的时间、路线、设备、内容、方法与人员等。巡视检查中发现大坝有新裂缝或渗漏增大、原有缺陷有进一步发展、近坝区边坡有滑移崩塌征兆或其他异常迹象，应同时对周边仪器启动加密监测，并对监测数据进行分析，并分析原因。必要时，及时增加监测设施或开展专项检查和处理。因此，巡视检查工作是大坝安全监测的重要部分。

针对目前大坝安全巡视检查中存在的数据散乱、信息孤岛严重和时效性差等诸多问题，将智能化的物联网技术引入大坝安全巡视检查，结合传统巡视检查方法，提出巡视检查物联网的信息组织方法，以巡视检查指标为感知和融合对象研究智能巡视检查系统架构及组成，研究大坝安全巡视检查指标体系构建、巡视检查信息融合和作业指导书修订等系统研发的关键技术。

智能巡检由二维码、微惯导模块、巡检终端 App 和在线监控系统 Web 端管理模块等构成（图 1.2-2）。智能巡检采用 C/S 和 B/S 相结合的混合模式，在传统人工巡检基础上应用"微惯导＋物联网"技术，确保巡检任务无遗漏、异常部位定位准，实现定位信号智能切换、巡检签到、巡检记录、巡检层级、巡检报表和报告生成等智能化功能。

图 1.2-2　智能巡检结构图

（1）二维码

二维码具有存储容量大、纠错能力强、制作简单、能够引入加密机制等优良特性。用生成器生成的每一个二维码与数据库中的相关信息进行绑定，此后扫描二维码可以调出后台相关信息。二维码标签一般采用亚克力等材质制作。巡检二维码标签分为定位二维码、仪器设备（设施）二维码、签到二维码和异常点二维码。定位二维码用于廊道内，无 GPS 等信息时为微惯导提供定位基准，主要写入坐标等信息；仪器设备（设施）二维码主要写入测点编号、仪器设备编号、埋设安装时间、当前测值等综合信息；签到二维码主要用于巡检人员现场打卡，记录现场巡检轨迹等，一般在室内廊道可用定位二维码代替。异常点二维码主要记录工程病害等信息。现场通过手机扫描不同的二维码可获得写入的不同信息。

（2）微惯导模块

微惯导模块主要功能，一是通过微惯导模块相对定位算法获取巡检人员的即时坐标，二是通过蓝牙传输功能，将微惯导模块中的坐标数据、轨迹数据传输至智能手机终端;三是巡检任务完成后,通过优化线路算法将巡检轨迹进行优化,解决巡检轨迹偏移问题。

(3)巡检终端 App

巡检终端 App 主要功能有:①任务管理。巡检任务的查看、接收、退回巡检管理平台;巡检签到、添加巡检问题、巡检进度查看、巡检轨迹记录。②任务执行。在巡检任务接收后,进行巡检任务的执行,有巡检签到、添加巡检问题、巡检进度查看、巡检轨迹记录等。③信息管理。查看任务周边坝区及建筑的信息和监测点的数据等相关辅助信息。④数据上传。由于巡检过程中是无法连接到内网环境的,因此巡检过程中所提交的数据需先保存在手机终端,等到连接内网后才能上传到服务器。该功能就是用于将手机终端中的数据上传至服务器。⑤知识窗。搜索检测知识,输入关键字就可以进行相关检测知识的查询,支持离线使用。⑥设备管理。用于切换惯导定位和 GNSS 定位。⑦环境量。用于环境量信息的查看。⑧测点扫一扫。扫描监测点上的二维码,查看监测点的相关数据。⑨辅助功能。该功能主要用于智能巡检的准备工作,其中包括经纬度设置、签到点绑定、线路采集。

(4)在线监控系统 Web 端管理模块

主要功能有:①人员管理。用于管理人员的基本信息,有新建、修改、删除、启用、停用等功能。②部门管理。用于管理部门的基本信息,有新建、修改、删除等功能。③任务管理。用于管理巡检任务,巡检任务分为两类:巡检任务、定制任务。④签到位置管理。用于管理签到位置,有新建、修改、删除、详情查看等功能,还包括上传签到位置和上传校正位置的功能。⑤综合信息管理。用于管理综合信息,其中包括计划线路管理、环境量管理、文档管理、监测知识管理。⑥建筑层级管理。主要是体现建筑物下的层级结构,如建筑物管理、巡检单元管理、检查项目管理、检查内容管理等。⑦巡检数据量化与分析评价。基于巡检数据量化后的定性指标值,结合安全监测成果、巡视检查成果及各类规程规范要求,按照巡检要求将定性指标划分为不同的取值范围。应用基于深度学习的图像识别技术(多比例特征图像检测、卷积检测预测、样本训练、数据增强等方式),智能巡检 App 能记录异常事件并自动形成告警信息,包括异常事件类型、等级、位置、录制的视频或拍摄的照片。在水利枢纽安全监测巡视监测数据量化时,可以把量化评价指标划分为五个层级,并智能地与裂缝长度和宽度、渗水面积大小、混凝土表面脱落面积大小关联,从而量化评价巡视检查工作和大坝综合性态。

1.2.1.5 监测自动化通信网络

(1)组网类型

监测自动化通信网络一般使用星型光纤以太网、树型光纤以太网、串型光纤以太网。

星型光纤以太网适用于具有多个测站，且测站与中心站（或通信节点）距离不远、便于牵引光纤的工程。

树型光纤以太网适用于具有多个测站，且测站与中心站（或通信节点）距离较远、不便于牵引光纤的工程。

串型光纤以太网适用于线路较长、副坝较多、测站基本排列在一条线上的工程。

在实际组网中，需根据工程实际将以上类型混合使用。

（2）通信协议

工程中最常见的通信协议包括 TCP/IP 协议、RS485 协议、RS232 协议等，各种协议之间可使用信号转换模块进行转换。

1）TCP/IP 协议

一般使用常见的网线（RJ45）进行连接通信，可使用 485—网或 232—网的信号转换模块（又名串口服务器、串口转换器等）进行协议转换。需配置 IP 地址、子网掩码、网关、通信端口号等信息。

2）RS485 协议

一般使用双绞线进行通信，需配置地址码。

3）RS232 协议

一般使用 232 通信线进行通信，需配置地址码。

（3）通信介质

工程中使用的通信介质分为通信电缆（网线、485 双绞线、232 通信线）、光纤（光缆、跳线、尾纤等）、无线通信，各类通信介质传输距离存在较大差别，实际使用中要格外注意。

1）网线（RJ45 接口）

超五类屏蔽网线极限传输距离为 100m，超过后会存在干扰。敷设时，需注意强弱电分离。

2）485 双绞线

极限传输距离为 1200m，但传输质量会变低；若要保证传输质量，则尽量不要超过 800m。敷设时，需注意强弱电分离。

3）232 通信线

极限传输距离为 30m，工程实际中，建议不超过 10m。敷设时，需注意强弱电分离。

4）光纤

传输距离受限于两端光电转换设备（一般叫作光电转换器，又名光端机），一般光电转换设备传输距离在 15km 以上。光纤敷设时，不受强电干扰；但为了检修方便，一般也需和电源电缆分开敷设。需注意的一点是，光纤不改变通信协议，且两端设备的协议、通信速率、通信波段必须相同才能正常连通；其传输的信号具体是什么协议由两端光电转换设备决定。例如，光纤两端同时连接光—网的光电转换器时，则其传输的是 TCP/IP 协议信号；若同时连接光—485 的光电转换器时，则其传输的是 485 协议信号。因此，一般使用光纤来延长协议传输范围。

5)跳线/尾纤

属于光纤末端通信介质。跳线一般用于连接光电转换器、光模块、配线架、法兰、终端盒等，使用较多的有 3 种接口：FC(圆口)、SC(大方口)、LC(小方口)，接口间可互相转换。

6)无线通信

无线通信相对于有线通信，优点在于无需敷设线缆，组网方便。一般用在距离较远、不方便牵引光纤和电源的地方。无线通信最常使用的包括无线网桥、Lora 通信、4G 通信等，具体区别见下节。

(4)无线通信

无线通信时，需注意组网的距离限制。

1)无线网桥

一般无线网桥传输距离在 5km 以内(无遮挡条件)，具体传输距离与网桥产品有关。网桥一般成对使用，也可以一对多，即可将多个子网桥对准一个主网桥。子网桥连接设备(GNSS 接收机、气象传感器等)，主网桥可安装到测站顶、中心站等位置，就近接入到交换机中。一对多时，需注意多个子网桥角度不得超过 60°，其高差也不可相差太大。

2)Lora 通信

Lora 通信一般由终端和网关组成，可形成一对多的信号传输，传输距离一般可达 15km(无遮挡条件)，功耗较低。但目前乌东德使用的 Lora 通信设备不太稳定，需选择其他厂家更稳定的设备。

3)4G 通信

4G 通信一般用在距离非常远(大于 15km)或遮挡较为严重的地方。其终端部署比较简单，但服务端存在较大缺点：①在目前越来越注重网络安全的情况下，部分业主不允许使用 4G 传输；②部署 4G 服务端时，需在局域网之外，另外牵引外网，并配置公网 IP 或域名(购买花生壳等内网穿透服务)；③涉及外网与内网数据传输时，需布置网络隔离装置等设备；④终端需购买电话卡或物联网卡，投资较大，且会在忘记缴费的情况下断网。

(5)通信模块

工程中使用较多的通信模块包括光电转换器、串口服务器、4G 模块、集线器等。

1)光电转换器

又名光端机，可将光信号和电信号互相转换，可分为单模、多模，百兆、千兆，单纤、双纤等。工程中使用较多的是单模千兆双纤类型。光电转换器必须成对使用，但光电转换器无需相同厂家，只需保证两个转换器的类型相同即可。另外有一种光电转换器专门安装在光纤交换机上，即 SFP 光模块，其功能与普通的光—网转换器相同，可直接将其插入光纤交换机光口，其接口一般为 LC(小方口)，接入 LC 跳线即可。

2)串口服务器

串口服务器分为 485—网、232—网、485—232、485/232—网等，可将串口转换为网口接入交换机。测量机器人一般使用 232 接口，可使用 232—网的模块连接交换机。

3)4G 模块

4G 模块分为 485—4G、网—4G 等类型，需配置目标 IP 地址或域名、端口号等。

4)集线器

可将多个 485 信号集中为 1 个。

(6)总体通信方案

由于监测自动化系统中设备较多，一般将站内设备集中接入站内交换机，再由交换机将电信号转换为光信号传输至下一个通信节点。

测站附近的设备(GNSS 接收机、气象传感器等)若距离小于 100m，可直接通过网线牵引至测站交换机中接入；距离大于 100m 时，则需使用光纤牵引至测站，再通过光电转换器接入交换机。若是 485 通信设备，则可在距离不超过 800m 时使用 485 双绞线牵引至测站，并使用 485—网的串口转换模块接入交换机。

此外，星型光纤以太网和树型光纤以太网组网时，应根据星型节点级别合理分层部署。将通信级别较高的节点部署在可直接接入中心站的观测站，同时将易断电的不稳定电源观测站部署在该通信节点级别以下的观测站，避免出现因单个观测站频繁断电导致大量观测站通信阻断，影响自动化观测任务。

自动化通信网络组网见图 1.2-3。

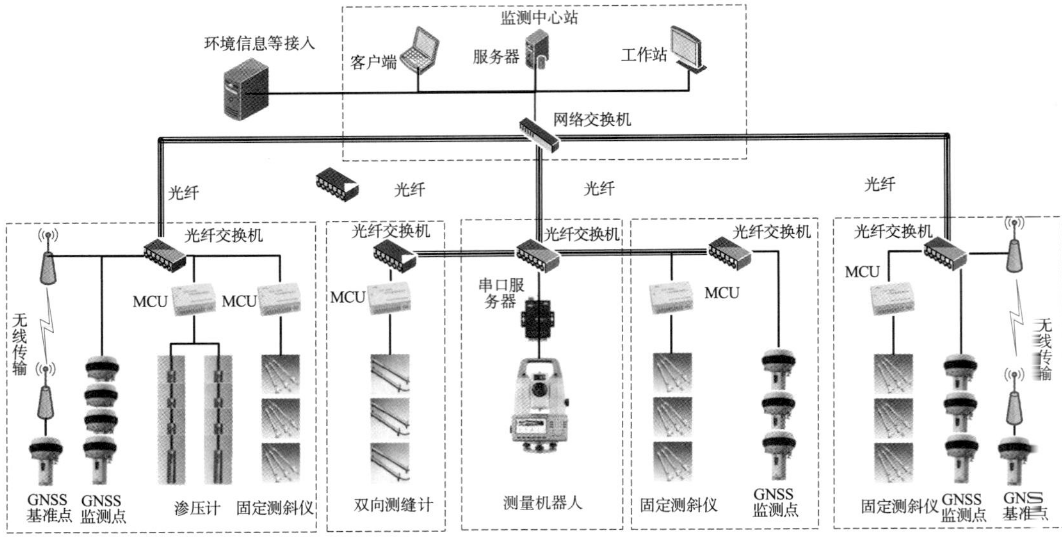

图 1.2-3　自动化通信网络组网

1.2.1.6　监测自动化控制系统

大坝是关乎国民生产生活的重要水利工程建筑物。随着云计算、物联网(IOT)、大数据、人工智能等技术的高速发展给水利自动化发展带来了良好的发展环境,对大坝实行科学合理的自动化控制与管理、减少人为干扰因素,是适应现代化发展和低碳水利的迫切要求。大坝监测自动化控制系统起步较晚,但发展迅速,目前已广泛应用于大坝内观监测自动化控制、外观监测自动化控制、环境量监测自动化控制、水文监测自动化控制等多个方面,大幅提升了大坝安全管理水平,对大坝安全运行与管理发挥了巨大作用。

大坝监测自动化控制系统以水库大坝为监测对象,是水库安全监测最为重要的工具,通过自动化控制系统对大坝进行自动巡视、定时巡视、选测、数据采集分析一体化处理,实现监测、控制和报警功能,保障大坝的安全运行。其主要由监测仪器、数据采集装置、通信装置、计算机监控中心、信号及控制线等组成,再根据工程等级、规模、结构及地形、地质条件和地理环境因素,设置必要的监测项目及相应的设施,定期进行观测。一般需要监测的部位有坝体、坝基、坝肩、近坝岸坡、与大坝有关的建筑物等。监测项目包括坝体位移、坝基位移、裂缝变化、渗流量、扬压力、绕坝渗流、上下游水位、降雨量、气温等通过监测大坝在正常情况下的一般变形和渗流规律,可以及早发现异常现象,查出异常根源。大坝监测自动化控制系统给大坝安全提供了最科学、最可靠的技术保障。

(1)系统架构

大坝监测自动化控制系统分为现场采集层、监测中心管理站、系统用户层三个层级(图 1.2-4)。

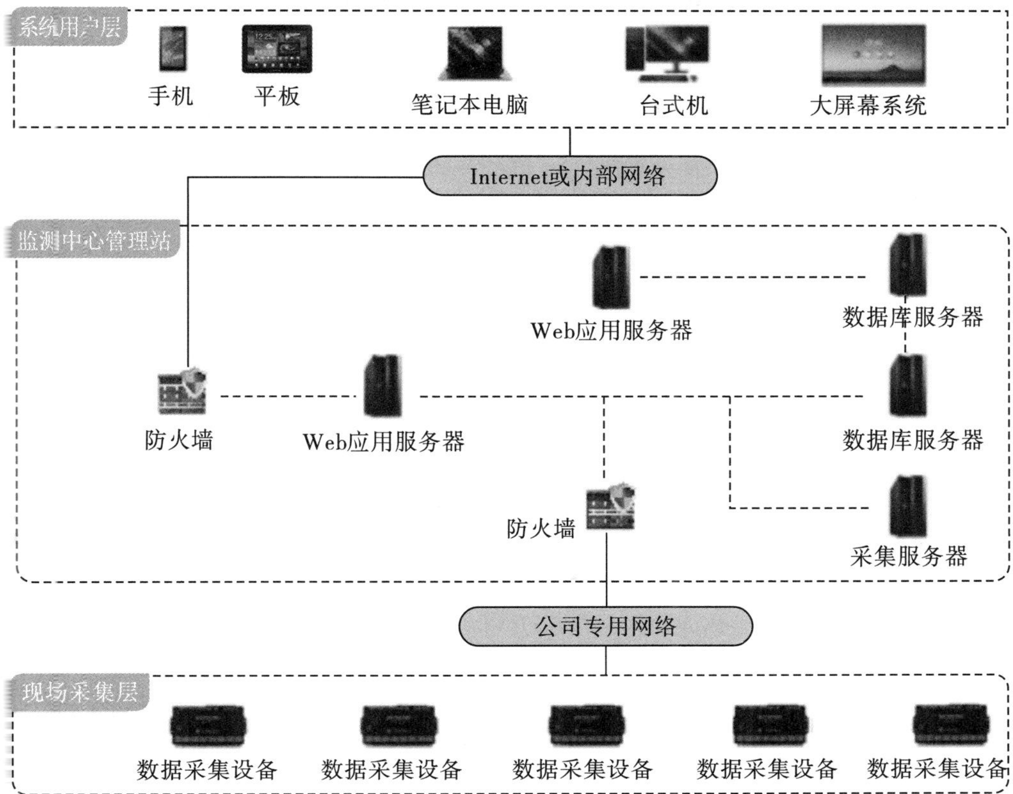

图 1.2-4　大坝监测自动化控制系统结构

1)现场采集层

部署数据采集终端,与监测中心管理站之间通过通信网络,依据安全监测数据交换标准,实现现场数据采集服务。

2)监测中心管理站

主要部署 Web 应用服务器、数据库服务器、采集服务器,用于部署监测自动化控制系统及其数据库,并设置了备份服务器,用户通过授权的 Internet(VPN)或内部网络访问系统程序或者文件资源。

3)系统用户层

用户可以通过笔记本电脑、台式机、大屏幕系统以及手机、平板等设备,以无线或者有线的方式访问系统程序或者文件资源,在授权范围内对系统进行操作。

(2)系统功能

1)数据采集

数据采集模块具有巡测、选测和定时测量功能。

①巡测。

数据采集模块在接收到监控计算机巡测指令后,对所有传感器进行测量,并将测量数据发送至监控计算机。

②选测。

数据采集模块在接收到监控计算机测量某个传感器指令后，对指定传感器进行测量，并将测量数据发送至监控计算机上。

③定时测量。

数据采集模块根据设定的开始时间和时间间隔计算测量时间，一旦达到测量时间，数据采集装置对所有传感器进行测量，并将测量结果保存至数据采集模块的内存，等待监控计算机上线后发送数据。

2)现场数据通信与远程通信

监控计算机与数据采集模块之间可以进行双向数据通信，监控计算机可向数据采集模块发送指令，数据采集模块可向监控计算机发送指令执行情况和监测数据。远程信息管理计算机与监控计算机之间能够进行双向数据通信，远程信息管理计算机可获取监控计算机上的监测数据，监控计算机也可获取远程信息管理计算机上的分析结果和监控指标等。

3)数据存储和备份

数据采集模块对传感器进行测量后，监测数据能够保存在数据采集模块中，在发送至监控计算机后或接收到删除指令后，才会删除数据。监控计算机在接收到监测数据后，将监测数据存储至数据库，并对监测数据进行定期备份。

4)掉电保护

数据采集模块在外部供电中断后，仍能运行几天时间，并能接收监控计算机指令进行测量。监控计算机在外部供电中断后，仍能运行一段时间，以便保存数据和关机，避免数据丢失和计算机损坏，特别是避免突然断电造成计算机硬盘损坏。

5)网络安全防护

监控计算机或信息管理计算机如与局域网或公网互联，需安装硬件防火墙或网络安全保护软件，如采用网络安全保护软件需定期升级。同时，数据采集软件和信息管理软件能对用户进行验证，防止非法用户访问，避免不当操作造成数据丢失。

6)自检、自诊断

数据采集模块在开机或接到自检指令后，能进行自检、自诊断，并将诊断结果发送至监控计算机。自检内容包括数据采集模块的内部温度、工作电压、充电电压、采集模块数量、采集模块类型等。

7)防雷及抗干扰

监测自动化控制系统具有防雷措施。观测房和中心控制站等建筑物要安装避雷针或避雷带，避免设备遭受雷击。其中，电源线应采用多级防雷措施，数据采集模块还应具有抗电磁干扰能力，避免测量时电磁波干扰造成测量数据不正确。

8)数据异常报警

当测量数据异常时，数据采集模块或数据采集软件能够以文字、语音或光电等方式报警。数据异常情况包括测量数据缺失、超过仪器量程、数据变幅过大、超过工程安全允许值等。

9)信息管理

监测自动化控制系统除具有数据采集功能外，还应具有信息管理功能。信息管理软件能够对监测信息进行有效处理和管理，能够对监测数据进行增、删、改等操作，特别是能够录入人工测量数据，具有打印报表、绘制图形等资料整编功能，具有特征值统计、统计模型建立等资料分析功能。

1.2.2 滑坡监测技术

1.2.2.1 概述

滑坡监测是一项集地质学、测量学、力学、数学、物理学、水文气象学为一体的综合性和交叉性学科，是为了解和掌握滑坡演变过程，为评价、预测、预报以及治理提供可靠资料和科学依据，其监测结果也是对滑坡治理效果的反映。由于滑坡灾害多具有时间上的突发性、空间上的随机性、种类上的多样性、条件上的恶劣性及后果上的严重性，因此要求监测技术方法必须具有快速、机动、准确和集成等相应的特点。

滑坡是在一定环境下斜坡岩土体在重力的作用下，受到内、外因素的影响，沿着坡体内一个(或几个)软弱面(带)而发生的剪切下滑现象。

根据对滑坡体类型划分(即蠕滑—拉裂型、滑移—拉裂型、滑移—弯曲型、塑流—拉裂型、滑移—压致拉裂和弯曲—拉裂型)的有关论述，一般认为滑坡变形与位移的主要表现特征之一是裂缝，主要有以下分类及特征。

(1)拉张裂缝

在发生滑动时，滑坡体由于受拉而在后缘产生一系列的拉张裂缝，其中一条与滑坡后壁吻合，为主裂缝。在土质滑坡中拉张裂缝多呈弧形，其规模随滑坡的不同而存在很大的差异。

(2)剪切裂缝

分布于滑坡体中前部的两侧，并最终发展成滑坡的侧界裂缝。

(3)鼓胀裂缝

滑坡体在下滑过程中，因前线受阻或后部滑动太快，滑坡体前部上鼓并开裂，从而形成鼓胀裂缝(图1.2-5)，其中，Ⅰ为拉张裂缝，Ⅱ为剪切裂缝，Ⅲ为鼓胀裂缝。

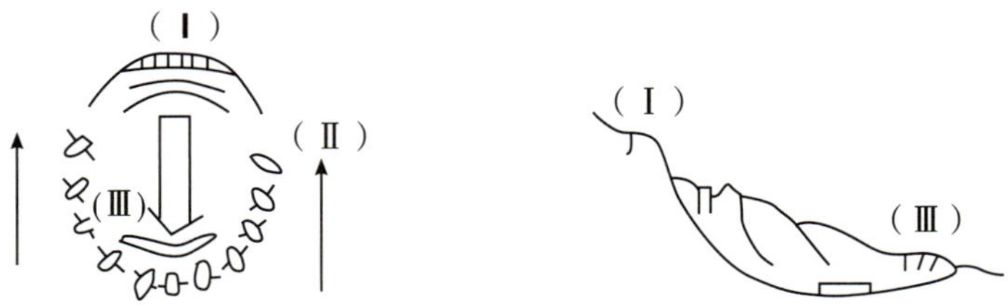

图 1.2-5　裂缝

因此，在整个滑坡体设立地表变形监测和深部位移以及地下水监测等，可以了解整个滑坡体的变化趋势。滑坡监测的实例分析表明，滑坡体变形监测在分析滑坡体结构、分析滑坡的成因及进行稳定性评价等方面具有重要的意义。滑坡体监测的基本原则通常是以地表位移监测为主，与宏观地质巡查相结合。主要监测内容为地表变形监测（测量机器人监测、GNSS 监测、裂缝张合监测等），深部位移监测（钻孔测斜仪监测、多点位移计监测、滑动变形计监测等），地下水位观测（渗压计监测、孔隙水压力计监测等），边坡锚固力监测（锚杆应力计监测、锚索测力计监测等），岩石边坡声发射监测，大气降雨与气温观测，相关人类活动监测以及宏观地质巡查监测等。

由于各种项目的观测均存在误差，在采集监测点的原始观测资料后，需根据情况对于监测数据的时间序列进行初步处理，为进一步的分析建模预测打下基础。数据预处理必须建立在监测量化信息与滑坡机制综合分析的基础之上，特别要考虑预报方法对数据的要求。对数据进行初步处理的方法一般有对数据进行异常点剔除、插值、滤波、累加生成（AGO）、归一化处理和等间隔处理等。

1.2.2.2　监测内容

从不同监测方法获得的观测量的属性来看，监测内容可分为变形（几何）、地下水（化学）、应力应变（物理）和诱发因素四大类。

（1）变形监测

以测量滑坡体几何变形信息为主的监测方法，如地表相对位移监测、地表绝对位移监测（大地测量、GNSS 测量等）、深部位移监测。该类技术目前较为成熟，精度较高，常作为常规监测技术用于边坡变形监测；由于获得的是滑坡体位移的直观信息，往往成为预测预报的主要依据之一。

（2）地下水监测

以监测边坡地下水活动、富含特征、水质特征为主的监测方法，如地下水位（或地下水压力）监测、孔隙水压力监测和地下水水质监测等。大部分边坡失稳的形成、发展均与边坡体内部或周围的地下水活动关系密切。此外，在灾害生成的过程中，地下水的本身特征也相应发生化学变化。

(3)应力应变监测

监测滑坡体的应力应变场等物理变化信息的监测技术方法，如地应力监测、地应力变化引起的岩土声发射现象监测、边坡锚固后的锚杆和锚索的应力应变监测等。这些监测量的变化情况，往往与滑坡体的变形破坏联系密切，且超前于坡体的变形信息。

(4)诱发因素监测

主要包括以监测边坡失稳诱发因素为主的监测技术方法，如气象监测、地震监测、人类工程活动监测等。人类工程活动(爆破活动)是边坡失稳的主要诱发因素之一，因此边坡失稳诱发因素监测是边坡监测技术的重要组成部分。

1.2.2.3 监测方法

(1)常规大地测量方法

常规大地测量方法是指采用常规光学或电子测量仪器，如经纬仪、水准仪、电磁波测距仪、全站仪等，采用大地测量技术周期性地测量角度、距离、高差等量，通过构网法、交会法、极坐标法、测线法等方法，获取滑坡体上变形监测点的位移，进而确定变形的方向、速度和加速度等。常规监测方法使用最广，精度也较高，特点是简单、易行、成本低、资料可靠且信息量大、适合大众化监测。缺点是效率较低，所需的人力多、时间长，受到地形、通视和气候等条件影响。

常规大地测量方法使用的仪器有经纬仪、水准仪、测距仪，其特点是投入快、精度高、监测面广、直观、安全、便于确定滑坡位移方向及变形速率，适用于不同变形阶段的水平位移和垂直位移，但受地形、通视和气候等条件影响，不能连续观测。

(2)全球定位系统(GNSS)方法

采用GNSS接收机监测滑坡变形，具有精度高、不受地面通视和距离限制、全天候、自动化程度高和动态等优点，可做周期观测和持续监测，一机多天线技术可降低成本。缺点是对一部分滑坡，监测点的顶空通视差，监测精度受到影响，当监测点较多时，成本较高。

GNSS具有精度高、投入快、易操作、可全天候观测的特点，而且能同时测出三维位移量 x,y,z ，对运动中的点也能精确测出速率，不受通视条件的影响以及气候条件的限制，能连续监测，虽成本较高，但发展前景可观。GNSS方法适用于滑坡体不同变形阶段地表三维位移及不同变形阶段的水平位移和垂直位移监测。我国已经在长江三峡工程坝区等地方建立了GNSS滑坡监测网。

(3)测量机器人技术

测量机器人(Georobot)是一种能代替人进行自动搜索、跟踪、辨识和精确照标目标并获取角度、距离、三维坐标以及影像等信息的智能型电子全站仪。由测距系统、测角系统、自动搜索与跟踪系统、目标辨识系统、照准系统、数据处理单元、通信接口以及电源管理系统这八个核心部分构成，各组件协同工作以实现对目标的自动搜索、跟踪、辨识和精确照准，并获取角度、距离、三维坐标及影像等信息。

用测量机器人进行滑坡监测，具有精度高、自动化程度高、方便灵活、速度快和效益好（监测点多更好）等优点，但要求地面通视、视线长度不宜过长（一般不超过1500m），受气候条件影响较大。

(4)三维激光扫描技术

基于三维激光扫描技术的变形监测是由激光雷达通过发射红外激光直接测定雷达中心到地面的角度和距离信息以获取监测点的三维坐标数据。激光雷达属于无合作目标主动遥感测量技术，事先不需要布置任何测量标志，直接对变形体扫描，能够快速获取变形体上高密度的三维坐标数据。根据遥感平台的不同，三维激光扫描可分为机载型、车载型、站载型，其中车载型和站载型属于地面遥感系统，是工程变形监测的主要平台。

三维激光扫描技术对变形体监测数据的采集采用高密度、高速度的面采集方式，具有很强的数字空间模型信息的获取能力。根据仪器种类，测程从几米到超过两千米，单点测量精度从几毫米到数厘米，模型的精度要远高于单点精度，可达2～3mm。激光扫描系统得到的是海量数据，点云具有一定的散乱性，没有实体特征参数，直接利用比较困难。必须建立针对三维激光扫描技术的整体变形监测概念，研究三维激光扫描变形监测理论和数据处理方法，包括研究无监测点的监测对象测量方法；研究监测对象三维表面模型的建立；研究基于三维监测对象模型的变形分析理论及方法；建立基于三维扫描技术的监测数据和模型精度的评价体系等。由于三维扫描系统价格昂贵，该方法用于工程的变形监测投入较大，目前普及应用还有一定难度。

(5)地面数字摄影测量方法

近景地面数字摄影测量可以采用多种图像摄取和像点量测方法，将它们融合在一起。可以采用普通照相机、普通数码相机或家用摄像机摄取照片或图像，在计算机屏幕上用鼠标量测像坐标；用专用的量测相机摄取照片，并在坐标量测仪上量取像坐标；用电子经纬仪模拟摄影过程，将方向观测值转换为像坐标。这几种途径能适应各种精度要求及各种应用场合的需要，其特点是监测信息量大，省人力、投入快、安全；但精度相对较低，且受气候条件影响较大，主要适用于变形速率较大的滑坡水平位移和危险岩体陡壁裂缝变化的监测，可用于大型滑坡体易发区段的划分和预测。

(6)遥感(Remote Sensing，RS)方法

遥感方法适用于大范围、区域性的滑坡监测。根据遥感图片，进行滑坡的判别，根据

不同时期图像变化了解滑坡体的变化情况；遥感影像对地面的分辨率越来越高，美国Land Star卫星的TM遥感影像对地面的分辨率为29m，有的卫星的分辨率已达到1m。利用高分辨率遥感影像对地面进行动态监测能反映地面丰富的信息，并能周期性获取同一地点影像的特点，可以对同一地质灾害点不同时期的遥感影像进行对比，进而达到对地面动态监测的目的。

(7)地表裂缝张合监测

地表裂缝可以利用钢卷尺、游标卡尺、测缝计等进行监测，是人工自测方法，简单直观，资料可靠，但精度较低，速度慢，资料需经其他方法校核后方可使用。人工自测方法适用于裂缝两侧岩土体张开、闭合、位错、升降等变化，但受天气及地形的影响较大。

(8)滑坡体深部位移监测

为了全面掌握滑坡的动态过程，除地表变形的观测外，还需要进行深部的位移监测，深部位移监测仪器设备一般是通过地质钻孔和在竖井、平硐中布设安装。

1)埋设在地质钻孔中的主要仪器设备

①测斜管法。

用地质钻孔穿过滑移面一定深度后，安装专用测斜套管，通过测斜仪测量套管的变形，反映深部滑体的位移情况。观测方式有固定式测量和移动式测量两种，固定式测量是把测斜仪传感器按不同高程固定埋设在地质钻孔内，可实现远程遥测，但造价较高。目前大多采用移动式测量方法。

②多点位移计法。

多点位移计可埋设在水平地质钻孔和垂直地质钻孔中，分别测定滑坡体不同深部的水平和垂直位移情况。一般一个地质钻孔中，最多可埋设6个测点。

③滑动变形计法。

滑动变形计同样可埋设在水平地质钻孔和垂直地质钻孔中，分别测定滑坡体不同深部的水平和垂直位移情况。一个地质钻孔中，可观测每米的应变情况，然后推算出滑坡体深部每米的位移情况。造价高于多点位移计法。

2)埋设在竖井和平硐中的主要仪器设备

通过竖井和平硐监测滑坡体深部裂缝、滑带或软弱带的相对位移情况，一般采用倒垂线法、伸缩仪、测缝计、静力水准仪等，具有精度较高的特点，但成本高，投入慢，仪器易受到地下水的浸湿、侵蚀；此外，因仪器性能、量程所限，主要适用于滑坡初期变形阶段，即小变形、低速率、观测时间相对不是很长的监测。

(9)地下水位动态监测

地下水位动态监测包括地下水位和孔隙水压监测。利用自动水位记录仪测量水位，这种方法对进行远距离遥测、多点测量及小口径钻孔很有效，我国目前普遍使用自动水位记录仪。监测仪器采用水位自动记录仪、孔隙水压计、钻孔渗压计、测流仪、水温计、测流堰及取样等，来监测泉、井、坑、钻孔、平斜硐、竖井等地下水的变化情况。

(10)岩体声发射监测

岩体声发射检测是当今国内外积极开发研究的岩体动态监测新技术之一，在大型边坡岩体动态监测中具有明显优势。在三峡永久船闸闸室爆破开挖过程中成功应用了岩体声发射监测技术，并利用小波分析剔除环境噪声，对边坡岩体稳定性及其发展趋势和边坡支护效果做出了符合实际的评价。

岩体声发射监测技术，对于永久性的重要岩质工程而言尤为重要，因为这类岩质工程不允许岩体出现过多的损伤，及时发现岩体内部裂隙扩展，可以及时采取加固措施，防止其进一步恶化。对于预报岩体冒落避免灾害性事故而言，则是提供了更多的宝贵防灾时间。另外，实验室和工程实践经验表明，对于花岗岩等脆性坚硬岩体，声发射信息相当丰富且监测得到的信息足以满足边坡稳定性分析。

(11)边坡锚固力监测

对人工岩石边坡的加固，通常采用预应力(无应力)锚杆和锚索进行，随着边坡的变形，锚固力会发生相应的变化，利用锚杆应力计、锚索测力计等可以监测它们的变化过程，对锚固质量评价和边坡监测有非常重要的作用。

(12)地温和地应力监测

地温监测技术方法系利用温度计测量地温，分析温度变化与岩石变形的关系，间接了解危岩体的变形特征。

地应力监测法系利用应力计进行监测，包括地下和地表水平地应力的监测，这些物理量不能直接反映变形量，但能反映变形强度，可配合其他监测资料，分析变形动态。

(13)诱发因素监测

由于滑坡还有很多诱发因素，因此根据滑坡发育、发生阶段的变形及破坏特点，监测内容还应主要包括大气降雨和气温观测、相关人类活动监测、宏观地质巡查等。

1)大气降雨和气温观测

气象监测技术方法系通过雨量计、蒸发仪等对气象因素进行观测，分析降雨与滑坡滑动的关系。另外，我国大部分地区的滑坡都与降雨有关，所以研究降雨的临界值与滑坡的关系也具有非常重要的意义。

2)相关人类活动监测

人类活动如洞掘、切坡、爆破、加载及水利设施的运营等，往往会产生人工型地质灾害或诱发产生地质灾害。对人类活动监测，应监测对崩滑体稳定性有影响的项目，监测其范围、强度、速度等。

3)宏观地质巡查

采用常规地质调查法,定期对崩滑体出现的宏观变形形迹(如裂缝发生及发展、地面沉降、下陷、坍塌、膨胀、隆起、建筑物变形等)和与变形有关的异常现象(如地声、地下水异常、动物异常等)进行调查记录。

1.3 变形监测数据预处理

滑坡变形的预测预报是根据地质体所处的变形阶段,选择相应的预测模型对地质灾害发生时间进行预报,而滑坡预报一个十分重要的信息源就是滑坡监测点的位移。

旨在通过对滑坡监测点位移(时域信号)的分析达到以下目的。

①消除异常信号和噪声并确定信号。一般待分析的信号由确定信号和随机噪声组成,只有设法降低噪声的成分,才能显现确定信号并讨论它的内在规律,因此消除噪声的问题很重要。

②分析信号的突变位置。信号若有变点会反映系统性质可能发生了根本性的变化,因此变点位置的检测具有十分重要的意义。

③在时域和频域中确定信号的变化规律,从而对它的变化做出科学的预测,为决策提供有效的支持。

在一般情况下,预报前需要通过两个步骤来完成对数据的初步处理。

第一步:为了提高预测精度,对监测数据进行异常数据(粗差)的定位和剔除、滤波消除噪声(随机误差)和建模数据的采集(采样间隔的确定及等间隔化处理);

第二步:对位移时间序列数据进行预处理,包括提取趋势项、零化处理和标准化处理。

1.3.1 异常数据处理技术

一般而言,将观测数据中误差分为三类,即系统误差、偶然误差(随机噪声)、粗差。

系统误差的产生常常不是由原始数据激发的,通常跟物理方面的因素有关,如观测仪器在使用之前缺乏必要的校正或者观测者自身的原因等,都可以产生系统误差。但系统误差一般为常数,大部分进行数据获取的人员都充分认识到系统误差的存在,并尽量将其降低到最低的程度。

粗差实际上是一种错误,它们在测量中出现的可能性一般较小,通常可能由于观测者或操作者的错误,或者仪器处于不正常的工作状态等。根据统计学的观点,粗差是与其他观测值不属于同一集合的观测值,因此它们不能和其他观测值一起使用,必须予以剔除。

滤波的目的是把有用的信号从噪声中提取出来。因为，噪声的存在往往会影响数据分析的精度。为了提高数据的精度，常采用滤波的方法对数据进行预处理。滤波是在给定的某种准则下对数据的最优估计。常用的滤波方法有修匀法、傅立叶分析、中值滤波、卷积滤波、Wiener 滤波、Kalman 滤波、小波滤波等。

根据时间序列最终做出的预测是在对原始数据进行一系列处理后获得的，所以原始数据的质量将极大影响通过原始数据建立的预测模型的质量。

按照滑坡变形的规律，位移变形的时间序列曲线符合一定的趋势，表现为连续一维空间的渐变模型。与随机误差相比，粗差的存在会导致位移时间序列严重失真甚至完全不能接受。因此设计一些算法对位移时间序列中的粗差进行剔除是完全必要的。但是，位移时间序列是不可能进行重复测量的，而且也没有必要的几何图形检核条件，这都给粗差定位和处理增加了一定的难度。

1.3.1.1 基于经典统计假设理论的统计检验的异常点剔除方法——趋势法

传统的粗差处理都是基于平差原理的，如果不存在平差的问题，也就不可能在平差过程中对粗差进行定位。因此要检查出位移时间序列数据中存在的错误不能简单借用一般的平差方法，仅仅分析独立的数据是不够的，必须分析和它相邻的数据，从整体上进行分析处理才能使问题得到解决。

$X_i^{(0)}$ 为原始观测位移时间序列，假设 $\overline{X_i^{(0)}}$ 是以第 i 点 $X_i^{(0)}$ 为中心，时间半径为 t 的所有邻域点的加权平均值（i 点除外），权可取时间平方的倒数，则

$$p_j = 1/{t_j}^2 \qquad (j \neq i)$$

$$\overline{X_i^{(0)}} = \sum p_j {X_j}^{(0)} / \sum p_j \qquad (j \neq i) \tag{1.1}$$

$$v_i = X^{(0)} - \overline{X_i^{(0)}}$$

$$u = \sum v_i / n$$

$$v'_i = v_i - u$$

$$\text{阈值}\ q = k\sqrt{\sum v_i'^2/(n-1)} \tag{1.2}$$

式中，p——权；

v——残差；

u——平均残差；

n ——领域中点的数目（i 点除外）。

大于 q 的 v 的观测值，我们就认为其为异常值。i 点的邻域半径 t 可以自行选择，一般不宜太小或太大。k 为系数，一般可取 2.0～3.0。根据此方法进行编程计算，分析结果对于一些孤立出现的粗差比较有效，但对于成簇出现的粗差剔除的效果不理想，必须采用其他的方法。

1.3.1.2 具有抗差性的异常点判断方法

经典的假设理论不具有抗差性，特别是粗差成簇出现时，剔除的效果不理想。为了解决上述问题，既能对孤立的粗差有效剔除，又能在粗差成簇出现时有效，对应于经典间接平差模型，本书提出利用中值滤波与基于抗差估计的选权迭代相结合的方法。该方法分两步，首先利用中值滤波：

$$Y(t)=\mathrm{Median}\{X(t-k),\cdots,X(t),\cdots,X(t+k)\} \tag{1.3}$$

可以得到局部方差：

$$\hat{\sigma}_i^2=\sum_{t=1}^{j}[X_i-\overline{Y}]^2/(j-1) \tag{1.4}$$

式中，$\overline{Y}$ ——中值滤波后，滤波窗口内的平均值；

j ——窗口内数值的个数。

根据局部方差确定阈值(一般取局部方差的 2～3 倍)用于剔除孤立的粗差。利用基于抗差估计的选权迭代法：

$$X^{(k+1)}=(\boldsymbol{B}^{\mathrm{T}}\overline{P}\boldsymbol{B})^{-1}\boldsymbol{B}^{\mathrm{T}}\overline{P}^{(k)}X \tag{1.5}$$

式中，X ——模型的待定参数向量；

B ——系数阵；

P ——等价权；

X ——自由项。

等价权采用 IGG(中国科学院测量与地球物理研究所)方案。

$$\overline{P}_i=\begin{cases}P_i & (|u_i|\leqslant 1.5)\\ P_ik_0/|u_i| & (1.5<|u_i|\leqslant 2.5)\\ 0 & (|u_i|>2.5)\end{cases} \tag{1.6}$$

式中，$u_i=v_i/\sigma$ ，其中，v_i 为每迭代次计算后的残差，σ 为利用中值滤波得到的整体方差；

k_0——取 1.0～1.5。

整体方差可由式(1.7)确定。

$$\sigma^2=\sum_{t=1}^{j}[X_i-\overline{Y}_j]^2/(j-1) \tag{1.7}$$

式中，$\overline{Y}$ ——中值滤波后的值；

j ——总的数值个数。

每次迭代的权由上次迭代的残差确定。迭代计算步骤可以写为：

$$\hat{Y}_q^{(k+1)}=\sum_{i=1}^{j}\overline{P}_i^{(k)}X_i/\sum_{i=1}^{j}\overline{P}_i^{(k)} \tag{1.8}$$

式(1.8)与趋势法的式(1.1)相似，其中，X_i 为 q 点邻域范围内的值，初始权由 $p=1/t^2$ 确定，显然权在迭代过程中是变化的，抗差迭代的初值可取中值滤波的值(中值具有50%的抗崩溃率)，反复迭代计算直到 $\hat{Y}_q$ 稳定。然后根据阈值剔除。$\Delta_q=\overline{Y}_q-X_q$ 和阈值 $\Delta_{max}=1.5\sim2.0\sigma$ 比较，取1.5～2.0是因为随机误差超过 1.5σ 的概率只有0.13。

为了检验该法的效果，我们模拟了两个数据集，第一个数据集服从 $N(\mu=5,\sigma^2=1)$ 分布见表1.3-1。在表中序号为8、12、18和24的点分别加入了 4σ 的粗差，为孤立的粗差。中值滤波的窗口为7，经中值滤波后的全局方差为1.8，序号为8、12、18和24的点局部方差分别为1.6、2.0、2.0和1.8。当阈值取2倍的局部方差时，利用序号为8、12、18和24的点残差分别为3.15、－4.09、－4.21和4.41，孤立的粗差是容易检测出来的。

第二个数据集与第一个相同，但粗差是成簇出现的，分别添加到序号为8、9、12和13的点，大小还是 4σ 的粗差(表1.3-2)。可以看出，如果仅利用中值滤波，有的粗差是检测不出来的，如8号点和11号点。利用前述的选权迭代法，得到的残差见表1.3-2。利用前面中值滤波得到的整体方差，当阈值取 1.5σ，这样成簇出现的粗差是可以被检验出来的。

表1.3-1　　模拟数据

序号	原数据	滤波后	序号	原数据	滤波后
1	5.36	4.19	16	6.37	5.29
2	4.19	5.29	17	5.29	5.72
3	5.29	5.36	18	4.51－4	5.72
4	5.44	5.36	19	3.77	5.29
5	7.24	5.44	20	5.72	5.24
6	5.85	5.44	21	6.10	5.24
7	4.06	5.44	22	3.21	5.64
8	5.00＋4	5.85	23	5.24	5.72
9	5.19	5.29	24	6.05＋4	5.64
10	5.29	5.19	25	5.64	5.47
11	5.96	5.29	26	6.41	5.47
12	5.20－4	5.29	27	4.16	5.64
13	4.13	5.91	28	5.47	5.47
14	6.08	5.91	29	4.41	4.41
15	5.91	5.29	30	6.37	4.16

表 1.3-2 中值滤波和抗差选权迭代后的残差

序号	残差(中值滤波)	残差(抗差)	序号	残差(中值滤波)	残差(抗差)
1	1.17	0.74	16	0.46	−0.43
2	−1.10	1.92	17	−0.43	0.55
3	−0.07	0.84	18	−1.21	1.24
4	0.08	0.71	19	−1.52	1.89
5	1.80	−1.04	20	0.48	−0.13
6	0	0.37	21	0.86	−0.57
7	−1.79	1.99	22	−1.43	1.25
8	1.76	−2.72	23	−0.48	0.17
9	3.34	−2.90	24	0.41	−0.67
10	−2.84	0.99	25	0.17	−0.28
11	1.83	−3.69	26	0.94	−1.07
12	−0.88	1.02	27	−1.48	1.15
13	2.05	−2.78	28	0	−0.16
14	0	0.02	29	0	0.89
15	0	0.11	30	1.21	−1.06

1.3.1.3 中值滤波与卷积滤波结合

我们知道,任何一个数据集都可以看成由三部分组成:区域信号、局部信号和随机信号。在时间序列中,第一部分最为重要,它表述了该时间序列的基本形式。第二部分表达的是细节,随时间尺度选择的不同,表达的细节不同,当时间尺度选择的较小,可以表达出时间序列变化的细节,但有时并不需要表达出变化的细节,所以第二部分将被作为随机噪声处理。与前两部分相反,第三部分即随机噪声无论在任何情况总是会扭曲原始数据的真实性。但要明确区分这三部分是很困难的。

滤波效果的评价一般用以下指标来衡量。

指标 1:原始信号与去噪后信号之间的方差。

$$\sigma^2 = \frac{1}{n}\sum\left[X^{(0)}(t_i) - X^{(1)}(t_i)\right]^2 \tag{1.9}$$

指标 2:原始信号与去噪后信号之间的偏差平均值和最大、最小偏差。

$$\begin{aligned} \bar{v} &= \frac{1}{n}\sum\left[X^{(0)}(t_i) - X^{(1)}(t_i)\right] \\ v_{\max} &= \max(v_i) \\ v_{\min} &= \min(v_i) \end{aligned} \tag{1.10}$$

指标 3:信号与噪声的比(SNR)。

$$\mathrm{SNR} = 10 \times \lg\left(\frac{1}{n}\sum\left[X^{(0)}(t_i)\right]^2/\sigma^2\right) \tag{1.11}$$

指标 4:去噪后信号的光滑性。

对滤波的效果一般从上述 4 个方面进行评价。

常用的滤波方法有中值滤波和卷积滤波。

(1)中值滤波

中值滤波是最常用的非线性滤波技术。它是一种邻域运算,类似于卷积,可以看成卷积的特殊情况,即反复运用离散数据的邻点插值做平滑处理,最后可以使原来的波动曲线变为一条光滑曲线。

中值滤波的原理十分简单,数据按降序重排,数组的中值仅仅是中心(位置)值,序列经过一个以当前点为中心的窗口,在窗口内所有点的中值替代窗口中心点的值。时间序列上各点都这样替换一遍,就完成了一次中值滤波。设原始时间序列为 $\{X^{(0)}(t)\}$,用式(1.12)表示时间序列 $\{X_1^{(0)}(t)\}$ 的中值滤波,其中值滤波器长度为 $2k+1$:

$$y(t) = \mathrm{Median}\left[X^{(0)}(t-k),\cdots,X^{(0)}(t),\cdots,X^{(0)}(t+k)\right] \tag{1.12}$$

尽管中值滤波器原理很简单,但它们的性能分析起来是相当困难的。这是因为中值滤波器是非线性滤波器。当对称分布的数据做中值滤波时,会得到一个完全不同于线性滤波器的滤波结果。中值滤波可设计为不同的滤波器,以解决不同的滤波问题。资料处理中针对数据不同特征,可选用不同的中值滤波器。如邻点中值滤波是在两个相邻的离散数据之间任取一点,作为新的离散数据(包括始点和终点)。若取相邻点间的中点,则称为邻点中值平滑处理。经证明,邻点中值处理的滤波效果最优。

中值滤波可以较好滤去呈脉冲状的异常数据,克服线性滤波带来的细节模糊,中值滤波后的数据可以作为后续处理的数据,但中值滤波对高斯噪声滤波的效果较差。为了克服上述问题,可以将中值滤波的结果作为中间结果,再利用基于卷积的滤波进一步去噪处理。

(2)卷积滤波

卷积可以在一维空间或二维空间展开,时间序列是一维情况。

假设 $X^{(0)}(t)$ 和 $f(t)$ 是两个连续函数,$X^{(0)}(t)$ 和 $f(t)$ 卷积的结果是函数 $X_1^{(0)}(t)$,于是在位置 u 处 $X_1^{(0)}(t)$ 的值可以定义为式(1.13):

$$X_1^{(0)}(u) = \int_{-\infty}^{+\infty} X^{(0)}(t) f(u-t)\,\mathrm{d}t \tag{1.13}$$

对于连续时间序列 $X^{(0)}(t)$ 来说，它是可能包含随机因素的输入函数，$f(t)$ 是一正态分布加权函数，$X_1^{(0)}(t)$ 是包含数据滤波后的低频信息，即光滑函数。一般在实际应用中，t 的取值只需取在一定范围内，没有必要从负无穷取到正无穷。权函数可以使用多种函数，如巨型波函数、三角函数或高斯函数。高斯函数的表述见式(1.14)。

$$f(t)=\frac{1}{\sqrt{2\pi}}e^{-\frac{t^2}{2}} \tag{1.14}$$

上述函数形式是对于连续函数的，而在位移时间序列中，原始数据是离散的，离散化的原理是使用对称的函数作为权重函数，高斯函数是对称函数，因此可以作为权重函数。因此对于离散的时间序列的卷积运算见以下描述。

原始时间序列为：

$$\{X^{(0)}(t)\}=[X^{(0)}(t_1),X^{(0)}(t_2),\cdots,X^{(0)}(t_n)]$$

权函数为：

$$f(t)=(q_1,q_2,q_3,\cdots,q_i,q_{i+1},\cdots,q_k) \quad (k<n,k=2i+1)$$

设滤波后的时间序列为：

$$X_1^{(0)}(t)=[X_1^{(0)}(t_1),X_1^{(0)}(t_2),\cdots,X_1^{(0)}(t_n)]$$

则滤波后 $X_1^{(0)}(t)$ 的一般表达式为：

$$X^{(0)}(t_m)=q_1\times X^{(0)}(t_{m-i})\cdots+q_i\times X^{(0)}(t_{m-1})+q_{i+1}\times X^{(0)}(t_m)+\cdots+q_k\times X^{(0)}(t_{m+i+1}) \tag{1.15}$$

相当于通过选择一个合适的窗口，根据落在窗口中的点，选择不同的权重，对某点进行滤波，如此反复，从第一个点到最后一个点。如果权重相同，就是算术平均值。使用高斯函数计算权重(未进行归一化处理)见表 1.3-3。

表 1.3-3　高斯函数计算权重

t	0.0	0.5	1.0	1.5	2.0	3.0
$f(t)$	1.0	0.8825	0.6065	0.3247	0.1353	0.0111

(3)中值滤波和卷积滤波结合

利用中值滤波和卷积滤波相结合的方法可以有效剔除脉冲状异常数据和高斯噪声。利用表 1.3-1 的数据，先用中值滤波(滤波窗口为 7)，然后用卷积滤波(权重见表 1.3-3)，原始数据及滤波后的结果见图 1.3-1，其中实线为滤波前数据，虚线为中值滤波结果，点划线为先中值滤波、后卷积滤波结果。

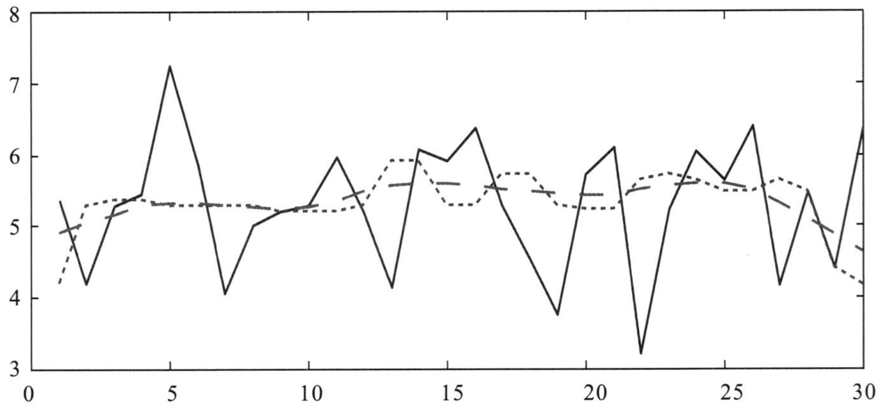

图 1.3-1　滤波前后比较

1.3.1.4　中值滤波、卷积滤波与神经网络结合

神经网络(ANN)具有高度的非线性映射能力，能较好逼近任意非线性函数。有关神经网络的结构和性能及其算法的改进将在 3.2.2 节中详细讨论。

利用中值滤波、卷积滤波有两个目的，其一是将中值滤波、卷积滤波的结果作为中间结果，是神经网络的训练数据集及输入数据；其二是根据中值滤波、卷积滤波的结果可以求得整体方差，整体方差的计算公式见式(1.7)，而整体方差是计算神经网络训练是否结束的重要指标。

我们还是利用表 1.3-1 中的数据，数据集服从 $N(\mu=5,\sigma^2=1)$ 分布。计算结果见表 1.3-4。图 1.3-2 中的星形线为神经网络滤波后结果。

表 1.3-4　　滤波后的结果

参数	滤波前	中值滤波后	中值、卷积滤波后	ANN 滤波后
最大的残差	+2.24	+0.91	+0.58	+0.56
最小的残差	−1.79	−0.84	−0.37	−0.40
误差平均值	0.29	0.31	0.30	0.29
方差	0.84	0.17	0.05	0.04
中误差	±0.91	±0.41	±0.24	±0.02

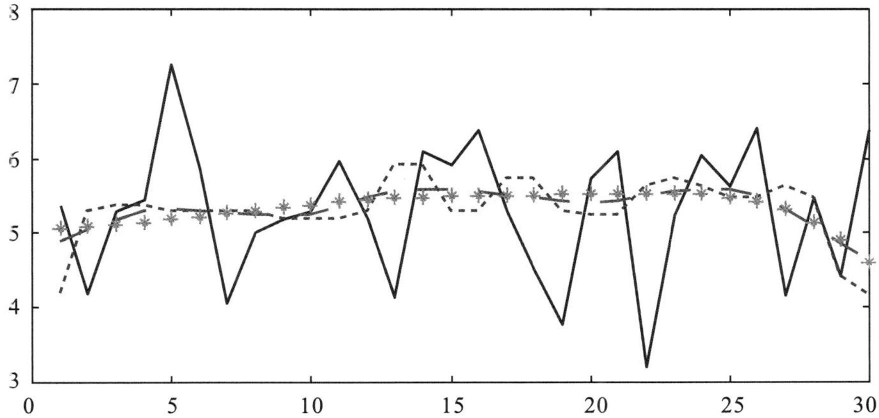

图 1.3-2 神经网络滤波后效果

1.3.1.5 时间序列缺失数据(Missing Data)的处理

时间序列方法对数据的要求严格,不能有缺失值,否则无法进入模型分析。因为缺失值在按时间采集的资料中不可避免地存在,所以缺失数据估计是时间序列应用中无法回避的问题。

在滑坡位移监测中,由于种种原因,位移监测的数据往往有缺失。一方面,对于某具体滑坡而言,位移监测点可能很多,各监测点位移数据间存在着相关关系;另一方面,每个监测点的位移在时间上有自身的规律。本部分就是根据监测点位移在时间上自身的规律构造模型,用于在含有缺失的时间序列补缺。根据时间序列缺失数据的形式,一般主要有两种情况。

情况 1:缺失数据比较集中(连续),主要是缺失数据两边都有数据的情况,即时间序列

$\{X^{(0)}(t_1)\},\cdots,\{X^{(0)}(t_m)\},\{X^{(0)}(t_{m+1})\},\cdots,\{X^{(0)}(t_{m+t})\},\{X^{(0)}(t_{m+t+1})\},\cdots,\{X^{(0)}(t_n)\}$

其中从 $m+1$ 到 $m+t$ 缺失的情况。

情况 2:缺失数据随机出现,特别是不以连续的形式出现。

根据缺失时间序列数据占总数据的比例可以分为重度缺失和一般缺失,但没有一个具体的数值来进行划分。一般缺失数据超过总数的 10%就可以认为是重度缺失。为了解决时间序列数据缺失情况,本书提出可以考虑以下几种模型。

(1)多项式拟合模型

其模型为:

$$X^{(0)}(t)=a_0+a_1t+a_2t^2+\cdots+a_kt^k+e \tag{1.16}$$

式中,$X^{(0)}(t)$——观测值;

a_0——系数；

t——时间；

e——残差。

拟合时采用从低阶向高阶逐步进行，估计出系数和与计算残差平方和，并对两次拟合的残差平方和做 F 检验，随着阶数的增加，当新添的项不能使残差平方和显著减小时，说明拟合的多项式已能正确表达函数关系。利用拟合的多项式函数可以进行内插得到缺失的值。

(2)自回归模型(AR)

由于 ARMA 模型的参数估计要用非线性最小二乘估计，因此工程中一般采用 AR 模型，有关 AR 模型参数的辨识见 3.3 节。利用该模型进行外推得到缺失的值。

(3)三次样条插值模型

三次样条插值函数在插值点具有连续的二阶导数，因此插值函数是一条比较光滑的曲线。利用得到的三次样条函数进行内插可以得到缺失的值。

(4)神经网络模型

神经网络具有仿真能力，可以用神经网络拟合曲线来达到处理缺失时间序列数据的目的。

为了将上述模型对缺失时间序列数据处理的效果进行比较，采用数据集服从 $N(\mu=5,\sigma^2=1)$ 分布的数据集随机生成 60 个数据。考虑数据缺失的比例，从轻度连续缺失到连续重度缺失，先从原序列中去掉原数据，然后分别用上述四种模型进行处理，求得的缺失值与原序列值进行比较，用两者误差平均值的绝对值和误差方差作为评价效果的标准，其结果见表 1.3-5，μ 为误差平均值的绝对值，σ^2 为误差方差。

表 1.3-5　　缺失值计算结果

缺失比例(%)	多项式拟合模型 (μ, σ^2)		自回归模型 (μ, σ^2)		三次样条插值模型 (μ, σ^2)		神经网络模型 (μ, σ^2)	
5	0.03	0.64	0.01	1.25	0.05	1.75	0.02	0.5[illegible]
10	0.05	0.98	0.04	0.97	0.03	1.40	0.05	0.3[illegible]
15	0.08	1.77	0.07	1.50	0.11	1.53	0.06	0.7[illegible]
20	0.11	3.84	0.15	2.33	0.17	2.35	0.08	1.9[illegible]

从表 1.3-5 我们可初步得到以下结论：

①不管采取何种方法，在数据缺失比例较小的情况下，处理的效果基本相同；但随

着缺失比例的增大，不同方法处理的结果有所不同，且相同方法缺失数据处理的效果降低。

②相比较而言，神经网络模型用于缺失数据的处理较其他方法效果要好且方便；而且不仅适用于本书讨论的缺失数据连续的情况，经实验对于缺失数据离散的情况同样适合。

③自回归模型和三次样条插值模型处理缺失数据的效果比较接近，但三次样条插值模型处理缺失数据较自回归模型方便。

④多项式拟合模型拟合的次数不能太高，一般不要超过 6 次。

⑤在实际问题处理过程中应根据情况选用合适的某一模型对缺失的数据进行处理，也可以选用多种模型进行处理。

1.3.2 建模数据的采集

获取建模所需的离散时间序列数据需要对原始数据进行采样。对于原始位移时间序列，采用的监测手段不同，得到的原始位移时间序列的形式不同，可分为离散的原始位移时间序列和连续的原始位移时间序列。对于原始离散时间序列有时也不需要使用样本长度内所有数据，存在确定采样时间间隔 Δ 与样本长度 L 问题。同样，对于连续的情况，由于建模所需的是离散时间序列，故存在离散化的问题，即采样时间间隔 Δ 与样本长度 L 的问题。有关样本长度 L 的确定及更新将在第三章中论述。

1.3.2.1 非等间隔离散位移时间序列的等间隔化处理

对于离散的非时间序列，根据建模所需的时间间隔 Δ 将观测得到的非等间隔时间序列等间隔化，具体方法见以下步骤。

设原始时间序列为：

$$X_0^{(0)}(t_1), X_0^{(0)}(t_2), \cdots, X_0^{(0)}(t_i) \quad (i=1,2,\cdots,n)$$

则可求出非等间隔位移原始序列各时段的实际间隔：

$$\Delta t_i = t_{i+1} - t_i$$

$$\Delta t_j = t_{j+1} - t_j \quad (i \neq j, i, j = 1,2,\cdots,n) \quad (\Delta t_i \neq \Delta t_j)$$

则可求出平均时间间隔：

$$\Delta t_0 = \frac{\sum_{i=1}^{n-1} \Delta t_i}{n-1} = \frac{t_n - t_1}{n-1} \qquad (i=1,2,\cdots,n) \tag{1.17}$$

根据建模的需要也可以用确定的时间间隔 Δ。

各时段的单位时段差系数：

$$\theta(t_i)=\frac{t_i-(i-1)\Delta t_0}{\Delta t_0}\qquad(i=1,2,\cdots,n)\tag{1.18}$$

进一步求得总的差值：

$$\Delta X_0^{(0)}(t_i)=\theta(t_i)[X_0^{(0)}(t_i)-X_0^{(0)}(t_{i-1})]\qquad(i=1,2,\cdots,n)\tag{1.19}$$

于是便得到等间隔时间序列：

$$X^{(0)}(t_i)=X_0^{(0)}(t_i)-\Delta X_0^{(0)}(t_i)\qquad(i=1,2,\cdots,n)\tag{1.20}$$

事实上，非等间隔离散位移时间序列连续化问题与时间序列缺失数据(Missing Data)的处理有相似之处，可以用相应的处理模型灵活处理。

1.3.2.2 非等间隔离散位移时间序列连续化问题

时间序列分析的基础数据一般是离散、等间隔的数据序列。人们对某些系统的观测的数据是离散数据，一般需要重新进行采样处理。

对离散型数据进行重采样，首先必须将离散型数据转化为连续型数据，很显然数据的这种转化必然会导致某种程度的信号失真。如何把这种失真控制在一个很小的范围内，是一个很值得研究的问题。

时序分析中数据量都很大，若想建立一个统一的插值函数以期反映整个系统的性质，比较困难，如利用拉格朗日插值法，插值阶数很高时计算难度大且在两端有非常严重的失真。

三次样条函数具有计算的稳定性、最佳逼近性和一致收敛性，在插值过程中具有很好的抗差能力，对于含有误差的数据序列进行插值处理很合适。

1.3.2.3 连续位移时间序列采样间隔 Δ 的确定

一个要解决的问题是如何确定采样的间隔。在实际工作中，我们得到的是一串离散化的数据，或者将连续变化的时间信号经采样后，转换成离散化的数据序列。

在频域分析中，一个连续的信号 $x(t)$ 可以分解为不同频率的谐波叠加，再考虑采样时间间隔 Δ 的大小不会影响系统的输出信号的分辨率。因此，对于定长信号来说，时域中的等分增多，时域的分辨率提高，时域的分析范围不变；与此相应，频域的分析范围提高了，但频域的分辨率并没有改变。

设 $x(t)$ 中所感兴趣的频率成分频带范围为 $-\omega_{\max}\sim+\omega_{\max}$，$\omega_{\max}$ 为 $x(t)$ 中感兴趣频率成分的最高圆频率。根据有名的 Nyquist 采集定律，不发生混频的条件是：

$$\omega_s\geqslant 2\omega_{\max}$$

又由于采样频率：

$$f_s = 1/\Delta = \omega_s/2\pi$$

$$f_{max} = \omega_{max}/2\pi$$

则可以得到：

$$\Delta \leqslant \frac{1}{2f_{max}} \tag{1.21}$$

由式(1.21)可以看出，为了正确获得连续信号中各种频率的有效成分的信息，在最高频率谐波的一个周期内至少采样两次。另外，在确定 Δ 时还应注意：一是当 Δ 取得过大时将影响信号的相关性，二是当 Δ 取得过小时，又会将高频噪声作为有用的信号计算。

因此，为了有效避免由于采样间隔所出现的混频问题，我们可以先对观测得到的时序信号进行滤波以消除高频噪声。

1.3.3 监测数据预处理

为了应用传统的时域分析手段和频域分析手段，首先要对位移时间序列数据进行预处理。数据预处理是对经过粗差检验、滤波处理的观测数据进行处理，以得到合乎平稳性、正态性及零均值要求的时间序列。前面主要讨论了异常值的剔除、数据滤波、采样等问题，在此，主要讨论时间序列的趋势项和周期项提取、平稳性检验与正态性检验、零均值性检验与零化处理、标准化处理等问题。

1.3.3.1 趋势项和周期项的提取

观测序列一般是包含趋势项和周期项的非平稳时间序列，是长记忆的时间序列，一般需要对这个序列进行平稳化处理，剔除其趋势项和周期项，使其成为短记忆序列。趋势项的处理有很多种方法，一般处理的方法分为两类：一类是趋势项直接剔除，包括差分法、季节性模型法和 $X-11$ 法；另一类是趋势项提取，包括拟合函数法和灰色模型 GM(1,1)法。

在时序建模趋势项的处理中，一组时间序列中含有周期性成分或趋势项时，该序列往往被当成非平稳的，因此传统上认为这类信号序列不能用 AR 模型精确描述，解决办法是在时序建模之前，先提取周期项和趋势项，然后对残留的随机部分建立 AR 模型。可以对 $\{X^{(0)}(t)\}$ 直接建模，AR 模型可以正确描述周期信号和趋势性信号。通常消除趋势项的方法是通过差分或多项式拟合，在消除趋势项后利用频域分析消除周期影响。

AR 模型的参数估计方法一般分为两类：一类是直接估计法，这类方法直接根据观测数据或数据的统计特性估计模型的参数，如最小二乘估计法、基于自相关函数的最小二乘估计法等；另一类称为递推估计法，如递推最小二乘法、渐消记忆法等。

基于上面的认识，本书提出基于 AR(n)的神经网络非线性预测方法：利用神经网络来优化 AR (n) 函数模型。一方面，因为神经网络具有良好的非线性映射能力，首先利用神经网络对原序列进行处理，主要是提取原序列趋势成分和周期成分，并保存该网络结构；利用该网络可以对原序列进行预测，网络预测公式可以用式(1.22)表示。

$$X^{(0)}(n+k)=F[X^{(0)}(n),X^{(0)}(n-1),\cdots,X^{(0)}(n-m+1)] \tag{1.22}$$

然后对整个序列的 $n+k(k=1,2\cdots)$ 以后的值进行预测。

同时，我们可以得到原时间序列的残差时间序列，在进行如零均值性检验与零化处理和标准化处理后，其残差作为后续建模的时间序列，然后重新利用残差序列训练网络并得到网络结构，对残差序列进行预测，网络预测公式与上式类似。

1.3.3.2 平稳性检验与正态性检验

为了方便，我们仍用 $\{X^{(0)}(t)\}$ 作为提取趋势项和周期项后的残差序列。

一个平稳时间序列 $\{X^{(0)}(t)\}$ 具有两个特点：一是其均值 μ_x 与方差 σ_x^2 都是常数；二是自协方差函数只与时间间隔 k 有关，而不依赖于时间 t 。因此，平稳性检验就是对这两个特点的检验。平稳性检验的方法主要有参数检验法和非参数检验法。

(1)平稳性检验

当时间序列 $\{X^{(0)}(t)\}(t=1,2,\cdots,N)$ 的样本长度较大时，工程中常用分段检验法，这是一种参数检验法。将 $\{X^{(0)}(t)\}$ 均匀分为 l 段子序列 $\{X^{(0)}(1t)\}$，$\{X^{(0)}(2t)\}$，$\cdot\cdot$，$\{X^{(0)}(lt)\}$ ，每段子序列的长度为 M ，$N=lM$ ，则第 j 段子序列的形式为：

$$\{X^{(0)}(jt)\}=\{X_{j1}^{(0)},X_{j2}^{(0)},\cdots,X_{jM}^{(0)}\}$$

式中，$j=1,2,\cdots,l$；$t=1,2,\cdots,M$ ，对于各段子序列可以计算出其均值、方差和自协方差的估计值：

$$\mu_j=\frac{1}{M}\sum_{i=1}^{M}X_{ji}^{(0)} \tag{1.23}$$

$$\sigma_j^2=\frac{1}{M}\sum_{i=1}^{M}(X_{ji}^{(0)}-\mu_j)^2 \tag{1.24}$$

$$R_{j,k}=\frac{1}{M-k}\sum_{i=k+1}^{M}(X_{ji}^{(0)}-\mu_j)(X_{j,i-k}^{(0)}-\mu_j) \tag{1.25}$$

如果 $\{X^{(0)}(t)\}$ 是平稳序列，则按上式计算的各子序列的 μ_j ，σ_j^2 ，$R_{j,k}$ 不应有显著的差异。这样可以用数理统计中的假设检验判别这种差异。如果 $\{X^{(0)}(t)\}$ 是平稳序列，当取显著性水平为 0.05 时，若任意两个子序列间的统计特性满足下述关系：

$$|\mu_i - \mu_j| > 2.77\sigma(\mu_j)$$

$$|\sigma_i^2 - \sigma_j^2| > 2.77\sigma(\sigma_j^2) \quad (i \neq j; i,j = 1,2,\cdots,l) \tag{1.26}$$

$$|R_{i,k} - R_{j,k}| > 2.77\sigma(R_{j,k})$$

则说明 μ_i、μ_j，σ_i^2、σ_j^2，$R_{i,k}$、$R_{j,k}$ 之间差异显著，拒绝 $\{X^{(0)}(t)\}$ 的平稳性假设。

其中，$\sigma(\mu_j)$，$\sigma(\sigma_j^2)$ 与 $\sigma(R_{j,k})$ 分别是 μ_j，σ_j^2，与 $R_{j,k}$ 的理论均方差。可以按式(1.27)计算：

$$\sigma(\mu_j) = \frac{\sigma_x^2}{M}\left[1 + 2\sum_{i=1}^{M}\left(1 - \frac{i}{M}\right)R_k\right]$$

$$\sigma^2(\sigma_j^2) = \frac{2\sigma_x^2}{M}\left[1 + 2\sum_{i=1}^{M}\left(1 - \frac{i}{M}\right)R_k^2\right] \tag{1.27}$$

$$\sigma^2(R_{j,k}) = \frac{1}{M-k}\left[1 + R_k^2 + 2\sum_{i=1}^{M-k}\left(1 - \frac{i}{M-k}\right) \times (R_i^2 + R_{i+k}R_{i-k})\right]$$

式中，σ_x^2 ——观测序列 $\{X^{(0)}(t)\}$ 的方差；

R_k —— $\{X^{(0)}(t)\}$ 的自协方差函数，可分别按式(1.28)估算：

$$R_k = \frac{1}{N-k}\sum_{i=k+1}^{N} X_i^{(0)} X_{i-k}^{(0)} \quad (k = 0,1,2,\cdots,N-1)$$

$$\sigma_x^2 = R_0 \tag{1.28}$$

分段检验法概念简单，计算较烦琐。除分段检验法外，还有逆序法检验，比分段检验法简单，但只对具有单调趋势的时序有效，不能应用于具有非单调趋势时序的检验。

(2)正态性检验

对 $\{X^{(0)}(t)\}$ 的正态性检验主要是检验 $\{X^{(0)}(t)\}$ 的三阶矩(偏态系数)和四阶矩(峰态系数)是否满足正态随机变量的特性。理论上可以证明，若 $\{X^{(0)}(t)\}$ 是正态随机变量，则偏态系数 $\xi = 0$，峰态系数 $\nu = 3$。

因此可以对 $\{X^{(0)}(t)\}$ 计算偏态系数和峰态系数的估值：

$$\xi = \frac{1}{N\sigma_x^2}\sum_{i=1}^{N}(X_i^{(0)} - \mu_x)^3$$

$$\nu = \frac{1}{N\sigma_x^4}\sum_{i=1}^{N}(X_i^{(0)} - \mu_x)^4 \tag{1.29}$$

式中，σ_x^2 和 μ_x —— $\{X^{(0)}(t)\}$ 的标准方差和均值的估计值。

但大多数工程问题都具有正态分布的特性，在实际中为了简化可以省去对 $\{X^{(0)}(t)\}$ 的正态性检验。

1.3.3.3 零均值性检验与零化处理

零均值性检验是对时间序列 $\{X^{(0)}(t)\}$ 的均值：

$$\mu_x = E[X^{(0)}(t)]$$

是否为零进行，此处的 $X^{(0)}(t)$ 是指整个随机过程的所有实现，而不是随机过程中的一个样本实现。对于有限长度的时间序列用其估值：

$$\mu_x = \frac{1}{N}\sum_{i=1}^{N} X^{(0)}(t) \tag{1.30}$$

零均值性检验是检验 $\{X^{(0)}(t)\}$ 的真值 μ_x 是否为零，只有当 $\mu_x \neq 0$ 而又不知其真值时，需进行零化处理，否则处理后的序列将改变原序列的某些性质。如不满足零化条件，可按式(1.31)处理：

$$Y^{(0)}(t) = X^{(0)}(t) - \mu_x \tag{1.31}$$

1.3.3.4 标准化处理

设观测序列为 $\{X^{(0)}(t)\}$，当 $\{X^{(0)}(t)\}$ 满足均值为 μ_x、方差为 σ_x^2 的正态分布时，按式(1.32)对 $\{X^{(0)}(t)\}$ 中的数据进行标准化处理：

$$Y^{(0)}(t) = \frac{X^{(0)}(t) - \mu_x}{\sigma_x^2} \tag{1.32}$$

显然，经过处理后的时序 $\{Y^{(0)}(t)\}$ 满足标准正态分布。为了表述方便，我们后面将经过各种预处理后的时序仍然记为 $\{X^{(0)}(t)\}$。

1.4 变形监测数据分析模型与预测方法

1.4.1 回归分析法

取变形(称效应量，如各种位移值)为因变量，环境量(称影响因子，如水压、温度等)为自变量，根据数理统计理论建立多元线性回归模型，用逐步回归法可得到效应量与环境量之间的函数模型，用这种方法可进行变形的物理解释和变形预报。因为它是一种统计分析方法，需要效应量和环境量具有较长且一致性较好的观测值序列。在回归分析法中，当环境量之间相关性较大，可采用岭回归分析；如果考虑测点上有多个效应量，如三向垂线坐标仪，双向引线线仪，二向、三向测缝计的观测值序列，则可采用偏回归模型，该模型具有多元线性回归分析、相关分析和主成分分析的功能，在某些情况下优于一般的逐步线性回归模型。

1.4.2 时间序列法

大坝变形观测中，在测点上的许多效应量如用垂线坐标仪、引张线仪、真空激光准直系统、液体静力水准测量所获取的观测量都组成一个离散的随机时间序列，因此，可以采用时间序列分析理论与方法，建立 p 阶自回归 q 阶滑动平均模型 ARMA(p、q)。一般认为，采用动态数据系统(Dynamic Data System)法和趋势函数模型＋ARMA 模型的组合建模法较好，前者把建模作为寻求随机动态系统表达式的过程来处理，而后者是将非平稳相关时序转化为平稳时序，模型参数聚集了系统输出的特征和状态，可对变形进行解释和预报。若顾及粗差的影响，可引入稳健时间序列分析法建模。

对于小数据量的时间序列，可采用灰色系统理论建模，通过对原始序列采用累加生成法变成生成序列，可以减弱随机性，增强规律性。在组合建模中，也可以通过建立灰微分方程提取变形的趋势项。在时序分析中，一般是针对单测点，若顾及各测点间的相关性进行多点的关联变形分析，则可能取得更好的效果。

1.4.3 卡尔曼滤波法

将变形体视为一个动态系统，系统的状态可用卡尔曼滤波模型即状态方程和观测方程描述，状态方程中若包含监测点的位置、速率和加速率等状态向量参数，则为典型的运动模型。这种模型特别适合滑坡监测数据的动态处理，也可用于静态点场、似静态点场(如变形监测网)在各周期观测中显著性变形点的检验识别。该方法的优点是有严密的递推算法，不需要保留使用过的观测值序列，而且可把模型的参数估计和预报结合在一起。该方法是一种变形的动态几何分析方法。应用时需注意初始状态向量及其协方差阵和动态噪声向量协方差阵的确定，采用自适应卡尔曼滤波法可较好地解决后一问题。

1.4.4 人工神经网络法

大坝变形与影响因子之间是一种非线性、非确定性的复杂关系，模糊人工神经网络法将生物特征用到工程中，用计算机解决大数据量情况下的学习、识别、控制和预报等问题，是新近发展起来的一种行之有效的方法，对于具有大量监测资料的大坝安全分析与预报尤其适合。以影响因子作为神经网络的输入层，以变形量作为输出层，中间为隐含层的三层反传(Back Propagation)模型(称 BP 网络模型)最为成熟，网络拓扑结构(每层特别是隐含层的节点数确定)、反传训练算法、初始权选取和权值调整、步长和动量系数选择、训练样本质量、训练收敛标准等是重要的研究内容。此外，将小波分析与人工神经网络相结合的小波神经网络组合预报方法，将人工神经网络与专家系统相结合建立的大坝变形、预报的神经网络专家系统均极具应用前景。

1.4.5 频谱分析法

对于具有周期性变化的变形时间序列(大坝的水平位移一般都具有周期性),可采用傅立叶(Fourier)变换将时域信息转到频域进行分析,通过计算各谐波频率的振幅,找出最大振幅所对应的主频,可揭示变形的变化周期。若将测点的变形作为输出,与测点有关的环境量作为输入,通过对相干函数、频率响应函数和响应谱函数进行估计,可以分析输入与输出之间的相关性,进行变形的物理解释,确定输入的贡献和影响变形的主要因子。

1.4.6 小波分析法

小波理论作为多学科交叉的结晶在科研和工程中被广为研讨和应用。小波变换被誉为“数学显微镜”,它能从时频域的局部信号中有效地提取信息。利用离散小波变换对变形观测数据进行分解和重构,可有效地分离误差,能更好地反映局部变形特征和整体变形趋势。与傅里叶变换相似,小波变换能探测周期性的变形。将小波用于动态变形分析,可构造基于小波多分辨卡尔曼滤波模型。将小波的多分辨分析和人工神经网络的学习逼近能力相结合,建立小波神经网络组合预报模型,可用于线性和非线性系统的变形预报。

1.4.7 有限元法

有限元法是一种采用确定函数模型直接求解变形的具有先验性质的方法,属于确定函数法,不需要进行任何变形监测。将混凝土大坝按一定规则划分为很多计算单元,根据材料的物理力学参数(如弹性模量、泊松比、内摩擦角、内聚力和容重等),建立荷载与变形之间的函数关系,在边界条件下,通过解算有限元微分方程,可得到有限元节点上的变形。计算的变形值与单元划分、函数模型和物理力学参数选取有关,假设性较大,同时,未考虑外界因子的随机影响,因此用该法所计算的变形仅作参考。如果计算的变形值与实测值有较大的差异,往往需要对模型和参数进行修改并进行迭代计算。若根据实测变形值采用确定性函数反求变形体材料的物理力学参数,则称为反演分析法。反演分析法一般与有限元法联合使用。

1.4.8 系统论方法

变形体是一个复杂的系统,是一个多维、多层的灰箱或黑箱结构,具有非线性、耗散性、随机性、外界干扰不确定性、对初始状态敏感性和长期行为混沌性等特点。系统论方法包括两种建模方法。一种是输入—输出模型法,前述的回归分析法、时间序列法、卡尔曼滤波法和人工神经网络法都属于输入—输出模型法。另一种是动力学方程法,该法与有限元法中的确定函数法相似,系根据系统运动的物理规律建立确定的微分方程来描述系统的运动。但对动力学方程不是通过有限元法求解,而是在对系统受力和变形认识的基础上,用低阶、简化的在数学上可求解和可分析的模型来模拟变形过程。例如,用弹簧滑块模型模拟边坡黏滑过程,用单滑块模型模拟大坝变形过程,用尖点突变模型解释大坝失稳机理等;也可根据监测资料反演变形体的非线性动力学方程。对动力学方程的解的研究是系统论方法的核心,为此引入了许多与动力系统和与变形分析、预报密切相关的基本概念:状态空间或相空间(称解空间)、相点、相轨线、吸引子、相体积、李雅普诺夫指数和柯尔莫哥洛夫熵等。相点代表状态向量在某一时刻的解;相轨线代表相点运动的迹线;吸引子代表系统的一种稳定运动状态,它可以是一个稳定的相点位、环或环面,也可以是相空间的一个有限区域,对于局部不稳定的非线性系统,将出现奇怪吸引子,表示系统为混沌状态;李雅普诺夫指数描述系统对于初始条件的敏感特征,根据其符号可以判断吸引子的类型以及相轨线是发散的还是收敛的;柯尔莫哥洛夫熵则是系统不确定性的量度,由它可导出系统变形平均可预报的时间尺度。对变形观测的时间序列进行相空间重构,并按一定的算法计算吸引子的关联维数、柯尔莫哥洛夫熵和李雅普诺夫指数等,可在整体上定性地认识变形的规律。

系统论方法还涉及变形体运动稳定性研究,这种稳定性在数学上可转化为微分方程稳定性的研究,主要采用李雅普诺夫提出的判别方法。

变形受确定性和随机性两部分的联合作用,其演化过程可用一个随机扩展过程如伊藤随机过程来描述,利用随机过程的平均首通时间来进行变形的随机预报较仅依赖确定性模型进行稳定性分析和变形预报更为合理。

系统论方法涉及许多非线性科学学科的知识,如系统论、控制论、信息论、突变论、协同论、分形、混沌理论、耗散结构等。上述理论远不是测量工作者所能掌握的,将系统论方法与变形分析与预报相结合的研究只是初步的,希望有更多的青年学者加入这一交叉领域的研究。

2 灰色系统理论与变形体系统

2.1 灰色系统理论概述

2.1.1 灰色系统的基本概念

在系统控制理论中,颜色的深浅常用来描述掌握信息的完备程度。一般"白"表示信息完全;"黑"表示信息一无所知;"灰"则表示信息不完全,即部分信息已知部分信息未知。对应的系统可称为白系统、黑系统和灰色系统。实际上,客观世界绝大多数系统都是灰色的。黑系统和白系统只是相对的,而灰色系统才是绝对的。区别白系统与灰色系统的重要标志是系统各因素之间是具有确定的关系。例如,用欧姆定律 $I=U/R$,可以描述电流 I 与电压 U、电阻 R 之间的关系,由电压变化序列可以唯一确定一个电流序列,这是一个白系统,其特征是因素之间存在映射关系。不过要想因素之间有明确的映射关系,则要求系统必定是具有确定结构的,必定是有物理原型的。然而,客观世界中有很多抽象系统(如滑坡变形系统)没有物理原型,虽然知道影响系统的某些因素,但很难明确全部因素,很难确定因素之间的映射关系。已往建立的关系都是在一定的假设条件下,只能凭逻辑推理,运用某些观念意识、某些判别准则,对系统的结构特性进行论证,然后用各种模型加以表达。对这类抽象系统称为本征性灰色系统。一般工程变形体系统都是属于这种系统。

事物是客观存在的,而人类的认识是逐步发展和深化的,人们不可能一下全部认识事物的客观规律,只有通过实践、认识、再实践、再认识这种物质循环往复的形式,来逐步修正主观认识并不断提高客观事物透明度。所以客观事物对人类来说,不是白的,也不是黑的,而是灰的。人类这种认识逐步修正的过程也是由"灰"变"白"的过程。具体来说,就是将有限的信息进行合理的加工、处理,生成更多的信息,使问题尽可能地变得清楚些,使判断尽可能准确些。

目前,研究和描述不确定性系统的理论和方法,主要是概率论(Probability)、模糊理论(Fuzzy Theory)和灰色系统理论(Grey Theory)3 种。3 种理论研究内容的区别可概括为灰色系统理论研究“少数据不确定”；概率论研究“大样本不确定”；模糊理论研究“认知不确定”。从研究宗旨看，灰色系统理论强调新息化，研究现实规律；概率与数理统计强调统计数据与历史关系，研究历史的统计规律；模糊理论强调先验信息，依赖人的经验，研究经验认知的表达规律。就研究对象来说，模糊理论着重研究“认知不确定”问题，其系统具有“内涵明确，外延不明确”的特点。概率论研究的是“随机不确定”现象，考察具有多种可能发生的结果即“随机不确定”现象中每一种结果发生的可能性大小，要求大样本，并服从某种典型分布。灰色系统理论着重研究概率论和模糊理论难以解决的“小样本，贫信息”等不确定性问题，着重研究“外延明确，内涵不明确”的对象。

灰色系统(Grey System)是邓聚龙在 20 世纪 70 年代末、80 年代初提出的。1979 年在北京召开的军事系统工程学术会议上，邓聚龙宣读了论文《参数不完全大系统的最小信息镇定》，此是灰色系统的雏形。灰色系统的开篇论文 *The Control Problems of Grey Systems* 公开发表在北荷兰出版公司出版的 *Systems&Control Letters*。随后，1982 年第 3 期《华中工学院学报》发表邓聚龙教授的第一篇中文论文《灰色控制系统》，这两篇开创性论文的发表标志着灰色系统理论这一学科的诞生。灰色系统理论把一个信息不完全的数看作灰数；一个信息不完全的元素看作灰元；系统间、因素间信息不完全的关系看作灰关联；系统中信息不完全的现象看作灰色性；系统中的随机过程看作灰过程；含有灰元的方程看作灰方程；含有灰元的矩阵看作灰矩阵等来描述灰色系统。40 余年来，灰色系统理论跨出系统控制领域，已成功而迅速地应用于社会、经济、水利、气象、工程、技术、生态、环境、历史、地理、农业、卫生等众多领域。已取得的理论成果和应用成果是它的价值和生命力的初期体现。灰色系统理论之所以能引起国内外各领域的广泛重视，是因为它研究的是信息不完全的对象，内涵不确定的概念，关系不明确的机制，也是因为它成功地运用了唯物辩证法思想的结果。

2.1.2 灰色系统理论的基本原理

灰色系统理论的基本原理可通过以下几个方面来描述。

(1)默承认原理

若没有理由认为某一命题不成立，则默认该命题成立。在默承认原理下，对某一命题的默承认是暂时的，当肯定理由出现时，默承认转化为承认；当否定理由出现时，默承认转化为否认。只当默认转化为承认时，暂时性才消失。默承认是缺乏足够认定信息下的承认。同时，默承认为不确定的承认，在同一命题下，默承认的内容越多，默认知的确定性越大。因为默承认内容多，意味着命题不成立的理由(至少是暂时的)越少。

(2)默否认原理

若没有理由认为某一命题成立，则默认该命题不成立。当某一命题的肯定理由出现时，默否认转化为承认；当该命题的否定理由出现时，默否认转化为正式否认。默否认是缺乏足够否定信息下的暂时否认。默否认是默承认的对偶。默否认内容越多，则默承认确定性越小。

(3)差异信息原理

凡信息必有差异，差异即信息。对信息受体而言，信息的首次出现性为新鲜性。新鲜信息只允许出现一次。信息是以命题为内涵的。信息具有默承认性；信息受体是信息的发现者；显传递性、潜传递性、默认传递性、内涵传递性均为信息传递的性质。而差异原理则具有可公认性、对比差异性、发现性、可量化性和可比性。

(4)信息认知原理

认知以信息为根据，凡认知必有根据。认知必须以信息为依据，没有信息，无以认知。以完全、确定的信息为根据，可以获得完全、确定的认知，以不完全、不确定的信息为根据，只能得到不完全、不确定的灰认知。

(5)白化原理

若没有理由否认 λ 为真元，则在某一准则下，默认 λ 为真元的代表。白化原理的内涵、意义和性质具有替代性、接近性、可归纳性、暂时性和不完整性。

(6)解的非唯一性原理

信息不完全、不确定的解是非唯一的，也是目标可接近、信息可补充、方案可完善、关系可协调、思维可多向、认识可深化、途径可优化的具体体现。在面对多种可能的解时，能够通过定性分析，补充信息，确定一个或几个满意解。因此，“非唯一性”的求解途径是定性分析与定量分析相结合的求解途径。

(7)新信息优先原理

新信息对认知的作用大于老信息。新信息的补充为灰元白化提供了基本动力，是信息的时效性的具体体现。

(8)最少信息原理

在没有其他更多信息可利用的情况下，则尽量充分利用现有信息。“对称”“均衡”“直线”是最小信息原理的具体表现。

(9)灰性不灭原理

“人类认知为灰”。人类认知是无穷尽的，是发展的，同时确定认知、白认知是相对的。

2.1.3 灰色系统理论的主要内容

灰色系统理论经过 40 余年的研究发展，已基本建立起一门新兴学科的结构体系。

其主要内容包括以灰代数系统、灰方程、灰矩阵等为基础的理论体系；以灰序列生成为基础的方法体系；以灰关联空间为依托的分析体系；以灰模型(GM)为核心的模型体系；以系统分析、评估、建模、预测、决策、控制和优化为主体的技术体系。就应用的广泛性主要有以下几个方面。

(1)灰生成

灰生成是数据的映射、转化、加工、升华与处理。其目的是为灰哲学提供定性资料的转化数据，为灰分析提供数据的可比领域，为灰建模提供初加工的数据基础，为灰决策提供统一测度的数据矩阵。

(2)灰分析

灰分析一般指灰关联分析。灰关联分析是对运行机制与物理原型不清晰或者根本缺乏物理原型的灰关系序列化、模式化，进而建立灰关联分析模型，使灰关系量化、序化、显化。

(3)灰模型

灰建模是少数据(允许少数据)的建模，是基于灰因白果律、差异信息原理、平射原理的建模。其目的是在数据有限(即有限序列)的条件下，模仿微分方程建立具有部分微分方程性质的模型。

(4)灰预测

灰预测是建立(行为)时轴上现在与未来的定量关系。通过此定量关系(灰模型)预测事物的发展。

(5)灰决策

灰决策是对事件与对策的灰关系，在数据的统一测度空间，按目标进行量化或灰关联化，以找出对付事件的满意对策。

(6)灰控制

灰控制目前主要是灰预测控制。灰预测控制是按新陈代谢的采样序列，建立时轴上的滚动模型，或者称滚动建模，通过滚动模型获得系统行为发展的预测值，然后用预测值对系统进行控制。

(7)灰评估

灰评估是对事物的灰色类别进行评估。

(8)灰数学

灰数学是对非完全抽象的灰数，在灰认知模式的基础上，在灰朦胧集的框架下，研究其运算的法则、算式、模式；研究灰数本身的结构、内涵、性质、类别；研究灰数的表达；

研究灰数灰度的大小与变化。

(9)灰哲学

灰哲学主要研究定性认知与定量认知、符号认知的关系;研究默承认、默否认、否认、承认、确认、公认的内涵、原理、性质、模式;研究少信息的思维规律。

2.2 变形体系统及灰色特征

2.2.1 变形体系统是一个灰色系统

系统是指由相互联系、相互作用的若干要素构成的具有稳定结构和特定功能的有机整体。对于各种变形体,如地球、斜坡体、大坝、桥梁、高层建筑物、地下(构)建筑物等,虽然其几何大小、空间形态、内部结构、与环境作用方式、变形破坏规模、模式及影响变形的因素等都存在很大的差异,因此需要多种监测技术和研究专门的监测数据分析方法,但变形监测分析预报的基本原理和目的是一致的。

变形体可分为自然变形体和人工变形体。自然变形体包括大到地球板块移动,小到地面垂直变形以及局部滑坡体的滑动等;人工变形体包括拦河大坝、高层建筑以及人类地下工程引起的地表变形等。变形体在变形过程中,赖以生存的环境构成了变形体系统。比如滑坡体的滑动和滑区的地质条件、气象等环境因素构成滑坡变形体系统,或称为边坡系统;又如大坝及基础变形和上下游水位以及库区与坝区的气象等环境因素,构成大坝及基础的空间变形体系统。区别白系统与灰色系统的主要标志是系统各因素之间是否具有确定的关系,显然任何要研究的变形体系统都是一个灰色系统,而且是一个本征性灰色系统,这是因为变形体的变形大多没有物理原型。下面仅以边坡和大坝变形系统来说明。

表征滑(边)坡的各种参数或要素是在某一空间和特定时间上的综合反映,是一个多要素相互作用、协调平衡发展的复杂系统的反映。以滑(边)坡地表位移观测值为例,可以认为它是斜坡系统的综合反映,或者是某种激励下的一个效应量,它受到该系统内各个因素的制约和影响。例如,该滑(边)坡区的地质环境、气候条件以及斜坡自身的构造等因素的综合影响,对于矿山地表变形还受到地下开采规模、速度以及方法的综合影响。人们无法去描述各个因素之间相互作用的定量关系,但某一时刻滑坡体的地表位移观测值本身恰是这些影响因素综合作用的结果,这一点是可以肯定的。在这种情况下,我们不去研究这些影响因素的个数及相互之间的定量关系(实际上也不可能找出这种定量关系),而是从地表位移观测值时间序列这一组数据本身挖掘有用的信息,进行系统分析和建立模型进行滑坡破坏预测。

在大坝施工和运行过程中，我们总可以认为大坝是一个连续的动态系统；同时它也是一个复杂的开放系统。这是因为表征大坝运动的各种参数或要素是在某一特定时空上的综合反映，是一个多要素相互作用、协调平衡发展的复杂系统的综合反映。以大坝变形观测值为例，可以认为它是系统的综合反映，或者说是某些激励下的效应量（响应），它必然受到系统各个因素的制约和影响。例如，大坝基础的地质条件、坝区气象条件、上下游水位变化以及大坝的结构形式等。我们无法去描述各个因素互相作用的定量关系，但某一时刻大坝的变形观测值本身恰是这些影响因素综合作用的结果。因此，我们完全可用灰色系统理论来处理分析大坝效应量观测值序列。

2.2.2 变形体系统特征及灰性

变形体的状态变化是以各种形式的物理量表现出来的。如位移、应变等，这些物理量可看作变形体的状态信息，变形监测就是获取变形体的实际信息工作。对人工变形体来说，通过对监测数据的分析与处理可以检验设计参数，评估建筑物设计情况与实际情况的差别，从而有利于提高设计水平，此外，还可对建筑物的变形趋势进行预测和控制。对于自然变形体来说，对监测数据的分析和处理，可为设计整治方案提供定量参数，可以评估变形体的发展态势以及预测变形破坏时间和规模。由此看来，变形体的监测分析预报工作具有十分重要的作用。

2.2.2.1 变形体系统特征

变形体系统除按自然变形体和人工变形体区分外，按其监测研究范围又可分为三类：全球性的、区域性的和局部性的。局部性的变形监测的任务主要是研究工程建筑物的沉降、水平位移、程度和倾斜；滑坡体的滑动；采矿采油和抽取地下水等人为因素造成的局部地壳变形等。通过综合分析与对比，认为变形体系统具有以下主要特征。

（1）开放性

任何变形体系统都存在并依赖于一定的环境，不断地与外界环境进行着物质、能量和信息的交流，体现了变形体系统的开放性。例如，斜坡体由降雨等作用造成坡面岩土的流失，阳光（或温度）对工程建筑物变形的影响等。

（2）耗散性

变形体系统的开放性表明它不是一个能量和物质守恒的系统。它总是处于自身结构的不断调整和组织之中，以在一定程度上适应环境的变化。这种结构的自动调整表明系统是非平衡的，或者说远离平衡状态。另外，它是以消耗外界能量为前提的，因此，它具有耗散系统的一般特征。

（3）层次性

系统结构是指系统内部各要素之间的相互联系和作用，是影响系统稳定性的根本因素。变形体系统内部要素和结构的划定随研究对象和目的而异。例如，斜坡体可视为由不同的岩层经地质构造而成；而人工构筑物也可划分为不同的块体（或子区域）等。这些内部要素又可称为变形体系统的子系统，子系统又可分解成更细的下一级子系统，表现出系统结构的多层次性。

（4）非线性

系统中各子系统具有不均匀性，有的子系统规模大，而有的子系统规模小；各子系统之间存在复杂的关联作用，如力学、热学、水化学和电磁等耦合作用，这些关联作用只能用非线性函数表示。系统的非线性还表现为系统与环境的非线性相互作用。也就是说，系统对环境（干扰）的输入响应不具备线性叠加性质，比如，在某一时期 100mm 的降雨量可能引起大坝坝体上某点 5mm 的位移量，而在另一时期 100mm 的降雨量则可能引起该点远大于或小于 5mm 的位移量。不同的因素对系统的影响也是不均匀的。

（5）动态性

变形体系统的耗散性表明系统是一个不平衡系统，其结构总是不断地在进行调整，表现为一个动态过程。系统的输出（变形效应量）在一定程度上反映了系统的这种结构调整，不仅与当前时刻系统的结构和影响因素有关，还与当前时刻以前系统的状态有关。

（6）随机性

由于在变形体系统的结构、机制和外界因素影响方面缺乏足够的知识，在分析变形过程或考虑外界因素影响时常引入不确定性，把变形过程视为一个随机过程。

（7）突变性

在变形体系统的演化过程中存在着量变和质变。长期量变过程是质变的必要准备，而质变常表现为系统跳跃性的突变（如地震的突然爆发、滑坡的突然起动、桥梁的突然倒塌等）。研究变形体系统的突变方式和形成突变所必须具备的条件具有重要的实际意义。

2.2.2.2 变形体系统灰性

变形体系统的变形特征和系统效应量观测过程中的随机误差影响，决定了变形体系统以下灰性。

（1）效应量和灰数

对工程变形体进行监测而获得的各类效应量，是从变形体上有关部位实际观测到的，它不带任何主观假定条件，是客观系统在各种因素综合影响下的最直接反映。由于获得效应量时不可避免地带有偶然误差；有时受观测仪器设备和方法等影响，效应量还可能带有系统误差；当观测周期安排不当时，又会有代表性不足的抽样误差等。因此，实际观测得到的效应量具有近似性。在测量误差理论中，通常衡量效应量是否准确的指标是精度，变形系统分析的目的就是要求监测工作能获取高精度的、能真实反映系统运行状态的效应量，也就是说要尽量消除或避免系统误差和减小偶然误差的影响，显然一个具有一定精度的效应量是一个信息不完全的区间灰数。

(2)随机过程和灰过程

从变形体上观测获得的一序列效应量，实际上是该系统多种影响因素总效应的综合反映，其中有许多难以准确描述的随机因素的作用，加上观测时又必然带有偶然误差的干扰，使同样条件下观测得到的效应量各不相同，具有某种程度的不确定性，即随机性。由于影响因素对效应量序列具有不确知现象，因此，观测序列又具有灰色性。对于变形体上不同点的一簇效应量序列，可看作一种既有多个影响因素作用又有若干随机因素影响的多元条件的随机过程。显然，它又可看作在一定范围和时区变化的灰过程。

(3)离散关系和灰关系

在变形体的变形监测中，变形监测点之间通常具有空间离散和时间离散两大关系。空间离散是指，在变形体上只能布设少量的具有一定代表性的监测点，然后用这些离散点的变形来分析和评估变形体的空间变形性态。显然这些离散点之间在空间上具有近似关系，或信息不完全的关系，即灰关系。随着监测点密度的增大，它们之间的灰关系将逐步明确，这对变形分析和评估有利。时间离散则是以一定周期观测布设在变形体上的离散点的变形，而不是连续监测，在这种情况下，加之观测误差的影响，观测得到的变形过程线不是一条光滑的曲线。这样在变形监测数据分析和处理时，总是假定变形体在周期内的变形是线性的或非线性的。显然同一监测点不同时间的变形关系是一个灰关系，随着监测周期的变短，这种灰关系也将逐步变化为白关系。

2.3 灰色系统理论在变形监测数据处理中的应用现状

2.3.1 灰关联分析

1992 年，刘祖强在 AIC 信息量准则的基础上，以多元主分量分析和灰色关联度分析为理论依据，首次提出了大坝变形统计模型因子选择的主分量分析法和灰色关联度分析法，为获得最佳稳健统计模型奠定了基础。

1994 年，韩正刚用灰色系统理论的基本原理及其方法，结合潘家口大坝 30# 坝段的坝基渗流监测资料进行关联度分析，建立 GM(1，N)模型和开展灰色预报。

1999 年，何金平等分析了大坝结构性态多测点数学模型的研究现状，概括了常用灰色关联度量化模型及其特点，提出了基于 T 型关联度的多测点数学模型预置因子集初选方法，具有一定的使用价值。

2004 年，艾斯卡尔·吾休尔等结合工程实例阐明了利用灰色关联分析确定影响大坝运行期安全主要因子的方法，并对不同样本进行关联度计算，证明灰色关联分析中，真正唯一反映因子之间关联度大小的是关联度的排列顺序，即关联序，该方法在大坝观测数据处理中得到应用。

2004 年，刘国华等采用位移关联度、一阶差分关联度和二阶差分关联度 3 个关联度公式来综合表达各因素过程(序列曲线)间的关联度情况。其中，一阶和二阶差分关联度能满足规范性要求，具有无量纲化后的保序性。数值试验清楚表明，它们能较好地反映出序列曲线间存在的接近性和形状或发展趋势的相似性。给出土坝观测资料的应用结果，也反映出这些关联度公式得出的关联度值与实际曲线的情况相吻合，从而可为建模时分析与选择因素提供重要依据。

2009 年，王铁生等在大坝变形监测分析中采用灰关联分析法与混合模型相结合的方法，利用有限元法与实测值进行优化拟合而建立模型，从混合模型的分析结果可以看出，大坝时效位移虽有增加，但增加量在逐年减小，因此，水平位移的变化规律总体上正常。

2013 年，赵哲炎等为定量分析滑坡体变形空间分布情况，提出了基于监测点位移量时间序列的灰关联模型分析方法。该方法可以很好地将位移量序列的大小、发展态势等进行分类，定量确定滑坡的稳定和非稳定区域。将该方法用于金坪子滑坡的变形监测分析，并结合宏观巡视检查，可以很好地判别出滑坡区的变形分布情况。对滑坡监测预警、治理工程设计和施工具有指导意义。

2015 年，丁立等提出大坝安全评价是一项复杂的综合评价，针对大坝安全评价中存在信息不完全确定的特点，将灰色系统理论中的灰色聚类法和灰色关联分析法应用到大坝安全评价中。以大坝基础工程部位的安全状况作为评价对象，建立评价指标和评价标准体系。实例计算与分析结果表明，两种方法在安全评价结果方面表现出了良好的一致性，且评价结果与实际情况相符，将两种方法用于大坝安全评价是可行和有效的。

2018 年，刘祖强等为了分析渠坡膨胀土含水率变化对渠坡稳定性的影响，对现场自动采集的含水率、吸力、降雨量、土温和气温等数据进行初步分析和灰关联分析。初步认为强膨胀土含水率变化的主要影响因素依次为温度、降雨量、蒸发量和吸力等。现场监测结果和灰关联分析得到受降雨入渗过程滞后影响，大气降雨 3d 后，才能渗入 1.6m 深的强膨胀土中，影响深度小于 6.1m；渗入 1.4m 深的强膨胀岩中需要 47d 时间，影响深度小于 5.1m。对渠坡膨胀土含水率变化的长期监测及其数据分析，为南水北调工程渠坡膨胀土胀缩变形的分析及渠道安全运行提供了依据。

2.3.2 灰模型应用

1990年，刘祖强等运用灰色系统理论方法，处理了1987年5月至1989年5月新滩滑坡前缘深层蠕变观测资料，初步认为当时新滩滑坡前缘（深层）处于1985年6月大滑坡后的调整稳定蠕变阶段。此外，对灰色模型用于滑坡预报的可能性进行了探讨。

1994年，刘祖强分析了灰色系统理论GM(n,h)模型的建模机理，进而指出了用该模型来分析处理大坝安全监测数据序列存在的问题。在定义了中心累减生成、均值生成等基础上，导出了一种新的动态系统灰色模型——DGM(n,h)模型。算例分析表明，DGM(n,h)模型比GM(n,h)模型有明显的优越性。

1998年，臧德彦等利用灰色系统理论，处理了从1987年4月至1997年11月的秦山核电站海堤沉降变形监测资料，据此进行了预测，取得了较好的效果。由此表明，灰色系统理论应用于工程预测和大型建筑物的变形监测，建模方便、结果精度高。

2000年，朱玉平等根据基坑变形监测信息，采用GM(1,1)灰色建模分析方法处理监测数据，模拟变形值和预测变形的发展趋势，并在工程实例中得到了检验。实践证明，该方法是处理基坑监测反馈信息并预测变形发展的有效手段，能为基坑动态设计和信息化施工提供决策依据。

2001年，黄铭等将灰色模型(GM)应用到线法测量数据的分析中，利用该测量方法的特点，通过模型掌握被监测体内部变形分布情况并加以外延预测，掌握监测孔（线）穿过的关键部位的位移动态，预测变形最大值。采用三峡工程永久船闸北坡线法变形监测资料，对上述方法进行验证，表明这些方法合理可行。

2005年，樊伟等提出将灰色GM(1,1)预测模型与神经网络预测模型结合起来，建立灰色神经网络预测模型，对滑坡变形位移进行预测。此方法为串联型灰色神经网络组合模型，是指用神经网络识别灰色GM(1,1)所得的预测值和实测值之间的未知关系，去修正灰色系统所得的预测值。实例表明，此种预测模型预测精度高、所需样本少、有效以及在滑坡预测中有着良好的应用前景。

2011年，李波等提出对大坝变形进行预测时，观测序列中的粗差不可避免地影响预测精度，同时，监测序列较短也会影响预测的精度，针对这些情况，将未确知滤波法和灰色模型应用到大坝变形预测中。首先利用未确知滤波法对大坝变形监测序列进行粗差识别，并修正粗差，再采用灰色模型预测大坝的变形。实例分析表明，两种方法的有机结合，可以显著地提高大坝变形预测的精度，具有较高的工程实用价值。

2018年，王嘉晟等结合卡尔曼理论和灰色理论的特点，在Matlab中建立卡尔曼滤波模型和GM(1,1)模型。以岳城水库大坝的沉降观测数据为例，实现卡尔曼滤波和灰色理论这两种方法在大坝沉降分析中的应用。

2020年，冯钱桢等大坝沉降是一个非线性的过程。为了能准确预测大坝沉降，将GM(1,1)模型和BP神经网络模型结合，以某大坝沉降量为实例，研究灰色BP神经网络在大坝沉降监测中的应用。通过GM(1,1)获得一组拟合数据，将拟合数据和原始值作差得到拟合值的误差序列，再利用BP神经网络模型对拟合数据和拟合数据的误差序列进行训练，最后再以拟合数据作为输入值，利用训练完成的BP神经网络得到误差序列，进而得到预测值。经过实验分析可知，得出组合模型的预测精度高于单一模型的预测精度。

2.3.3 灰预测效果

1989年，晏同珍等基于数年来室内外测绘试验分析研究工作，论述了滑坡静、动态规律。针对其群体“静态”规律，论证了斜坡不稳定性空间定量预测的某些基本原理方法；针对其群体、单体动态规律讨论了滑坡灾害爆发时间的预测预报基础技术。从系统论观点出发，概括了滑坡系统空时定量预测的三类数学模型——确定性、随机性及灰色系统模型的基本分工和联合模式的沟通特点与功能。以陕西东南部变质岩滑坡和长江中上游中生界砂泥岩地层滑坡为实例，讨论了斜坡不稳定性空时定量预测的重点研究成果。

1990年，王家鼎利用灰色理论对地面沉降灾害现象进行研究。用日本东京昭和五至三十五年的地面沉降资料和墨西哥城1890—1945年地面沉降资料分别建立了东京城和墨西哥城地面沉降的灰色预测模型，分别对东京城昭和四十年、四十五年和墨西哥城1950、1955年地面沉降量进行了预测，结果与实际沉降值拟合得较理想。

1991年，刘祖强阐述了滑坡赖以产生的斜坡稳定性系统是一个灰色系统；给出了用于滑坡破坏预测的灰色系统预测理论数学模型；提出了用地表位移观测值进行滑坡破坏灰色预测的方法。并通过运用GM(1,1)模型和非线性GM(1,1)模型，对1985年6月12日长江三峡新滩滑坡的破坏进行了中长期和近期预测，其中长期预测结果与实际一致，近期预测结果与实际仅差2.6h。新滩滑坡破坏预测的反演分析显示了该方法具有实际正演应用的广阔前景。

1991年，熊支荣等从灰色系统理论的基本原理和方法着手，利用灰色关联分析对坝工观测量的因变量(如位移、扬压力、应力等)与各自变量(如温度、水位、时效等)之间的相关程度作序化、量化分析，来了解各因素的影响程度；利用灰色GM模型建立坝工观测量各自变量与因变量之间的数学解释模型来对坝的运行性态进行合理的评估；利用灰色预测对坝工观测物理量未来时刻的变化值进行预测以监控大坝的安全性态。详述了灰色系统理论在水工观测资料分析中的应用情况，并对其应用时的检验标准及其他一些问题进行了探讨。

1994年，吴之明针对大坝混凝土施工条件多变，随机因素、干扰多等特点，提出将热学机理模型和参数经验识别相结合的灰色预测法，对大坝混凝土的温控防裂措施进行动态管理。阐述了灰匣模型的构成、原理和算法，介绍了模型的计算机应用软件，并给出了某拱坝浇注块的计算实例。

1995年，夏元友在分析目前国内外滑坡灰色预测预报模型的基础上，提出了顾及更多影响因素的灰色模型。它不仅可用于滑坡的临滑预报，还可用于一般监测信息的预测。

2002年，刘祖强等提出三峡工程人工岩质高边坡施工难度大，技术十分复杂，岩体稳定性问题早在工程前期就引起了国内外专家的广泛关注。开挖工作结束后，高边坡及中隔墩岩体整体稳定性良好。利用布置在永久船闸南高边坡勘探平硐内的部分监测仪器的观测成果，就边坡深层岩体变形规律进行分析研究，并用灰色系统理论建立了深层岩体位移空间模型，预测了二闸室南坡直立墙中部开挖附近岩体的纯位移区间为11.65～13.06mm。运用弹塑性损伤断裂的方法，考虑分级开挖，进行有限元分析和计算，得出二闸室南坡直立墙中部岩体位移14mm的结果基本一致。

2005年，王利等讨论了灰色预测模型GM(1,1)和动态灰色预测模型的基本内容及建模过程，并成功地将等维新息和等维灰数递补两种动态灰色预测模型应用于大坝变形的预测预报。实践证明，等维新息动态预测由于实时地加入了新的信息，提高了灰区间的白色度，预测效果最好；等维灰数递补动态预测利用了序列建模的结果，淡化了灰平面的灰度，使预测结果有所改善；GM(1,1)模型由于是静态地反映系统的变化趋势，预测的精度最低。因此，动态灰色预测模型在大坝变形的预测预报中比静态预测模型具有更高的应用价值。

2009年，焦明连等通过分析小波理论和灰色模型的各自特征，提出一种基于小波分析的灰色预测模型。根据小波变换特点，对变形监测数据序列进行分解，对各个分解后的子序列利用灰色模型进行预测，最后重构变形预测结果，且将该结果与灰色模型预测结果进行比较。结果表明，该方法具有较强的预测能力。

2012年，李明然等针对灰色模型在建模过程中受到随机扰动影响这一问题，利用马尔科夫模型预测波动性数据准确的优势，对灰色模型进行改进，并应用于大坝变形预测计算与分析。结果表明，改进的灰色马尔科夫模型对存在扰动数据的大坝变形预测中，可以获得较好的预测效果，提高预测精度。

2015年，任超等提出了一种基于灰色最小二乘支持向量机的大坝变形预测新算法。通过对原始大坝序列进行一次累加，弱化序列中随机扰动的影响，增强数据的规律性，进而建立了最小二乘支持向量机预测模型，并采用网格搜索法选取最优参数。算法充分利用了最小二乘支持向量机泛化能力强、非线性拟合性好等优良特性，避免了灰色方法及模型存在的理论缺陷。与灰色 GM(1,1)和单一最小二乘支持向量机对比表明,新算法能保证较优的局部预测值和较好的全局预测精度,应用于短期大坝变形预测是可行的。

2017 年,卢献健等提出了一种基于灰色预测模型的遗传算法优化 BP 神经网络的组合预测模型。通过对原始大坝序列进行灰色拟合,弱化原始序列的随机扰动影响,增强数据的线性规律,并采用遗传算法优化 BP 神经网络的连接权值和阈值,之后将灰色拟合后的残差作为优化后的 BP 神经网络的输入样本进行训练和测试,进而建立灰色遗传 BP 神经网络预测模型。组合模型充分结合了 BP 神经网络自适应学习的优点,避免了灰色方法及模型在非线性预测方面的缺陷;同时集成了遗传算法的全局寻优性能,弥补了神经网络容易陷入局部极值点的缺陷。与灰色 GM(1,1)和单一 BP 神经网络对比表明,组合模型能保证较优的局部预测值和较高的全局预测精度,应用于复杂的大坝变形预测是可行的。

2.3.4 灰聚类评价

2008 年,刘强等分析了影响大坝安全运行的各种指标和因素,根据现行规范构建了大坝安全综合评价的指标体系。应用灰色模糊数学和层次分析法理论,将隶属度和灰度应用在评价过程中,建立了基于灰色模糊理论的多层次大坝安全综合评价模型,并通过实例验证了该评价方法的科学性和可行性。

2010 年,李宗坤等针对大坝复杂的安全综合评价过程,基于模糊综合评价法与灰色聚类评价法各自优缺点,将两种方法组合构建为灰色模糊组合评价模型,并应用于棋盘山水库大坝安全综合评价。结果表明,该法正确、实用,可供借鉴。

2012 年,刘祖强等利用长江三峡工程库首区活断层 5 年的错动观测资料,以错动量大于 0.1 mm/a 为活断层灰类判别指标,按灰统计模型对 8 处断层进行统计,识别出 7 条活断层。又根据活断层分级指标,对活断层进行了分级评估。

2012 年,孙玮玮等大坝风险后果综合评价涉及众多评价因子,各因子间存在一定的相关性。将灰色关联度法应用于江西省 5 座水库大坝风险后果的综合评价,应用层次分析法计算水库溃坝生命损失、经济损失及社会环境影响等因子的权重,根据关联度确定大坝风险后果等级并对其进行排序。结果表明,若发生溃坝事件,5 座水库大坝溃坝后果均十分严重,属特别重大事故。灰色关联度法能够较客观地反映大坝风险后果的严重程度,具有计算简便、推理过程严密等特点。

2022 年,顾艳玲等研究针对大坝安全综合评价在指标的选择和级别的判断上具有灰色性,采用灰色关联度来确定其所属级别,同时引入信息熵理论,采用熵权法计算各评价指标所占权重,减少人为因素和主观性影响,并将熵权法和灰色关联度有机结合,建立了一种不受样本数量和规律限制的熵权灰色关联模型,避免了主观计算权重的干扰,为大坝安全评价提供了一种更加客观、符合实际的多指标综合评价方法。

3 变形序列算子与灰序列生成

3.1 概述

灰色系统是通过对原始数据的挖掘、整理来寻求其变化规律的，这种就数据寻找数据现实规律的途径，称为灰序列生成。灰色系统理论认为，尽管客观系统表象复杂，数据离乱，但它总是有整体功能的，因此必然蕴含某种内在规律，关键在于如何选择适当的方式去挖掘它和利用它。

一切灰序列都能通过某种生成弱化其随机性，显现其规律性。例如，已给原始数据数列 $X^{(0)}=(1,2,1.5,3)$它没有明显的规律性。将上述数据作图，见图 3.1-1。

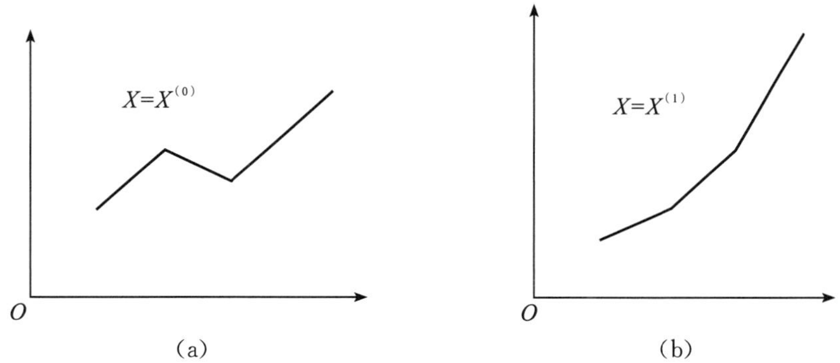

图 3.1-1 原始数据数列和累加数据数列过程线

由图 3.1-1(a)可以看出，$X^{(0)}$ 的曲线是摆动的，起伏变化幅度较大。对原始数据做一次累加生成，将所得新序列记为 $X^{(1)}$，则 $X^{(1)}=(1,3,4,9.12)$，$X^{(1)}$ 已呈现明显的增长规律性，见图 3.1.2(b)。

3.2 灰数及白化

3.2.1 灰数

灰色系统的基本单元是灰数。通常称一个不确定的数为灰数，准确来说是一个只知道取值范围而不知其确切值的数。灰色系统理论认为，在某一命题意义下，不确定的数称为灰数，可记为⊗，又记 $\overline{\otimes}$ 为⊗的白化数。

由于一个具有一定精度的观测数据是一个信息不完全的灰数，因此在监测工作中，观测得到的效应量可以认为是一个实测灰数。实测灰数又可分为以下几种。

(1)仅有下界的灰数

记为⊗∈$[\underline{a},\infty)$，其中，$\underline{a}$ 为⊗的下确界，它是一个确定的数；$+\infty$为概念数。称$[\underline{a},+\infty)$为⊗的覆盖域，简称⊗的灰域。例如，一个滑坡体，在滑坡爆发时刻，无法准确知道滑坡体的水平或者垂直位移量等指标，但这些指标一定是大于 0 的灰数，若用⊗可表示为⊗∈$[0,\infty)$。

(2)仅有上界的灰数

记为⊗∈$(-\infty,\overline{a}]$，其中，$\overline{a}$ 为⊗的上确界，是确定的数。例如，通常根据大坝的某些效应量的设计容许值来选择监测仪器设备的最大量程。

(3)区间灰数

既有下界 $\underline{a}$，又有上界 $\overline{a}$ 的灰数，称为区间灰数，记为⊗∈$[\underline{a},\overline{a}]$。例如，大地测量方法获得的监测点的坐标，其精度指标通常用中误差 m 表示，也就是说监测点的坐标 X 可能的范围区间，一般用 $X\pm m$ 表示。显然，坐标 X 也可以看作一个小区间灰数，即⊗$(X)\in[X-m,X+m]$。

(4)连续灰数和离散灰数

在某一区间内取值，连续地取满整个区间的灰数称为连续灰数，取有限个值的灰数称为离散灰数。若记⊗为实测灰数，令 $\overline{D}$ 为灰数⊗的数值覆盖，当 $\overline{D}$ 为离散集时，称⊗为离散灰数；当 $\overline{D}$ 为连续集时，称⊗为连续灰数。观测获得的一组不同时刻的坝体水平位移数据，显然是连续的灰数；而在滑坡体上不同部位的监测点在同一时刻的位移量数据，则是离散灰数。

(5)黑数与白数

当⊗∈$(-\infty,\infty)$，即当⊗的上界、下界皆为无穷或上、下界都是灰数时，称⊗为黑数；当⊗∈$[\underline{a},\overline{a}]$，且 $\underline{a}=\overline{a}$ 时，称⊗为白数。例如，在三角网测量中，三角形内角和为

180°等。

(6)本征灰数与非本征灰数

本征灰数是指不能或暂时还不能找到一个白数作为其“代表”的灰数，即在灰域 $\overline{D}$ 中，不能或暂时不能找到一个白化数 $\overline{\otimes}$ 代替⊗时，称⊗为本征灰数。例如，滑坡体上监测点的位移或变形达到多大时，滑坡体会产生灾变等。非本征灰数是指凭借某种方法或先验信息，可以找到一个白数作为其“代表”的灰数，即能找到一个白化数 $\overline{\otimes}$ 代替⊗时，称⊗为非本征灰数。例如，控制网中一条边的长度可以看作灰数，通过观测 n 个测回，并取算术平均值作为白数来“代表”一条边的长度。

3.2.2 灰数白化与灰度

实测灰数是在某个基本值附近变动的，白化比较容易，假定以基本值 a 为主要白化值的灰数可记为：

$$\otimes(a)=a\pm\varepsilon_a \tag{3.1}$$

或表示为：

$$\otimes(a)\in(a-\varepsilon_a,a+\varepsilon_a) \tag{3.2}$$

式中，ε_a——扰动灰元。此灰数的白化值为：

$$\overline{\otimes}(a)=a \tag{3.3}$$

[例 3.1]大地测量方法获得监测点 X 方向的坐标为 123456.789km 中误差 5mm，可表示为：

$$\otimes(123456.789)=123456.789(\mathrm{km})\pm5(\mathrm{mm})$$

对于一般的区间灰数⊗∈[a , b]，记等权白化值 $\overline{\otimes}$ 为：

$$\overline{\otimes}=\alpha a+(1-\alpha)b \tag{3.4}$$

式中，α——白化权系数，$\alpha\in[0,1]$。当取 $\alpha=\frac{1}{2}$ 时，得到的白化值：

$$\overline{\otimes}=\frac{a+b}{2} \tag{3.5}$$

上式称为等权均值白化，也记为线性白化权函数。一般当区间灰数取值的分布信息缺乏时，常采用等权均值白化。在灰数的分布信息已知时，往往采取非等权白化。一般来说，一个灰数的白化权函数是研究根据已知信息设计的，没有固定的函数曲线模型。在监测工作中，观测得到的效应量灰数均可视为等权均值白化值。

由于灰数是信息不完全、不确定的数，灰色系统理论用灰度来度量灰数的灰程度，同时可反映灰数信息量的大小。灰数的灰度在一定程度上反映了人们对灰色系统行为特征的未知程度。在实际应用中，会遇到大量的白化权函数未知的灰数，如由一般灰色系统行为特征预测值构成的灰数，就难以给出其白化权函数。

灰数的灰度主要与相应定义信息域的长度及其基本值有关。如果用 2 台不同精度的测距仪测量长度为 1000km 左右的距离，设甲测距仪测得的距离 $\otimes_1 = 1000(\text{km}) \pm 5(\text{mm})$；设乙测距仪测得的距离 $\otimes_2 = 1000(\text{km}) \pm 10(\text{mm})$。显然 $\otimes_1$ 比 $\otimes_2$ 更有价值，即 $\otimes_1$ 比 $\otimes_2$ 灰度小，这是因为甲测距仪的精度高，相应获得的观测量的精度就高，而观测量的灰度就越低。

3.3 变形序列

3.3.1 概述

在进行大坝、桥梁等工程建筑物变形观测时，可以认为它们是一个连续的动态系统（图 3.3-1）。当采用某种手段对系统输入—输出进行精确测量后，即可根据测量结果来确定它们随时间的变化状态或与某些环境因素（温度、水位等）的关系。经过对系统的观测和分析后，可以建立系统的变形模型，借此来进行系统状态分析和预测，以及描述任何时刻系统输入—输出的关系。通过对模型分析，还可以给出工程变形效应量与环境原因量的表达式。

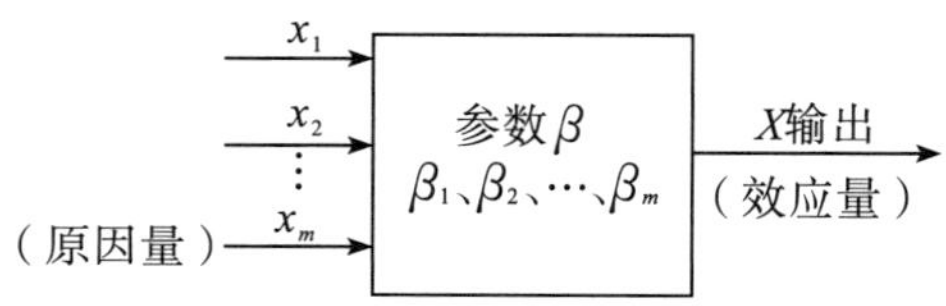

图 3.3-1　变形动态系统结构模型

在对系统行为（输入原因量和输出效应量）进行观测时，基于外部荷载干扰、观测频次、仪器精度等原因，难以获得系统真实的动态变形过程。这时候，系统行为数据就不能正确地反映系统的真实变化规律。

设反映变形动态系统真实行为序列为：

$$X^{(0)} = [x^{(0)}(1), x^{(0)}(2) \cdots, x^{(0)}(n)] \tag{3.6}$$

而观测到的系统行为数据序列为：

$$X = [x(1), x(2) \cdots, x(n)] = [x^{(0)}(1) + \varepsilon_1, x^{(0)}(2) + \varepsilon_2 \cdots, x^{(0)}(n) + \varepsilon_n] \tag{3.7}$$

$$X = X^{(0)} + \varepsilon \tag{3.8}$$

式中，$x(k)$——不同时刻 k 观测到的效应量数据，$x(k) = x^{(0)}(k) + \varepsilon_k (k = 1, 2, \cdots, n)$；

ε——冲击扰动项（干扰项），$\varepsilon = (\varepsilon_1, \varepsilon_2, \cdots, \varepsilon_n)$；

X——冲击扰动序列。

要从观测到的冲击扰动序列 X 出发，实现对真实行为序列 $X^{(0)}$ 的系统变化规律的正确认识和把握，就必须探寻定量预测与定性分析的结合点，来削弱和排除冲击扰动项 ε 的影响。显然，直接用失真的数据 X 建模和预测，难以反映系统的真实变化规律，会导致系统预测的不准确。

3.3.2 序列的特性

(1)原始数据的一般特性

通过各种观测技术和方法获得的变形体系统行为序列，是由一组不同时间观测到的原始数据组成，是建模和变形分析的基础，常具有以下特点。

①在变形监测中，反映变形体系统变形(水平位移、垂直位移、挠度等)的效应量，是对变形体重复观测获得的，是一组相对于首次观测值的差值(累计变形量)，其变形效应量序列的初值为零。但是，在灰色系统理论分析和灰色模型建立时，一般对序列初值要求较高，且不为零。因此，在进行变形分析时，应谨慎选择序列的初始值，或者依据建模方差最小的原则选取 GM(1,1)模型的初始值。

②在变形效应量序列中，$\Delta(k)=x(k)-x(k-1)$，$k=2,3,\cdots,n$，反映了变形体变形速率。其构成的速率序列 $\Delta=[\Delta(2),\Delta(3),\cdots,\Delta(n)]$，也可以用来建立变形速率模型进行分析。

③不同的变形原因量因素之间的原始序列，它们的量纲和指标不同，同一指标的数据序列，有时大小参差不齐；不同指标之间，有时数量级相差很大。例如，气温以℃为单位，南方地区一般在−10～40℃；降雨量以毫米为单位，一般月降雨量最大可达数十毫米，最小几十毫米或者不下雨；上下游水位，以 m 为单位，上下游水位差可以在数十米和数百米之间变化；还有气压、时效等原因量均不同。

④原始序列有时为不等时距采样，存在漏测现象，还有观测值不可避免地存在粗差或错误，变形分析前，均需要进行可靠性检验。

(2)序列的单调性和波动性

对于变形体系统行为数据序列 $X=[x(1),x(2),\cdots,x(n)]$，按单调性和波动性分为以下三类。

①若对于 $k=2,3,\cdots,n$；$x(k)-x(k-1)>0$，则称 X 为单调增长序列。例如，滑坡位移观测序列，通常在初期位移缓慢，随着滑坡变形的逐步发展，位移观测会逐步变快，是典型的单调增长序列。

②若对于 $k=2,3,\cdots,n$；$x(k)-x(k-1)<0$，则称 X 为单调衰减序列。例如，土石沉降观测序列，一般在初期沉降较大，但随着土石坝坝体在自身荷载和外部荷载作用

下，坝体沉降会逐步趋于稳定，单位时间内沉降量会逐步变小，因此，沉降观测序列属于单调衰减序列。

③若存在 $k=2,3,\cdots,n$；有 $x(k)-x(k-1)>0$；$x(k')-x(k'-1)<0$，则称 X 为随机波动序列。例如，混凝土大坝的水平位移与大坝及基础变形和上下游水位以及库区与坝区的气象等环境因素直接相关，水平位移一般以年为周期有规律地波动。因此，水平位移观测序列是随机波动序列。若设 $M=\max\{x(k)\mid k=1,2,\cdots,n\}$，$m=\min\{x(k)\mid k=1,2,\cdots,n\}$，一般称 $M-m$ 为序列 X 的振幅。

(3)序列的光滑比

称序列 $X=[x(1),x(2),\cdots,x(n)]$ 的光滑比为：

$$\rho(k)=\frac{x(k)}{\sum_{i=1}^{k-1}x(i)} \quad (k=2,3,\cdots,n) \tag{3.9}$$

由上式可知，光滑比是序列第 k 个数据 $x(k)$ 与前 $k-1$ 个数据之和 $\sum_{i=1}^{k-1}x(i)$ 的比值，它从另一个方面来说明序列 X 的光滑度。显然，序列 X 的数据变化越平稳，其光滑比 $\rho(k)$ 越小。

若序列 X 满足以下三个条件：

① $\frac{\rho(k+1)}{\rho(k)}<1,k=2,3,\cdots,n-1$；

② $\rho(k)\in[0,\varepsilon],k=3,4,\cdots,n$；

③ $\varepsilon<0.5$。

则称 X 为准光滑序列。序列的准光滑性条件是建立灰模型的基础。

(4)序列的级比

设序列 $X=[x(1),x(2),\cdots,x(n)]$，则序列 X 的级比 $\sigma(k)$ 为：

$$\sigma(k)=\frac{x(k)}{x(k-1)} \quad (k=2,3,\cdots,n) \tag{3.10}$$

级比 $\sigma(k+1)$ 与光滑比 $\rho(k)$ 有下列关系：

$$\sigma(k+1)=\frac{\rho(k+1)}{\rho(k)}[1+\rho(k)] \quad (k=2,3,\cdots,n) \tag{3.11}$$

若序列 $X=[x(1),x(2),\cdots,x(n)]$ 为递增序列，且有：

① $\sigma(k)<2,k=2,3,\cdots,n$；

② $\frac{\rho(k+1)}{\rho(k)}<1,k=2,3,\cdots,n-1$。

即光滑比递减，则对指定的实数 $\varepsilon\in[0,1]$ 和 $k=2,3,\cdots,n-1$，当 $\rho(k)\in[0,\varepsilon]$时，

必有：

$$\sigma(k+1) \in [1, 1+\varepsilon] \tag{3.12}$$

[例 3.2]设有递增序列 $X = (2.85, 3.59, 3.98, 4.52, 5.64)$，试计算级比和光滑比。

对于 $k=2,3,4,5$，序列级比有：

$\sigma(2) = \dfrac{x(2)}{x(1)} = 1.26$；

$\sigma(3) = \dfrac{x(3)}{x(2)} = 1.11$；

$\sigma(4) = \dfrac{x(4)}{x(3)} = 1.14$；

$\sigma(5) = \dfrac{x(5)}{x(4)} = 1.25$。

可见，$\sigma(k) < 2$。计算序列光滑比有：

$\rho(2) = \dfrac{x(2)}{x(1)} = 1.26$；

$\rho(3) = \dfrac{x(3)}{x(1)+x(2)} = 0.62$；

$\rho(4) = \dfrac{x(4)}{x(1)+x(2)+x(3)} = 0.43$；

$\rho(5) = \dfrac{x(5)}{x(1)+x(2)+x(3)+x(4)} = 0.38$。

于是：

$k=2, \dfrac{\rho(2+1)}{\rho(2)} = \dfrac{\rho(3)}{\rho(2)} = 0.49$；

$k=3, \dfrac{\rho(3+1)}{\rho(3)} = \dfrac{\rho(4)}{\rho(3)} = 0.70$；

$k=4, \dfrac{\rho(4+1)}{\rho(4)} = \dfrac{\rho(5)}{\rho(4)} = 0.87$。

对于 $k=2,3,4$ 时，亦满足 $\dfrac{\rho(k+1)}{\rho(k)} < 1$；且当 $k=3,4,5$ 时，$\rho(k) \in [0, 0.62] = [0, \varepsilon]$，而 $k=2,3,4$ 时，$\sigma(k+1) \in [1, 1.25] \subset [1, 1+\varepsilon]$。

3.4 序列算子与灰序列生成

3.4.1 序列算子

(1)概述

灰色系统理论的主要任务之一,是根据不同方法获得反映动态系统行为的特征数据序列,寻找不同系统变量之间的数学关系或某些系统变量自身的变化规律。灰色系统理论认为任何随机过程都是在一定幅值范围和一定时区内变化的灰色量,并把随机过程看成灰过程,把反映系统行为特征的时间序列看成灰序列。

灰色系统理论的特色是研究“小样本”“贫信息”不确定性问题,因此,充分开发利用已占有的信息来挖掘系统本身固有的规律是灰色系统理论研究的基本准则。人们可以通过系统的行为特征数据来寻求因素之间或因素自身的变化规律。灰色系统理论认为,尽管客观系统的表象复杂,数据离乱,但它们总有自身的整体功能,必然蕴藏某种内在规律,关键是如何选择适当的方法去挖掘并利用它。在建模预测过程中,为能正确把握事物的本质规律,必须排除扰动项的作用,冲击扰动项对数据序列的干扰是两方面的。既可以加快数据的发展趋势或使数据序列的振幅变大,又可以减缓数据的发展趋势或使数据序列的振幅变小。

显然,直接用原始数据建立数学模型进行分析,会出现谬误的解释或与定性分析的结果不符。因此,在建模前有必要对原始数据进行适当处理,以便提高变形分析的准确性和实用性。

[例 3.3]设有原始观测序列:

$$X=[x(1),x(2),x(3),x(4),x(5)]=(6.8,12.3,4.1,20.2,27.2)$$

并将上述数据绘制过程线,见图 3.4-1。

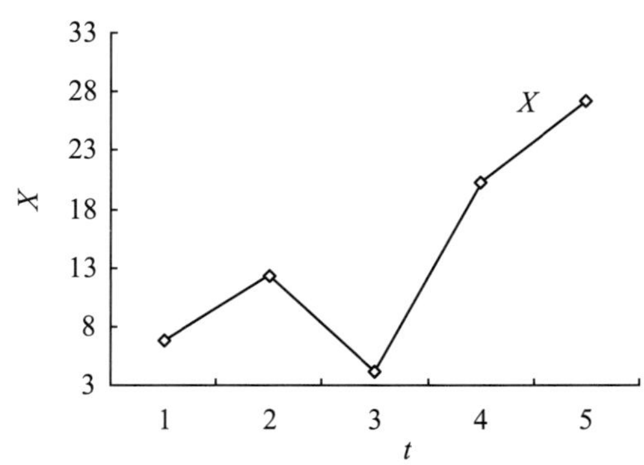

图 3.4-1 原始序列过程线

由图 3.4-1 可以看出,原始系列没有明显的规律性,其发展态势是摆动的,起伏变化幅度较大。对上述序列作一次累加生成计算，有：

$x^{(1)}(1)=x^{(0)}(1)=6.8$

$x^{(1)}(2)=x^{(0)}(1)+x^{(0)}(2)=6.8+12.3=19.1$

$x^{(1)}(3)=x^{(0)}(1)+x^{(0)}(2)+x^{(0)}(3)=6.8+12.3+4.1=23.2$

$x^{(1)}(4)=x^{(0)}(1)+x^{(0)}(2)+x^{(0)}(3)+x^{(0)}(4)=6.8+12.3+4.1+20.2=43.4$

$x^{(1)}(5)=x^{(0)}(1)+x^{(0)}(2)+x^{(0)}(3)+x^{(0)}(4)+x^{(0)}(5)=6.8+12.3+4.1+20.2+27.2=70.6$

得到新序列：

$$X^{(1)}=(6.8,19.1,23.2,43.4,70.6)$$

同样将上述数据绘制过程线，见图 3.4-2。图 3.4-2 表明生成序列 $X^{(1)}$ 已表现出明显的增长规律性。

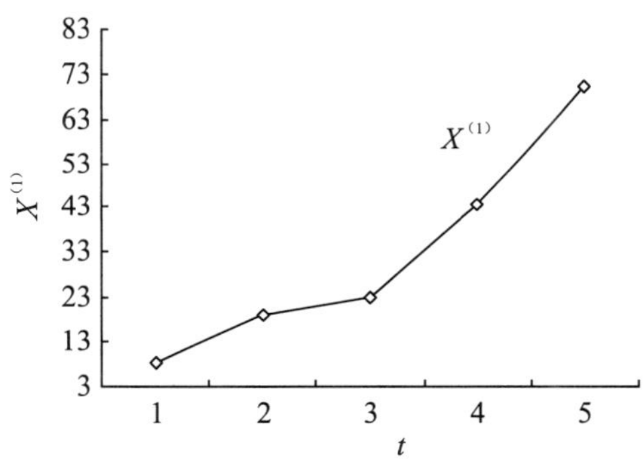

图 3.4-2　生成新序列过程线

(2)序列算子的定义

设 $X=[x(1),x(2),\cdots,x(n)]$ 为变形观测数据系列，D 为作用于 X 的算子，X 经过算子 D 作用后所得序列记为：

$$XD=[x(1)d,x(2)d,\cdots,x(n)d] \tag{3.13}$$

称 D 为序列算子，称 XD 为一阶算子作用序列。序列算子的作用可以多次，相应地，若 D_1,D_2,D_3 都是序列算子，则称 D_1D_2 为二阶算子，且二阶算子作用序列记为

$$XD_1D_2=[x(1)d_1d_2,x(2)d_1d_2,\cdots,x(n)d_1d_2] \tag{3.14}$$

同理，$D_1D_2D_3$ 为三阶序列算子。设 X 为原始数据序列，D 为缓冲算子，若缓冲序列 XD 比原始序列 X 的增长速度(或衰减速度)减缓或振幅减小，则称缓冲算子 D 为弱化算子；若缓冲序列 XD 比原始序列 X 的增长速度(或衰减速度)加快或振幅增大，则称缓冲算子 D 为强化算子。

3.4.2　缓冲算子

在工程变形监测过程中，有时观测序列前一部分增长(衰减)速度过缓而后一部分

增长(衰减)速度过快。例如,对于即将复活的滑坡的观测序列,观测初期变形速率较小,愈接近滑坡爆发时刻,其变形速率愈大。对这种冲击扰动系统数据序列,强化缓冲算子作用后,强化缓冲序列变得比较平缓。对应地,当观测序列前一部分增长(衰减)速度过快而后一部分增长(衰减)速度过慢时,例如,土石坝沉降观测序列,一般填筑初期沉降速度增长较快,随后逐渐稳定。这时通过弱化缓冲算子作用,强化缓冲序列增长速度变快。因此,在工程变形分析建模预测过程中,采用缓冲算子作用可以有效解决定量预测与定性分析结论不符的情况。

3.4.2.1 缓冲算子公理

对缓冲算子的特性及其内在关系进行研究后,1991 年,刘思峰首先提出了冲击扰动系统和缓冲算子的理论和方法,定义了缓冲算子三公理,满足缓冲算子三公理的序列算子 D 称为缓冲算子,一阶、二阶、三阶……缓冲算子作用序列称为一阶、二阶、三阶……缓冲序列。

(1)不动点公理

设 $X=[x(1),x(2),\cdots,x(n)]$ 为变形观测数据系列,D 为序列算子,则 D 满足:

$$x(n)d=x(n) \tag{3-15}$$

不动点公理限定在序列算子作用下,观测数据序列的数据 $x(n)$ 保持不变。此外,还可根据定性分析的结论,亦可使 $x(n)$ 以前的若干个数据在序列算子作用下保持不变。例如,令:

$$x(j)d\neq x(j) \text{ 且 } x(i)d=x(i) \tag{3-16}$$

式中,$j=1,2,\cdots,k-1;i=k,k+1,\cdots,n$ 。

(2)信息充分利用公理

观测数据序列 X 中的每一个数据 $x(k),k=1,2,\cdots,n$ 都要充分地参与算子的作用全过程。

(3)解析化、规范化公理

任意的 $x(k)d$,皆可由一个统一的 $x(1),x(2),\cdots,x(n)$ 的初等解析式表达。

3.4.2.2 缓冲算子的性质

①设原始观测数据序列 X 为单调增长序列,XD 为其缓冲序列,则有:

a. 当 $x(k)\leqslant x(k)d,k=1,2,\cdots,n$;称 D 为弱化算子;

b. 当 $x(k)\geqslant x(k)d,k=1,2,\cdots,n$;称 D 为强化算子。

即单调增长序列在弱化算子作用下数据膨胀,在强化算子作用下数据萎缩。

②设原始观测数据序列 X 为单调衰减序列,XD 为其缓冲序列,则有:

a. 当 $x(k)\geqslant x(k)d,k=1,2,\cdots,n$;称 D 为弱化算子;

b. 当 $x(k) \leqslant x(k)d, k=1,2,\cdots,n$；称 D 为强化算子。

即单调衰减序列在弱化算子作用下数据萎缩，在强化算子作用下数据膨胀。

③设原始观测数据序列 X 为震荡序列，XD 为其缓冲序列，则有：

a. 若 D 为弱化算子，则

$$\max_{1\leqslant k\leqslant n}\{x(k)\} \geqslant \max_{1\leqslant k\leqslant n}\{x(k)d\} \tag{3.17}$$

$$\min_{1\leqslant k\leqslant n}\{x(k)\} \leqslant \min_{1\leqslant k\leqslant n}\{x(k)d\} \tag{3.18}$$

b. 若 D 为强化算子，则

$$\max_{1\leqslant k\leqslant n}\{x(k)\} \leqslant \max_{1\leqslant k\leqslant n}\{x(k)d\} \tag{3.19}$$

$$\min_{1\leqslant k\leqslant n}\{x(k)\} \geqslant \min_{1\leqslant k\leqslant n}\{x(k)d\} \tag{3.20}$$

3.4.2.3 缓冲算子的构造

一般根据定性分析结果来确定缓冲算子的数学表达式。根据工程变形特征可构造以下几种缓冲算子。

(1)强化缓冲算子

设原始序列和其缓冲算子序列分别为：

$$X=[x(1),x(2),\cdots,x(n)] \tag{3.21}$$

$$XD=[x(1)d,x(2)d,\cdots,x(n)d] \tag{3.22}$$

其中

$$x(k)d=\frac{(n-k+1)(x(k))^2}{\sum_{i=k}^{n}x(i)} \tag{3.23}$$

$$\sum_{i=k}^{n}x(i)\neq 0 \quad (k=1,2,\cdots,n) \tag{3.24}$$

则当 X 为单调增长序列、单调衰减序列或振荡序列时，D 皆为强化缓冲算子。又令：

$$XD^2=XDD=[x(1)d^2,x(2)d^2,\cdots,x(n)d^2] \tag{3.25}$$

其中

$$x(k)d^2=\frac{(n-k+1)[x(k)d]^2}{\sum_{i=k}^{n}x(i)d} \tag{3.26}$$

$$\sum_{i=k}^{n}x(i)d\neq 0 \quad (k=1,2,\cdots,n) \tag{3.27}$$

则 D^2 对为单调增长序列、单调衰减序列或振荡序列时，D 皆为二阶强化缓冲算子。

(2)弱化缓冲算子

设原始序列和其缓冲算子序列分别为：

$$X=[x(1),x(2),\cdots,x(n)] \tag{3.28}$$

$$XD = [x(1)d, x(2)d, \cdots, x(n)d] \tag{3.29}$$

其中

$$x(k)d = \frac{1}{n-k+1}[x(k) + x(k+1) + \cdots + x(n)] \quad (k = 1,2,\cdots,n) \tag{3.30}$$

则当 X 为单调增长序列、单调衰减序列或振荡序列时,D 皆为弱化算子。同理,

$$XD^2 = XDD = [x(1)d^2, x(2)d^2, \cdots, x(n)d^2] \tag{3.31}$$

其中

$$x(k)d^2 = \frac{1}{n-k+1}[x(k)d + x(k+1)d + \cdots + x(n)d] \quad (k = 1,2,\cdots,n) \tag{3.32}$$

则 D^2 对于单调增长序列、单调衰减序列或振荡序列时,D 皆为二阶弱化算子。

以上列举了强(弱)化缓冲算子,当然,还可以根据变形定性分析结果,考虑不同变形工况,提出加权平均强(弱)化算子等实用缓冲算子。缓冲算子不仅可以用于灰色系统理论建模,还可以用于其他各种模型建模。通常在建模之前根据定性分析结论对原始数据序列施以缓冲算子,淡化或消除冲击扰动对系统行为数据序列的影响,往往会收到预期的效果。

[例 3.4]某库区库岸滑坡变形观测原始序列及缓冲序列见表 3.4-1。表 3.4-1 说明该滑坡体月水平位移速率增长较快,尤其是 2010 年 1 月后,滑坡体水平位移速率加快。结合滑坡体其他资料分析,如果滑坡体水平位移速率继续加快,则必须对序列进行强化算子生成,反之则施以弱化算子生成,然后再利用缓冲序列建模和预测。

表 3.4-1　　某库区库岸滑坡变形观测原始序列及缓冲序列

观测时间(年-月)	k	月水平位移量 X/mm				
		原始序列	XD 一阶强化	XDD 二阶强化	XD 一阶弱化	XDD 二阶弱化
2009-09	1	6.85	2.53	0.45	18.57	27.37
2009-10	2	9.59	4.59	1.35	20.04	28.47
2009-11	3	8.98	3.75	0.82	21.53	29.68
2009-12	4	12.52	6.64	2.27	23.62	31.03
2010-01	5	10.94	4.63	0.98	25.84	32.52
2010-02	6	17.96	10.91	4.53	29.57	34.18
2010-03	7	29.69	26.35	22.12	33.44	35.72
2010-04	8	32.24	29.42	25.53	35.32	36.86
2010-05	9	38.40	38.40	38.40	38.40	38.40

用强化缓冲算子和弱化缓冲算子对上述原始序列进行生成,分别得到一阶强化、二

阶强化、一阶弱化、二阶弱化缓冲序列,并绘制其过程线(图 3.4-3)。

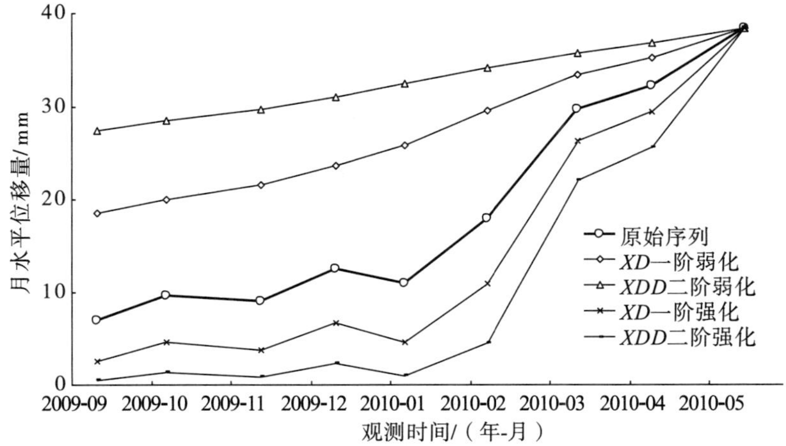

图 3.4-3 原始、一阶强化、二阶强化、一阶弱化、二阶弱化序列过程线

表 3.4-1 和图 3.4-3 表明,对原始序列用缓冲算子作用后,得到的缓冲序列,均满足缓冲算子三公理。弱化缓冲算子生成后的缓冲序列明显比原始序列增长平缓,且二阶弱化比一阶弱化更平缓。强化缓冲算子生成后的缓冲序列明显比原始序列增长快,且二阶强化比一阶强化后速率增长更快。具体用哪一个缓冲序列建模预测,需要结合变形体处于的发展阶段或者不同的季节环境等情况来决定。

3.4.3 非负生成算子

设 $X^{(0)}$ 原始序列 $X^{(0)}=[x^{(0)}(1),x^{(0)}(2),\cdots,x^{(0)}(n)]$,$D$ 为序列算子,$X^{(0)}D=(x^{(0)}(1)d,x^{(0)}(2)d,\cdots,x^{(0)}(n)d)$ 为算子作用后的序列。

①假定 $X^{(0)}$ 为非正序列,即 $x^{(0)}(k)<0,k=1,2,\cdots,n$ 时,

$$x^{(0)}(k)d=(-1)(x^{(0)}(k)) \tag{3.33}$$

②假定 $X^{(0)}$ 为非正非负序列,即序列中间存在正数和负数元素,通常可用数据平移法来生成原始序列。由于这种生成在一定程度上会产生系统误差。因此,在负值较小时,可不做处理,当负值较大时,可用如下方法进行处理:

$$x^{(0)}(k)d=x^{(0)}(k)+|\min x^{(0)}(k)|+\alpha \quad (k=1,2,\cdots,n) \tag{3.34}$$

式中,$\alpha=0,1$。

[例 3.5]设某土坝年垂直位移原始观测序列 $X^{(0)}$:

$$X^{(0)}=(-4.07,-3.70,-4.63,-2.55,-1.92,-1.25)$$

式中数据单位为 mm。

将原始序列乘以-1,即可得到非负序列 $x^{(0)}$:

$$X^{(0)}D=(-1)(-4.07,-3.70,-4.63,-2.55,-1.92,-1.25)$$

$$=(4.07,3.70,4.63,2.55,1.92,1.25)$$

[例 3.6]设某混凝土坝累计水平位移原始观测序列 $X^{(0)}$：

$$X^{(0)}=(1.20,0.88,0.46,-0.39,0.79,0.52)$$

按下式可生成非负新序列：

$$x^{(0)}(k)d = x^{(0)}(k)+0.39+1 \quad (k=1,2,\cdots,n)$$

$$X^{(0)}D = (1.20+1.39,0.88+1.39,0.46+1.39,-0.39+1.39,0.79+1.39,0.52+1.39)$$

$$=(2.59,2.27,1.85,1.08,1.00,2.18,1.91)$$

3.4.4 等时距生成算子

变形观测序列多通过不等时距采样或近似等时距采样得到。有时还存在漏测现象，造成数据空缺现象。对于前者我们可以采用拉格朗日法生成等时距序列；对于后两者可以采用点均值生成等方法。

(1)拉格朗日法生成

对于不等时距序列 $X^{(0)}$，D 为序列算子，$X^{(0)}D=[x^{(0)}(1)d,x^{(0)}(2)d\ \cdots,x^{(0)}(n)d]$ 为算子作用后的序列。$x^{(0)}(k)d$ 可用下式计算：

$$\begin{aligned}x^{(0)}(k)d=\;&x^{(0)}(k_1)\frac{(k-k_2)(k-k_3)\cdots(k-k_n)}{(k_1-k_2)(k_1-k_3)\cdots(k_1-k_n)}+\\&x^{(0)}(k_2)\frac{(k-k_1)(k-k_3)\cdots(k-k_n)}{(k_2-k_1)(k_2-k_3)\cdots(k_2-k_n)}+\\&\cdots+x^{(0)}(k_n)\frac{(k-k_1)(k-k_2)\cdots(k-k_{n-1})}{(k_n-k_1)(k_n-k_3)\cdots(k_n-k_{n-1})}\end{aligned} \tag{3.35}$$

$$x^{(0)}(1)d=x^{(0)}(1);x^{(0)}(n)d=x^{(0)}(n) \tag{3.36}$$

(2)点均值生成

假设序列 $X^{(0)}$ 在 k 时刻有空缺，记为 $\Phi(k)$，即

$$X^{(0)}=[x^{(0)}(1),x^{(0)}(2),\cdots,x^{(0)}(k-1),\Phi(k),x^{(0)}(k+1),\cdots,x^{(0)}(n)] \tag{3.37}$$

用点均值生成法可得：

$$\Phi(k)=0.5x[x^{(0)}(k-1)+x^{(0)}(k+1)] \tag{3.38}$$

[例 3.7]某高层建筑沉降观测序列列于表 3.4-2。试用拉格朗日法将序列 X 生成为等时距序列。

表 3.4-2　　沉降观测序列一览表

k	1	1.73	2.73	3.87	5
X	8.3	6.0	5.1	5.9	5.[illegible]

按拉格朗日公式有：

$$x^{(0)}(2)d=8.3\frac{(2-1.73)(2-2.73)(2-3.87)(2-5)}{(1-1.73)(1-2.73)(1-3.87)(1-5)}+$$

$$6.0\frac{(2-1)(2-2.73)(2-3.87)(2-5)}{(1.73-1)(1.73-2.73)(1.73-3.87)(1.73-5)}+$$

$$5.1\frac{(2-1)(2-1.73)(2-3.87)(2-5)}{(2.73-1)(2.73-1.73)(2.73-3.87)(2.73-5)}+$$

$$5.9\frac{(2-1)(2-1.73)(2-2.73)(2-5)}{(3.87-1)(3.87-1.73)(3.87-2.73)(3.87-5)}+$$

$$5.1\frac{(2-1)(2-1.73)(2-2.73)(2-3.87)}{(5-1)(5-1.73)(5-2.73)(5-3.87)}=5.5$$

同理有：

$$x^{(0)}(3)d=5.20$$

$$x^{(0)}(4)d=5.90$$

于是有等时距序列：

$$X^{(0)}D=(8.3,5.5,5.2,5.9,5.1)$$

[例 3.8]设[例 3.5]序列 $X^{(0)}D$ 为新序列 $X^{(0)}=(4.07,3.70,4.63,2.55,1.92,1.25)$，$x^{(0)}(3)=4.63$ 为含粗差的观测值，剔出后可用点均值生成，有：

$$x^{(0)}(3)=0.5[x^{(0)}(2)+x^{(0)}(4)]=0.5(3.70+2.55)=3.12$$

这时新序列为：

$$X^{(0)}=(4.07,3.70,3.12,2.55,1.92,1.25)$$

3.4.5 无量纲生成算子

在多因素相关分析时，为便于直接比较因素或序列之间的关系，常常要对序列进行无量纲生成。在变形分析中，根据序列数值变化特征，一般选用初值化生成、均值化生成等方法。

(1)初值化生成

初值化生成是指同一序列的所有数据，均除以第 1 个数据，序列为原始序列初值的倍数序列，即初值化序列。新序列中各数据均无量纲，数值大于 0，且序列以 1 为起点，使趋势更加明显。因此，初值化生成常用于具有稳定增长态势的系统分析。

对于原始序列 $X^{(0)}[x^{(0)}(1)\neq 0]$，初值化序列为 $X^{(0)}D$。

其中

$$x^{(0)}(k)\mathrm{d}=x^{(0)}(k)/x^{(0)}(1)\quad(k=1,2,\cdots,n)\tag{3.39}$$

(2)均值化生成

均值化生成是指同一序列的所有数据，均除以该序列各元素的平均值，得到的新序列是各个时刻的数值相对该序列平均值的倍数序列，即均值化序列。新序列中各数均无量纲，序列数大于 0，且大多在 1 左右。因此，均值化生成常用于自然因素周期性变化的序列和比较离散的各类序列。

对于原始序列 $X^{(0)}$，初值化序列为 $X^{(0)}D$。

其中

$$x^{(0)}(k)d = \frac{x^{(0)}(k)}{\sum_{k=1}^{n} x^{(0)}(i)/n} \quad (k=1,2,\cdots,n) \tag{3.40}$$

[例 3.9]取[例 3.5]中生成序列 $X^{(0)}=(4.07,3.70,4.63,2.55,1.92,1.25)$，其初值 $x^{(0)}(1)=4.07$；均值 $\overline{x}=(4.07+3.70+4.63+2.55+1.92+1.25)/6=3.02$。

于是有：

初值化序列 $X^{(0)}D=(4.07/4.07,3.70/4.07,4.63/4.07,2.55/4.07,1.92/4.07,1.25/4.07)$

$=(1.00,0.91,1.14,0.63,0.47,0.31)$

均值化序列 $X^{(0)}D=(4.07/3.02,3.70/3.02,4.63/3.02,2.55/3.02,1.92/3.02,1.25/3.02)$

$=(1.34,1.23,1.53,0.84,0.66,0.41)$

3.4.6 滑动平均生成算子

当原始序列比较离散或杂乱无章时，可将相邻的三个数据进行滑动平均生成，以弱化序列的随机性。计算时，一般将中间数据先乘 2 或 3 加权，再与前后相邻的数据相加，然后再除以 4 或 5。

设 $X^{(0)}$ 原始序列 $X^{(0)}=[x^{(0)}(1),x^{(0)}(2),\cdots,x^{(0)}(n)]$，$D$ 为序列算子，$X^{(0)}D=[x^{(0)}(1)d,x^{(0)}(2)d,\cdots,x^{(0)}(n)d]$ 为算子作用后的序列。

其中

$$x^{(0)}(k)d = \frac{1}{w+2}[x^{(0)}(k-1)+wx^{(0)}(k)+x^{(0)}(k+1)] \tag{3.41}$$

式中，$w=2,3$；$x^{(0)}(1)d=x^{(0)}(1)$；$x^{(0)}(n)d=x^{(0)}(n)$。

[例 3.10]取[例 3.5]中生成序列为原始序列 $X^{(0)}=(4.07,3.70,4.63,2.55,1.92,1.25)$。通过下述方法可求得滑动平均新序列 $X^{(0)}D$(取 $w=2$)：

$x^{(0)}(1)d=x^{(0)}(1)=4.07$

$x^{(0)}(2)d=(4.07+2\times 3.70+4.63)/4=4.03$

$x^{(0)}(3)d=(3.70+2\times 4.63+2.55)/4=3.88$

$x^{(0)}(4)d=(4.63+2\times 2.55+1.92)/4=2.91$

$x^{(0)}(5)d=(2.55+2\times 1.92+1.25)/4=1.91$

$x^{(0)}(6)d=1.25$

于是有新序列：

$$X^{(0)}D=(4.07,4.03,3.88,2.91,1.91,1.25)$$

显然新序列规律性更强。

3.4.7 均值生成算子

对于等时距非负序列，在灰建模时，用相邻数的平均值构造新数据组成的序列，称为均值生成序列。

令原始序列 $X^{(0)}$（以下称原始序列均满足等时距非负条件）为 $X^{(0)}=[x^{(0)}(1),x^{(0)}(2),\cdots,x^{(0)}(n)]$，$D$ 为序列算子，$X^{(0)}D=[x^{(0)}(1)d,x^{(0)}(2)d,\cdots,x^{(0)}(n)d]$ 为算子作用后的序列。

其中

$$x^{(0)}(k)d=0.5x^{(0)}(k)+0.5x^{(0)}(k-1)\quad (k=2,3,\cdots,n) \tag{3.42}$$

$$x^{(0)}(1)d=x^{(0)}(1)\quad (k=1) \tag{3.43}$$

[例 3.11]我们不妨对[例 3.5]中非负生成序列直接取均值生成，有：

$x^{(0)}(1)d=4.07$

$x^{(0)}(2)d=0.5x^{(0)}(2)+0.5x^{(0)}(1)=0.5\times 4.07+0.5\times 3.70=3.88$

$x^{(0)}(3)d=0.5x^{(0)}(3)+0.5x^{(0)}(2)=0.5\times 3.70+0.5\times 4.63=4.16$

$x^{(0)}(4)d=0.5\times 4.63+0.5\times 2.55=3.59$

$x^{(0)}(5)d=0.5\times 2.55+0.5\times 1.92=2.24$

$x^{(0)}(6)d=0.5\times 1.92+0.5\times 1.25=1.59$

最后得到均值生成序列 $X^{(0)}D$：

$$X^{(0)}D=(3.88,4.16,3.59,2.24,1.59)$$

根据需要可对序列进行多次均值生成。

3.4.8 累加生成算子

累加生成在灰色系统理论中，有极其重要的作用和特殊的地位。它不仅可用于灰模型的建立，还可用作微弱信息的积分处理，用作离散序列减小随机性、增强规律性的主要手段。通过累加可以看出灰量积累过程的发展态势，使离乱的原始数据中蕴含的积分特性或规律充分显露出来。

在变形观测过程中，当变形体变形量为渐变时，通常人们会感到月变形量可能参差不齐，而年变形量一般较有规律，这是因为年变形量就是月变形量累加的结果。

设原始序列 $X^{(0)}=[x^{(0)}(1),x^{(0)}(2),\cdots,x^{(0)}(n)]$，$D$ 为序列算子，$X^{(0)}D=[x^{(0)}(1)d,x^{(0)}(2)d,\cdots,x^{(0)}(n)d]$为算子作用后的序列。

其中

$$x^{(0)}(k)d=\sum_{i=1}^{k}x^{(0)}(i)\quad(k=1,2,\cdots,n)\tag{3.44}$$

则称 D 为 $X^{(0)}$ 的一次累加生成算子，记为 1-AGO（Accumulating Generation Operator)，称 r 阶算子 D^r 为 X^0 的 r 次累加生成算子，记为 r-AGO，习惯上，记为：

$$X^{(0)}D=X^{(1)}=[x^{(1)}(1),x^{(1)}(2),\cdots,x^{(1)}(n)]\tag{3.45}$$

$$X^{(0)}D^r=X^{(r)}=[x^{(r)}(1),x^{(r)}(2),\cdots,x^{(r)}(n)]\tag{3.46}$$

其中

$$x^{(r)}(k)d=\sum_{i=1}^{k}x^{(r-1)}(i)\quad(i=1,2,\cdots,n)\tag{3.47}$$

[例 3.12]设原始序列 $X^{(0)}=(3.8,2.9,4.8,4.1,5.0)$

其一次 AGO 序列为：

$x^{(1)}(1)d=x^{(0)}(1)=3.8$

$x^{(1)}(2)d=x^{(0)}(1)+x^{(0)}(2)=3.8+2.9=6.7$

$x^{(1)}(3)d=x^{(0)}(1)+x^{(0)}(2)+x^{(0)}(3)=3.8+2.9+4.8=11.5$

$x^{(1)}(4)d=x^{(0)}(1)+x^{(0)}(2)+x^{(0)}(3)+x^{(0)}(4)=3.8+2.9+4.8+4.1=15.6$

$x^{(1)}(5)d=x^{(0)}(1)+x^{(0)}(2)+x^{(0)}(3)+x^{(0)}(4)+x^{(0)}(5)=3.8+2.9+4.8+4.1+5.0=20.6$

此时一次 AGO 新序列 $X^{(0)}D$ 为：

$$X^{(0)}D=X^{(1)}=(3.8,6.7,11.5,15.6,20.6)$$

为进一步说明生成的作用，我们绘制了原始序列过程线和累加生成序列过程线（图 3.4-4）。由图 3.4-4 可见，原始序列 $X^{(0)}$ 为不规则波动曲线，含有随机量，较难找出其变化规律，因此，难以用解析函数来拟合。但经过一次累加生成之后，$X^{(1)}$ 具有单调递增的趋势，有可能用适当的函数加以描述。如果累加生成次数愈高，随机性愈弱，规律性将愈强。这时，大多曲线将可能用指数函数来拟合，或者有可能近似地作微分方程的解。

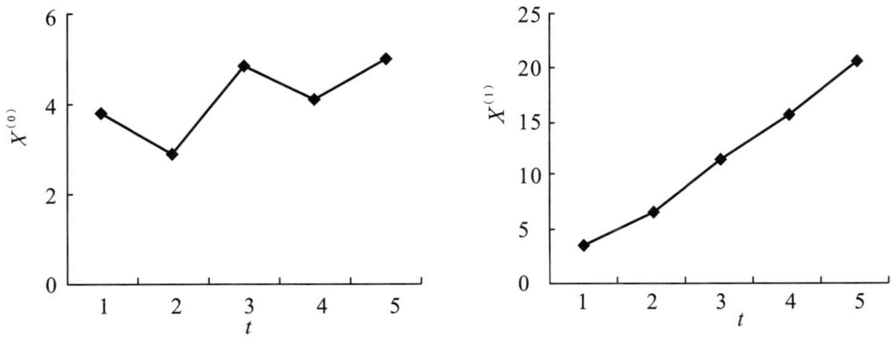

图 3.4-4 原始序列 $X^{(0)}$ 和一次 AGO 序列 $X^{(1)}$

3.4.9 累减生成算子

累减生成是累加生成的逆运算。它是针对用累加生成建模求解的结果，已失去原来的物理意义而提出的，即通过累减生成得到原始序列。此外，累减生成还可用作信息密度的扩充、信息的增值、灰信息场的梯度、灰模型的灰导数，以及用作技术检测方面信息的微分。

设原始序列 $X^{(0)}=[x^{(0)}(1),x^{(0)}(2),\cdots,x^{(0)}(n)]$，$D$ 为序列算子，$X^{(0)}D=[x^{(0)}(1)d,x^{(0)}(2)d,\cdots,x^{(0)}(n)d]$ 为算子作用后的序列。

其中

$$x^{(0)}(k)d=x^{(0)}(k)-x^{(0)}(k-1)\quad(k=1,2,\cdots,n)\tag{3.48}$$

则称 D 为 $X^{(0)}$ 的一次累减生成算子，称 r 阶算子 D^r 为 $X^{(0)}$ 的 r 次累减生成算子，记为：

$$X^{(0)}D=\alpha^{(1)}X^{(0)}=[\alpha^{(1)}x^{(0)}(1),\alpha^{(1)}x^{(0)}(2),\cdots,\alpha^{(1)}x^{(0)}(n)]\tag{3.49}$$

$$X^{(0)}D^r=\alpha^{(r)}X^{(0)}=[\alpha^{(r)}x^{(0)}(1),\alpha^{(r)}x^{(0)}(2),\cdots,\alpha^{(r)}x^{(0)}(n)]\tag{3.50}$$

其中

$$\alpha^{(r)}x^{(0)}(k)=\alpha^{(r-1)}x^{(0)}(k)-\alpha^{(r-1)}x^{(0)}(k-1)\quad(k=1,2,\cdots,n)\tag{3.51}$$

需要说明的是，当对 $X^{(0)}$ 的 r 次累加生成序列 $X^{(r)}$ 作 r 次累减生成，即可还原成非生成序列。有：

$$\alpha^{(r)}X^{(r)}=X^{(0)}\tag{3.52}$$

考虑累减生成与累加过程互逆，将累减生成算子记为 IAGO。

[例 3.13]取[例 3.12]中序列 $X^{(1)}=(3.8,6.7,11.5,15.6,20.6)$，求 $X^{(0)}$。

$k=1$，$\alpha^{(1)}[x^{(1)}(1)]=x^{(0)}(1)=3.8$

$k=2$，$\alpha^{(1)}[x^{(1)}(2)]=x^{(0)}(2)-x^{(0)}(1)=6.7-3.8=2.9$

$k=3$，$\alpha^{(1)}[x^{(1)}(3)]=x^{(0)}(3)-x^{(0)}(2)=11.5-6.7=4.8$

$k=4$，$\alpha^{(1)}[x^{(1)}(4)]=x^{(0)}(4)-x^{(0)}(3)=15.6-11.5=4.1$

$k=5, \alpha^{(1)}[x^{(1)}(5)]=x^{(0)}(5)-x^{(0)}(4)=20.6-15.6=5.0$

最后得到：

$X^{(0)}=\{\alpha^{(1)}[x^{(1)}(1)], \alpha^{(1)}[x^{(1)}(2)], \alpha^{(1)}[x^{(1)}(3)], \alpha^{(1)}[x^{(1)}(4)], \alpha^{(1)}[x^{(1)}(5)]\}=(3.8, 2.9, 4.8, 4.1, 5.0)$

3.4.10 累加生成灰指数律

原始非负准光滑序列累加生成后具有近似的指数规律，即累加生成灰指数律。原函数光滑度大，则生成后有较白的指数律。由于灰色系统理论的 GM 模型是对原始非负准光滑序列 $X^{(0)}$ 进行累加生成，得到具有灰指数律的累加生成序列 $X^{(1)}$，然后对 $X^{(1)}$ 建立 GM(1,1)模型。如果原始序列 $X^{(0)}$ 已具有明显的灰指数律，再进行累加生成反而会破坏其指数规律性，使指数律变灰。因此，对各类观测时间序列，在研究原始序列的灰指数律后，再选择不同的序列算子生成，最后才能建立灰模型进行灰预测。累加生成灰指数律的研究为灰预测建模的优化信息处理提供了依据与基础。

从[例 3.11]和图 3.4-4 可知，一般非负准光滑序列经过累加生成后，都会减少随机性，呈现出近似的指数增长规律。原始序列越光滑，生成后的指数增长规律也越明显。

设原始序列 $X^{(0)}=[x^{(0)}(1), x^{(0)}(2), \cdots, x^{(0)}(n)]$，$\alpha^{(1)}X^{(0)}=[\alpha^{(1)}x^{(0)}(1), \alpha^{(1)}x^{(0)}(2), \cdots, \alpha^{(1)}x^{(0)}(n)]$为 $X^{(1)}$ 的一次累减生成序列，若：

①存在 k，使 $\alpha^{(1)}x^{(0)}(k)=x^{(0)}(k)-x^{(0)}(k-1)>0$，则称原始序列 $X^{(0)}$ 在第 k 步是增长的；反之，称 $X^{(0)}$ 在第 k 步是衰减的；

②对于 $k=1,2,\cdots,n$，恒有 $\alpha^{(1)}x^{(0)}(k)>0$，则称原始序列 $X^{(0)}$ 为非波动增长序列，或称单调增长序列；

③对于 $k=1,2,\cdots,n$，恒有 $\alpha^{(1)}x^{(0)}(k)<0$，则称原始序列 $X^{(0)}$ 为非波动衰减序列，或称单调衰减序列；

④存在 k_1, k_2，使 $\alpha^{(1)}x^{(0)}(k_1)>0$，$\alpha^{(1)}x^{(0)}(k_2)<0$，则称原始序列 $X^{(0)}$ 为随机序列。

若连续函数：

$$X(t)=c\mathrm{e}^{at}+b \quad (c, a \neq 0) \tag{3.53}$$

当 $b=0$ 时，称 $X(t)$ 为齐次指数函数；当 $b\neq 0$ 时，称 $X(t)$ 为非齐次指数函数。

对于原始序列 $X^{(0)}=[x^{(0)}(1), x^{(0)}(2), \cdots, x^{(0)}(n)]$，有：

① $x(k)=c\mathrm{e}^{at}, c, a\neq 0, k=1,2,\cdots,n$，称 $X^{(0)}$ 为齐次指数序列；

② $x(k)=c\mathrm{e}^{at}+b, c, a, b\neq 0, k=1,2,\cdots,n$，称 $X^{(0)}$ 为非齐次指数序列。

于是原始序列 $X^{(0)}$ 为齐次指数序列的充分必要条件是：对于 $k=1,2,\cdots,n$，序列的级比恒为：

$$\sigma(k)=\frac{x^{(0)}(k)}{x^{(0)}(k-1)}=\mathrm{e}^{a} \tag{3.54}$$

这时，可以定义原始序列 $X^{(0)}=[x^{(0)}(1),x^{(0)}(2),\cdots,x^{(0)}(n)]$ 的灰指数规律：

①对于 $k,\sigma(k)=\dfrac{x^{(0)}(k)}{x^{(0)}(k-1)}\in(0,1]$，则称原始序列 $X^{(0)}$ 具有负的灰指数规律；

②对于 $k,\sigma(k)=\dfrac{x^{(0)}(k)}{x^{(0)}(k-1)}\in(1,b]$，则称原始序列 $X^{(0)}$ 具有正的灰指数规律；

③对于 $k,\sigma(k)=\dfrac{x^{(0)}(k)}{x^{(0)}(k-1)}\in[a,b],b-a=\delta$，则称原始序列 $X^{(0)}$ 具有绝对灰度为 δ 的灰指数规律；

④当 $\delta<0.5$ 时，称原始序列 $X^{(0)}$ 具有准指数规律。

由此可得，当原始序列 $X^{(0)}$ 为非负准光滑序列时，其一次累加生成序列 $X^{(1)}$ 具有准指数规律，这是因为：

$$\sigma^{(1)}(k)=\frac{x^{(1)}(k)}{x^{(1)}(k-1)}=\frac{x^{(0)}(k)+x^{(0)}(k-1)}{x^{(1)}(k-1)}=1+\frac{x^{(0)}(k)}{x^{(1)}(k-1)}=1+\rho(k) \tag{3.55}$$

按照准光滑序列的定义，对每个 k 有 $\rho(k)<0.5$，所以

$$\sigma^{(1)}(k)\in[1,1.5)\quad(\delta<0.5) \tag{3.56}$$

于是，$X^{(1)}$ 具有准指数规律，累加生成灰指数律是灰模型建立的主要理论基础。

当原始序列 $X^{(0)}$ 为非负序列时，其 r 次累加生成序列 $X^{(r)}$ 具有指数规律，且 $X^{(r)}$ 的级比 $\sigma^{(r)}(k)=\sigma$，可以证明以下等式成立：

① $\sigma^{(r+1)}(k)=\dfrac{1-\sigma^{k}}{1-\sigma^{k-1}}$；

②当 $\sigma\in(0,1)$ 时，$\lim\limits_{k\to\infty}\sigma^{(r+1)}(k)=1$，对每个 k，$\sigma^{(r+1)}(k)\in(1,1+\sigma]$；

③当 $\sigma>1$ 时，$\lim\limits_{k\to\infty}\sigma^{(r+1)}(k)=\sigma$，对每个 k，$\sigma^{(r+1)}(k)\in(\sigma,1+\sigma]$。

上述等式说明，如果 $X^{(0)}$ 的 r 次累加生成序列已具有明显的指数规律时，不必再作 $r-1$ 次累加生成，否则会破坏原有的较好的指数律。在实际应用中，如果 $X^{(0)}$ 的 r 次累加生成序列已具有准指数规律，就可以直接建模分析。对于非负准光滑序列，只需进行一次累加生成即可建立指数模型。

4 变形因子灰色关联分析

4.1 概述

由于变形体系统之间、因素之间彼此的关系错综复杂，特别是一些表面现象和变化的随机现象，极易混淆人们的直觉，掩盖事物的本质，人们在认识、分析、预测、决策和控制时，得不到全面和足够的信息，难以形成明确的概念，难以抓住主要矛盾和发现主要特征，一时分不清哪些是主要的，哪些是次要的；哪些因素影响大，哪些因素影响小；哪些因素是明显的，哪些因素是潜在的。灰关联分析正是适应灰色系统因素分析的这种客观需要而提出的。其目的就是要通过一定的方法，寻找系统中各因素之间的主要关系，找出影响效应量的主要因素。其基本思路是根据系统动态过程发展态势，即表征系统行为特征的序列几何关系及其相似程度来判断其关联程度。灰色关联分析的研究为建立合理的系统模型奠定了基础。由于这种分析方法能使灰色系统各因素之间的灰关系白化，因此把它称为灰关联分析。

在关联分析中，衡量两个系统或系统中两个因素间随时间变化的关联性大小的量度，称为关联度。它定量地描述了系统发展过程中，因素之间相对变化的情况。在系统发展过程中，如果两个因素变化的态势基本一致，即同步变化程度较高，则可以认为两者关联度较大，反之，两者关联度较小。因此，灰关联充分析是对系统发展变化态势的定量比较与描述。

从上述分析可以看出，灰关联分析是基于灰色系统理论的灰过程，来计算和比较因素间数序的相关程度。因而，它对原始数据的数量设有要求，其计算方法也十分简单，更不会出现量化结果与定性分析结果不符的情况。它同传统的因素分析方法（如回归分析）有本质的区别。这是因为回归分析是基于概率论的随机过程，来进行因素间各对数组数值之间的计算，因此，它还要求有足够的数据量和服从特殊分布。此外，回归分析计算工作量较大。由于其研究对象多以静态为主，因此不易分析全过程。

灰关联分析的基本思想是根据序列曲线几何形状的相似程度来判断其联系是否紧密。曲线越接近，相应序列之间关联度就越大，反之就越小。

[例 4.1]某滑坡体每季度观测的垂直位移序列为 Y_1(单位:mm),平均温度序列为 X_1(单位:℃),气压序列为 X_2(单位:hPa),降雨量序列为 X_3(单位:mm),单位时效因子序列为 X_4(单位:mm),2005 年 4 月至 2006 年 4 月的原始观测数据如下:

$Y_1=(2.01,19.23,135.03,93.27,61.71)$

$X_1=(33.8,31.0,24.8,23.8,31.0)$

$X_2=(867,865,879,869,872)$

$X_3=(5.11,158.6,413.7,40.3,7.9)$

$X_4=(1.10,13.4,23.7,17.1,13.6)$

从垂直位移量与温度、气压、降雨量、时效因子过程线(图 4.1-1)可以看出,垂直位移量与降雨量过程线最相似,与温度过程线在几何形状上差别较大,因此,可以说影响滑坡体垂直位移量的主要因素是降雨量等。

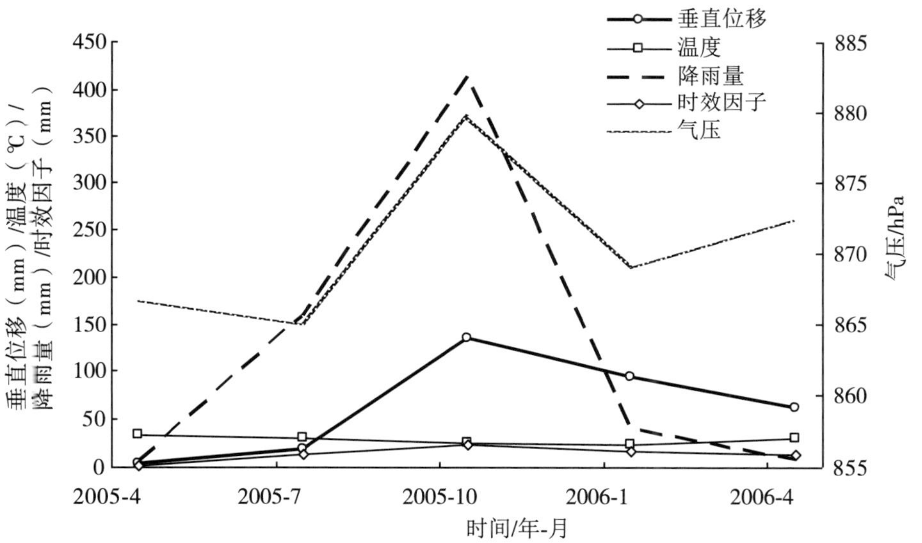

图 4.1-1　垂直位移与温度、气压、降雨量、时效因子过程线

4.2　灰关联度

4.2.1　灰关联度定义

设 $X_0=[x_0(1),x_0(2),\cdots,x_0(n)]$ 为变形效应量母序列,且

$$X_1=[x_1(1),x_1(2),\cdots,x_1(n)]$$

$$X_2=[x_2(1),x_2(2),\cdots,x_2(n)]$$

$$\cdots$$

$$X_m=[x_m(1),x_m(2),\cdots,x_m(n)]$$

为相关因素的 m 个原因量子序列，对于 $\xi \in (0,1)$，给定实数 $\gamma[x_0(k),x_i(k)]$，令：

$$\gamma[x_0(k),x_i(k)]=\frac{\min\limits_i\min\limits_k|x_0(k)-x_i(k)|+\xi\max\limits_i\max\limits_k|x_0(k)-x_i(k)|}{|x_0(k)-x_i(k)|+\xi\max\limits_i\max\limits_k|x_0(k)-x_i(k)|} \tag{4.1}$$

$$\gamma_{0i}=\gamma(X_0,X_i)=\frac{1}{n}\sum_{k=1}^{n}\gamma[x_0(k),x_i(k)] \tag{4.2}$$

式中，$\xi \in (0,1)$ ——分辨系数；

$\gamma_{0i}(k)$——灰关联系数，$\gamma_{0i}(k)=\gamma[x_0(k),x_i(k)]$；

γ_{0i} ——灰关联度，又称邓氏灰关联度。

灰关联系数 $\gamma_{0i}(k)$ 是定性分析和定量分析相结合的产物，因此，灰关联度 γ_{0i} 有以下抽象思维准则。

(1)规范性

$\gamma_{0i}(k) \in (0,1]$，由关联系数计算公式(4.1)可知，在 $\Delta_{\min}=\min\limits_i\min\limits_k|x_0(k)-x_i(k)|$ 时刻，灰关联系数最大 $\gamma_{0i}(k)=1$；在 $\Delta_{\max}=\max\limits_i\max\limits_k|x_0(k)-x_i(k)|$ 时刻，灰关联系数为最小，显然，$\gamma_{0i}(k)>0$。其直观的解释为两个因素关联是绝对的，虽然没有绝对关联的两个因素，但自己和自己在同一时间、地点和条件下相比总是相同的，所以 $\gamma_{0i}(k)\leqslant 1$。

(2)偶对对称性

对于 $X_1,X_2 \in X$，有 $\gamma(X_1,X_2)=\gamma(X_2,X_1)$，偶对对称性表明，当灰关联因子集中只有两个序列时，满足对称性。

(3)整体性

对于 $X_i,X_j \in X$，$X=\{X_s|s=0,1,2,\cdots,m;m\geqslant 2\}$，有 $\gamma(X_i,X_j)\neq\gamma(X_j,X_i)$，$i\neq j$。整体性体现了环境对灰关联比较的影响，环境不同，灰关联度也随之变化，因此，对称性不一定满足。

(4)接近性

$|x_0(k)-x_i(k)|$ 越小，$\gamma[x_0(k),x_i(k)]$ 越大。接近性是对关联度量化的约束。

4.2.2 关联度计算

根据关联度的定义，可知关联度的计算步骤如下：

①根据变形初步分析，确定影响变形效应量序列 X_0 的 m 个原因量序列 X，$i=1,2,\cdots,m$。原始数据序列构成如下矩阵：

$$(X_0, X_1, X_2, \cdots, X_m) = \begin{bmatrix} x_0(1) & x_1(1) & \cdots & x_m(1) \\ x_0(2) & x_1(2) & & x_m(2) \\ \cdots & \cdots & \cdots & \cdots \\ x_0(n) & x_1(n) & \cdots & x_m(n) \end{bmatrix} \tag{4.3}$$

②在变形观测中，各因素的物理意义不同，故数据的量纲也不同，如水深因子一般以 m 为单位；温度因子以℃为单位；位移以 mm 为单位等。而且其数值大小数量级相关较大，几何曲线比例也不同。此时，温度和位移量序列还不一定为非负序列。这样直接进行比较分析就难以得到正确的结果。因此，在关联分析前有必要对原始数据进行生成，使序列具有可比性。根据原始数据情况，一般可用第 3 章的序列非负生成算子、等时距生成算子和无量纲生成算子等进行无量纲化，无量纲化后的数据序列形成如下矩阵：

$$(X'_0, X'_1 X'_2, \cdots, X'_m) = \begin{bmatrix} x'_0(1) & x'_1(1) & \cdots & x'_m(1) \\ x'_0(2) & x'_1(2) & & x'_m(2) \\ \cdots & \cdots & \cdots & \cdots \\ x'_0(n) & x'_1(n) & \cdots & x'_m(n) \end{bmatrix} \tag{4.4}$$

对于非负等时距序列，初值化生成有：

$$x'_{(i)}(k) = \frac{x'_{(i)}(k)}{x'_{(i)}(1)} \quad (k = 1, 2, \cdots, n; i = 1, 2, \cdots, m) \tag{4.5}$$

均值化生成有：

$$x'_{(i)}(k) = \frac{x'_{(i)}(k)}{\sum_{k=1}^{n} x'_{(i)}(k)/n} \quad (k = 1, 2, \cdots, n; i = 1, 2, \cdots, m) \tag{4.6}$$

③逐个计算每个原因量序列与效应量序列对应元素的绝对差值序列，即

$$\Delta_i(k) = |x'_0(k) - x'_i(k)| \tag{4.7}$$

$$\Delta_i = [\Delta_i(1), \Delta_i(2), \cdots, \Delta_i(n)] \quad (k = 1, 2, \cdots, n; i = 1, 2, \cdots, m) \tag{4.8}$$

④计算两极最大差与最小差，即

$$\Delta_{\max} = \max_i \max_k \Delta_i(k) \tag{4.9}$$

$$\Delta_{\min} = \min_i \min_k \Delta_i(k) \tag{4.10}$$

⑤计算关联系数。分别计算每个原因量序列与效应量序列对应元素的关联系数：

$$\gamma_{0i}(k) = \frac{\Delta_{\min} + \xi \cdot \Delta_{\max}}{\Delta_i(k) + \xi \cdot \Delta_{\max}} \tag{4.11}$$

式中，$\Delta_i(k) = |x'_0(k) - x'_i(k)|$ 为 k 时刻两比较序列的绝对差，$1 \leqslant i \leqslant m$。$\Delta_{\min} = \min\limits_i \min\limits_k \Delta_i(k)$ 为 m 个子序列在各个时的距离最小值。因此，比较序列生成后存在同一起点或交点，故实际计算时取 $\Delta_{\min} = 0$。$\Delta_{\max} = \max\limits_i \max\limits_k \Delta_i(k)$ 为 m 个子序列在各个时刻的距离最大值。$\xi \in (0, 1)$ 为分辨系数，用来削弱 $\Delta_{\max}$ 数值过大而失真的影响，提高关

联系数之间的差异显著性。一般 ξ 越小，关联系数间的差异越大，区分能力越强。使用时根据经验常取 $\xi \leqslant 0.5$。

⑥计算关联度。由于关联系数的几何意义就是效应量序列与原因量子序列在各个时刻的相对距离，因此关联系数很多，信息过于分散，不便从整体上进行比较。为此，取各个时刻关联系数的平均值，作为关联程度的数量表示。效应量序列与原因量子序列的关联度计算公式为：

$$\gamma_{0i}=\gamma(X_0,X_i)=\frac{1}{n}\sum_{k=1}^{n}\gamma[x_0(k),x_i(k)] \tag{4-12}$$

不难看出，关联度的计算与下列因素有关：

①效应量序列不同，关联度不同；

②原因量子序列不同，关联度不同；

③原始序列生成算子不同，关联度不同；

④数据长度（个数）不同，关联度不同；

⑤分辨系数 ξ 不同，关联度不同。

为了明确关联度计算方法与步骤，现举例介绍于下：

[例 4.2]设有如下四组等时距非负原始观测序列：

$X_1=(3.77,4.60,5.84,6.78)$

$X_2=(23.25,18.52,10.24,7.81)$

$X_3=(46.86,48.82,45.39,41.09)$

$X_4=(35.68,38.43,44.69,50.19)$

试计算：以 X_1 为母序列，X_2、X_3 和 X_4 为子序列的关联度。

第 1 步：对原始序列作无量纲生成，这里选用均值化生成。

先按上述方法计算母序列 X_1 的平均值 $\overline{x}_1=5.2475$，用 X_1 中各数据去除以 $\overline{x}_1$ 得均值化序列 X'_1：

$X'_1=(0.7184,0.8766,1.1129,1.2920)$

同理可得其他子序列均值化序列：

$X'_2=(1.5547,1.2384,0.6847,0.5222)$

$X'_3=(1.0290,1.0720,0.9967,0.9023)$

$X'_4=(0.8445,0.9096,1.0578,1.1880)$

为便于直观理解，分别给出原始序列曲线（图 4.2-1）和均值化序列曲线（图 4.2-2），同时还给出了初值化序列曲线（图 4.2-3）。由图可见，原始序列经过均值化处理后，每个数与其他序列均有交点，显然，均化值序列比原始序列容易比较。而初值化后序列为同一起点，则更便于比较。

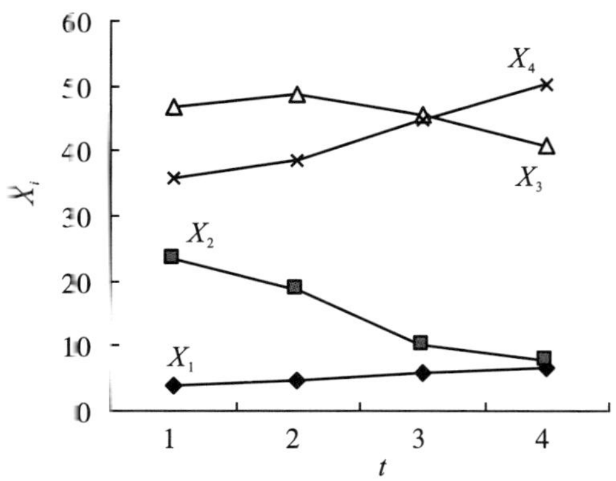

图 4.2-1 原始序列曲线

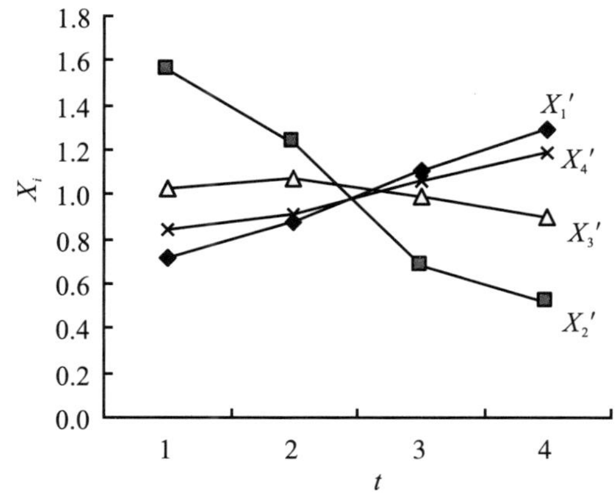

图 4.2-2 均值化序列曲线

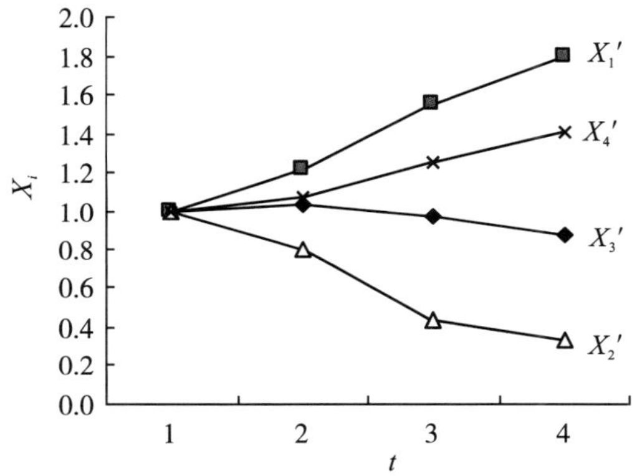

图 4.2-3 初值化序列曲线

第 2 步，计算母序列与子序列同一时刻的绝对差。

计算公式为：

$$\Delta_{1i}(k) = |x_1(k) - x_i(k)|$$

当 $k=1$ 时，

$$\Delta_{12}(1) = |0.7184 - 1.5547| = 0.8363$$

$$\Delta_{13}(1) = |0.7184 - 1.0290| = 0.3106$$

$$\Delta_{14}(1) = |0.7184 - 0.8445| = 0.1261$$

然后分别计算当 $k=2$、3、4 时各时刻绝对差，全部计算结果见表 4.2-1。从表中可得最大值与最小值为：

$$\Delta_{\max} = 0.8363$$

$$\Delta_{\min} = 0.0321$$

表 4.2-1　各时刻绝对差计算结果

k	1	2	3	4
$\Delta_{12}(k)$	0.8363	0.3618	0.4282	0.7698
$\Delta_{13}(k)$	0.3106	0.1954	0.1162	0.3897
$\Delta_{14}(k)$	0.1261	0.0321	0.0551	0.1040

由于对原始序列采用的是均值化生成，因此序列交点不在时刻点上，致使 $\Delta_{min}=0.0321\neq 0$，而实际上 $\Delta_{min}=0$。因此，计算时应取 $\Delta_{min}=0$ 为宜。

第 3 步，计算关联系数，将上面计算结果代入，

$$\gamma_{1i}(k)=\frac{\Delta_{min}+\rho\cdot\Delta_{max}}{\Delta_{1i}(k)+\rho\cdot\Delta_{max}}$$

式中取 $\rho=0.5$；$\Delta_{min}=0$。

当 $k=1$ 时：

$$\gamma_{12}(1)=\frac{0+0.5\times 0.8363}{0.8363+0.5\times 0.8363}=0.3333$$

$$\gamma_{13}(1)=\frac{0.5\times 0.8363}{0.3106+0.5\times 0.8363}=0.5738$$

$$\gamma_{14}(1)=\frac{0.5\times 0.8363}{0.1261+0.5\times 0.8363}=0.7683$$

用同样的方法分别计算当 $k=2$、3、4 时各个时刻的关联系数，其结果见表 4.2-2。

表 4.2-2　各个时刻的关联系数计算结果

k	1	2	3	4
$\gamma_{12}(k)$	0.3333	0.5361	0.4941	0.3520
$\gamma_{13}(k)$	0.5738	0.6815	0.7825	0.5176
$\gamma_{14}(k)$	0.7683	0.9287	0.8836	0.8008

第 4 步，计算关联度。

利用表 4.2-2 结果，分别将各序列每个时刻的关联系数求和并取平均得关联度：

$$\gamma_{12}=\sum_{i=1}^{n}\gamma_{1i}(k)/n=(0.3333+0.5361+0.4941+0.3520)/4=0.4289$$

$$\gamma_{13}=0.6389$$

$$\gamma_{14}=0.8454$$

4.2.3　几点说明

①在对原始序列进行无量纲生成时，如果各数据相差不大，与均值接近，则均值化

生成后，不能反映不同数之间的关联系数的差别，这时可采用初值化生成，初值化生成的另一个优点是处理后各序列的第 1 个数为 1，可直接作公共参考点。但当初值数值很小时，不宜采用初值化生成。

②分辨系数 ξ 体现了人们对最大差值的重视程度。随着 ξ 的减小，关联度的区间增大，关联度的分辨率提高，分辨效果明显。因此，当求出的 n 个关联度 r 值相差不大的，可通过降低 ξ 值来增大 γ 值的差别。

③关联度数值大小的实际意义不大，但关联度的大小次序是描述因素间关联程度的主要定量依据。对于所研究的几个序列，采取不同的生成方法或不同的分辨系数，关联度数值会发生变化，但它们之间的关联次序一般不变。

④对于那些非初值化生成的序列，在各离散函数之间无公共交点的情况下，$\Delta_{\min}$ 的存在是有意义的，它能增大 $\gamma_{0i}(k)$ 的作用。$\Delta_{\max}$ 的存在，使 $\gamma_{0i}(k)$ 之值有别于绝对差 $\Delta_i(k)$ 这个数，还使 $\gamma_{0i}(k)$ 的值不但直接取决于 X_1 和 X_i，而且间接地取决于其他序列 $X_j(j=1,2,\cdots,n,j\neq i)$，这体现了关联度的整体性。

⑤灰色系统理论用关联度来表征离散函数的接近程度，并由此定义了关联空间、光滑离散函数，进而又定义了灰导数与灰微分方程。因此，灰关联分析是研究灰色系统的理论基础。

4.3 扩展灰关联度

根据邓聚龙提出的灰关联分析的基本思想，刘思峰等提出了几类广义灰关联度计算模型。

4.3.1 灰绝对关联度

设序列 $X_0=[x_0(1),x_0(2),\cdots,x_0(n)]$，$D$ 为序列算子，且

$$X_iD=[x_i(1)d,x_i(2)d,\cdots,x_i(n)d] \tag{4.13}$$

其中

$$x_i(k)d=x_i(k)-x_i(1)\quad(k=1,2,\cdots,n) \tag{4.14}$$

称 D 为始点零化算子，X_iD 为 X_i 的始点零化序列，并记为：

$$X_iD=X_i^0=[x_i^0(1),x_i^0(2),\cdots,x_i^0(n)] \tag{4.15}$$

设变形体系统效应量序列 X_0 与原因量子序列 X_i 均为等长等时距序列，而

$$X_0^0=[x_0^0(1),x_0^0(2),\cdots,x_0^0(n)] \tag{4.16}$$

$$X_i^0=[x_i^0(1),x_i^0(2),\cdots,x_i^0(n)] \tag{4.17}$$

分别为 X_0 与 X_i 始点零化序列，则称：

$$\varepsilon_{0i}=\frac{1+|s_0|+|s_i|}{1+|s_0|+|s_i|+|s_i-s_0|} \tag{4.18}$$

为 X_0 与 X_i 的灰绝对关联度。

式中

$$|s_0|=\left|\sum_{k=2}^{n-1}x_0^0(k)+\frac{1}{2}x_0^0(n)\right| \tag{4.19}$$

$$|s_i|=\left|\sum_{k=2}^{n-1}x_i^0(k)+\frac{1}{2}x_i^0(n)\right| \tag{4.20}$$

$$|s_i-s_0|=\left|\sum_{k=2}^{n-1}[x_i^0(k)-x_0^0(k)]+\frac{1}{2}[x_i^0(n)-x_0^0(n)]\right| \tag{4.21}$$

灰绝对关联度满足一般灰关联度抽象思维准则的规范性、偶对对称性与接近性，但不满足整体性。灰绝对关联度 ε_{0i} 具有如下的性质：

① $0<\varepsilon_{0i}\leqslant 1$；

② $\varepsilon_{00}=\varepsilon_{ii}=1$；

③ $\varepsilon_{0i}=\varepsilon_{i0}$；

④ ε_{0i} 只与 X_0 与 X_i 的几何形状有关，而与其空间相对位置无关，或者说，始点零化算子不改变绝对关联度的值；

⑤任何两个序列都不是绝对无关的，即 ε_{0i} 恒不为零；

⑥ X_0 与 X_i 几何形状相似程度越大，ε_{0i} 越大；

⑦当 X_0 或 X_i 中任一观测数据变化时，ε_{0i} 将随之变化；

⑧ X_0 与 X_i 长度变化，ε_{0i} 也变化；

⑨ X_0 与 X_i 平行或 X_i^0 围绕 X_0^0 摆动，且 X_i^0 位于 X_0^0 之上部分面积与 X_i^0 位于 X_0^0 之下部分面积相等时，$\varepsilon_{0i}=1$。特殊情况下，存在几何形状并不完全相似，而 X_i^0 位于 X_0^0 之上部分面积与 X_i^0 位于 X_0^0 之下部分面积相等的情形，因此，仅以序列的点构成的折线所围面积衡量序列的关联程度是不全面的。

[例 4.3]设变形效应量序列为 X_0，单一原因量序列为 X_1，有：

$X_0=(3.77,4.60,5.84,6.78)$

$X_1=(35.68,38.43,44.69,50.19)$

试计算灰绝对关联度 ε_{0i} 。

(1)始点零化序列

$X_0^0=[x_0^0(1),x_0^0(2),x_0^0(3),x_0^0(4)]=(3.77-3.77,4.60-3.77,5.84-3.77,6.78-3.77)$

$X_0^0=(0,0.83,2.07,3.01)$

$X_1^0=[x_1^0(1),x_1^0(2),x_1^0(3),x_1^0(4)]=(35.68-35.68,38.43-35.68,44.69-35.68,50.19-35.68)$

$X_1^0=(0,2.75,9.01,14.51)$

(2)计算 $|s_0|$ 、$|s_1|$ 、$|s_1-s_0|$

$$|s_0|=\left|\sum_{k=2}^{n-1}x_0^0(k)+\frac{1}{2}x_0^0(n)\right|=\left|0.83+2.07+\frac{1}{2}\times 3.01\right|=4.405$$

$$|s_1|=\left|\sum_{k=2}^{n-1}x_1^0(k)+\frac{1}{2}x_1^0(n)\right|=\left|2.75+9.01+\frac{1}{2}\times 14.51\right|=19.015$$

$$|s_1-s_0|=\left|\sum_{k=2}^{n-1}[x_1^0(k)-x_0^0(k)]+\frac{1}{2}[x_1^0(n)-x_0^0(n)]\right|=|8.86+5.75|=14.610$$

(3)计算灰绝对关联度 ε_{0i}

$$\varepsilon_{01}=\frac{1+|s_0|+|s_1|}{1+|s_0|+|s_1|+|s_1-s_0|}=\frac{1+4.405+19.015}{1+4.405+19.015+14.610}=\frac{24.42}{39.03}\approx 0.6257$$

4.3.2 灰相对关联度

设变形行为序列 X_0 与 X_i 长度相同，且初值皆不等于零，X'_0 与 X_i' 分别为 X_0 与 X_i 的初值化序列，则称 X'_0 与 X_i' 的灰绝对关联度为 X_0 与 X_i 的灰相对关联度，记为 r_{0i} 。显然，相对关联度表征了序列 X_0 与 X_i 相对于自身初始值(或始点)的变化率之间的变化关系，X_0 与 X_i 的变化率越接近，r_{0i} 越大，反之越小。

设序列 X_0 与 X_i ，D_1 为序列初值化算子，D_2 为序列始点零化算子，且：

$$X_0D_1D_2=[x_0(1)d_1d_2,x_0(2)d_1d_2,\cdots,x_0(n)d_1d_2]=[x_0^{0'}(1),x_0^{0'}(2),\cdots,x_0^{0'}(n)] \tag{4.22}$$

$$X_iD_1D_2=[x_i(1)d_1d_2,x_i(2)d_1d_2,\cdots,x_i(n)d_1d_2]=[x_i^{0'}(1),x_i^{0'}(2),\cdots,x_i^{0'}(n)] \tag{4.23}$$

其中，$x_i(k)d_1=x_i(k)/x_i(1),k=1,2,\cdots,n$ ；$x_i(k)d_2=x_i(k)-x_i(1),k=2,3,\cdots n$ 。则称：

$$r_{0i}=\frac{1+|s'_0|+|s'_i|}{1+|s'_0|+|s'_i|+|s'_i-s'_0|} \tag{4.24}$$

为 X_0 与 X_i 的灰相对关联度。

式中

$$|s'_0|=\left|\sum_{k=2}^{n-1}x_0^{'0}(k)+\frac{1}{2}x_0^{0'}(n)\right| \tag{4.25}$$

$$|s'_i|=\left|\sum_{k=2}^{n-1}x_i^{'0}(k)+\frac{1}{2}x_i^{'0}(n)\right| \tag{4.26}$$

$$|s'_i-s'_0|=\left|\sum_{k=2}^{n-1}[x_i^{'0}(k)-x_0^{'0}(k)]+\frac{1}{2}[x_i^{'0}(n)-x_0^{'0}(n)]\right| \tag{4.27}$$

灰相对关联度 r_{0i} 具有如下的性质：

① $0 < r_{0i} \leqslant 1$；

② $r_{00} = r_{ii} = 1$；

③ $r_{0i} = r_{i0}$；

④ r_{0i} 只与序列 X_0 与 X_i 相对于始点的变化率有关，而与各观测值的大小无关，或者说，数乘不改变相对关联度的值；

⑤任何两个序列的变化率都不是毫无联系的，即 r_{0i} 恒不为零；

⑥ X_0 与 X_i 相当于始点的变化率越接趋于一致，r_{0i} 越大；

⑦当 X_0 或 X_i 中任一观测数据变化时，r_{0i} 将随之变化；

⑧ X_0 与 X_i 序列长度变化，r_{0i} 也变化；

⑨ X_0 与 X_i 相对于始点的变化率相同，即 $X_0 = aX_i$ 。或 X_0 与 X_i 序列经过初值化和始点零化算子后序列为 $X_0^{'0}$ 与 $X_i^{'0}$，满足 $X_i^{'0}$ 围绕 $X_0^{'0}$ 摆动，且 $X_i^{'0}$ 位于 $X_0^{'0}$ 之上部分面积与 $X_i^{'0}$ 位于 $X_0^{'0}$ 之下部分面积相等时，$r_{0i} = 1$；

⑩相对关联度 r_{0i} 与绝对关联度 ε_{0i} 的值的大小没有必然联系。当 r_{0i} 较大时，ε_{0i} 可能很小。ε_{0i} 很小时，r_{0i} 也可能很大。

[例 4.4]试计算[例 4.3]序列的灰相对关联度 r_{0i} 。

(1)初值化序列

$$X'_0 = [x'_0(1), x'_0(2), x'_0(3), x'_0(4)] = \left[\frac{x_0(1)}{x_0(1)}, \frac{x_0(2)}{x_0(1)}, \frac{x_0(3)}{x_0(1)}, \frac{x_0(4)}{x_0(1)}\right]$$

$$X'_0 = (1, 1.2202, 1.5491, 1.7984)$$

$$X'_1 = (1, 1.0771, 1.2525, 1.4067)$$

(2)始点零化序列

$$X_0^{'0} = [x_0^{'0}(1), x_0^{'0}(2), x_0^{'0}(3), x_0^{'0}(4)] = (1-1, 1.2202-1, 1.5491-1, 1.7984-1)$$

$$X_0^{'0} = (0, 0.2202, 0.5491, 0.7984)$$

$$X_1^{'0} = (0, 0.0771, 0.2525, 0.4067)$$

(3)计算 $|s'_0|$ 、$|s'_1|$ 、$|s'_1 - s'_0|$

$$|s'_0| = \left|\sum_{k=2}^{n-1} x_0^{'0}(k) + \frac{1}{2} x_0^{0'}(n)\right| = \left|0.2202 + 0.5491 + \frac{1}{2} \times 0.7981\right| = 1.1684$$

$$|s'_i| = \left|\sum_{k=2}^{n-1} x_i^{'0}(k) + \frac{1}{2} x_i^{'0}(n)\right| = \left|0.0771 + 0.2525 + \frac{1}{2} \times 0.4067\right| = 0.5329$$

$$|s'_i - s'_0| = \left|\sum_{k=2}^{n-1} [x_i^{'0}(k) - x_0^{'0}(k)] + \frac{1}{2}[x_i^{'0}(n) - x_0^{'0}(n)]\right| = |0.5329 - 1.1684| = 0.6355$$

(4)计算灰相对关联度 r_{0i}

$$r_{01}=\frac{1+|s_0|+|s_1|}{1+|s_0|+|s_1|+|s_1-s_0|}=\frac{1+1.1684+0.5329}{1+1.1684+0.5329+0.6355}=\frac{2.7014}{3.3369}\approx 0.8096$$

4.3.3 灰综合关联度

设变形行为序列 X_0 与 X_i 长度相同，且初值皆不等于零，ε_{0i} 和 r_{0i} 分别为 X_0 与 X_i 的灰绝对关联度和灰相对关联度，取其加权平均值为灰综合关联度，即

$$\rho_{0i}=\theta\varepsilon_{0i}+(1-\theta)r_{0i} \tag{4.28}$$

式中，θ——综合权系数，$\theta\in[0,1]$。

灰综合关联度既体现了折线 X_0 与 X_i 的相似程度，又反映了 X_0 与 X_i 相对于始点的变化率的接近程度，是较为全面的表征序列之间联系是否紧密的一个数量指标。如果偏重绝对关联度，可取 $\theta>0.5$；若更看重相对变化率关系，则取 $\theta<0.5$。

灰综合关联度 ρ_{0i} 具有如下的性质：

① $0<\rho_{0i}\leqslant 1$；

② $\rho_{00}=\rho_{ii}=1$；

③ $\rho_{0i}=\rho_{i0}$；

④ ρ_{0i} 即与序列 X_0 和 X_i 各数据的大小有关，有与各数据相对于始点数据的变化率有关

⑤ ρ_{0i} 恒不为零；

⑥改变 X_0 与 X_i 中的数据，ρ_{0i} 亦随之变化；

⑦ X_0 与 X_i 序列长度变化，r_{0i} 也变化；

⑧ $\theta\in[0,1]$ 取不同的值，ρ_{0i} 也不同；

⑨当 $\theta=1$ 时，$\rho_{0i}=\varepsilon_{0i}$，即灰综合关联度等于灰绝对关联度；当 $\theta=0$ 时，$\rho_{0i}=r_{0i}$，即灰综合关联度等于灰相对关联度；当 $\theta=0.5$ 时，$\rho_{0i}=\frac{1}{2}(\varepsilon_{0i}+r_{0i})$，灰综合关联度等于灰绝对关联度和灰相对关联度的平均值。

[例 4.5]试计算[例 4.3]序列的灰综合关联度 ρ_{0i}。

由[例 4.3]和[例 4.4]分别计算出的灰绝对关联度 $\varepsilon_{01}=0.6257$ 和灰相对关联度 $r_{01}=0.8096$。当 $\theta=0.5$ 时，有灰综合关联度 ρ_{0i}：

$$\rho_{0i}=\frac{1}{2}(\varepsilon_{0i}+r_{oi})=\frac{1}{2}(0.6257+0.8096)=0.7176$$

类似地，若取 $\theta=0.2,0.4,0.6,0.8$ 时，计算的灰综合关联度见表 4.3-1。

表 4.3-1　　　不同 θ 取值的灰综合关联度计算

θ	0.2	0.4	0.6	0.8
ρ_{0i}	0.7728	0.7360	0.6992	0.6625

由于 $\varepsilon_{01} < r_{01}$，当综合系数 θ 逐步变大时，灰综合关联度 ρ_{0i} 逐步变小。

4.3.4　灰相似关联度

灰相似关联度是由灰绝对关联度派生而来，它更有效地解决了灰绝对关联度存在的问题。设变形行为序列 X_0 与 X_i，其始点零化序列分别为 X_0^0 与 X_i^0，则称：

$$\mu_{0i} = \frac{1}{1 + |s_i - s_0|} \tag{4.29}$$

为 X_0 与 X_i 的基于相似性视角的灰相似关联度，简称灰相似关联度。式中：$|s_i - s_0|$ 计算见式(4.21)。

灰相似关联度满足一般灰关联度抽象思维准则的规范性、偶对对称性与接近性。灰相似关联度 μ_{0i} 具有如下的性质：

① $0 < \mu_{0i} \leqslant 1$；

② $\mu_{00} = \mu_{ii} = 1$；

③ $\mu_{0i} = \mu_{i0}$；

④ μ_{0i} 仅与 X_0 与 X_i 的几何形状有关，而与其空间相对位置无关，即始点零化算子不改变相似关联度的值；

⑤任何两个序列都不是绝对无关的，即 μ_{0i} 恒不为零；

⑥ X_0 与 X_i 几何形状越相似，μ_{0i} 就越大；

⑦当 X_0 或 X_i 中任一观测数据变化时，μ_{0i} 将随之变化；

⑧ X_0 与 X_i 平行或 X_i^0 围绕 X_0^0 摆动，且 X_i^0 位于 X_0^0 之上部分面积与 X_i^0 位于 X_0^0 之下部分面积相等时，$\mu_{0i} = 1$。

[例 4.6]试计算[例 4.3]序列的灰相似关联度 μ_{0i}。

(1)始点零化序列

$$X_0^0 = (0, 0.83, 2.07, 3.01)$$
$$X_1^0 = (0, 2.75, 9.01, 14.51)$$

(2)计算 $|s_1 - s_0|$

$$|s_1 - s_0| = \left| \sum_{k=2}^{n-1} [x_1^0(k) - x_0^0(k)] + \frac{1}{2}[x_1^0(n) - x_0^0(n)] \right| = |8.86 + 5.75| = 14.61$$

(3)计算灰相似关联度 μ_{0i}

$$\mu_{01}=\frac{1}{1+|s_i-s_0|}=\frac{1}{1+14.610}=0.0640$$

由于灰关联分析是在相同的关联度模型下，计算出母序列与各子序列的关联度，然后通过关联度的大小进行排序，找出与母序列最相关的子序列，因此，灰关联分析的核心是注重关联序，而不是关联度数值的大小。例如，式(4.29)计算的灰相似关联度，当序列数据绝对值较大时，$|s_1-s_0|$ 将较大，从而出现 μ_{0i} 很小，例如[例 4.6]计算的灰相似关联度为 0.0640，其值远小于灰绝对关联度 $\varepsilon_{01}=0.6257$，灰相对关联度 $r_{01}=0.8096$，这种情况对于关联序没有实质影响。

4.4 灰关联序

关联度可以看作变形体系统行为序列之间联系紧密程度的几何的量化指标。在同一序列算子作用和分辨系数 ξ 一定情况下，灰关联度和扩展灰关联度的数值是唯一的，即关联度大小的排列次序是一定的。因此，灰关联序就是将若干个子序列相对于同一个母序列的关联度，按大到小的顺序排列起来的一组序列。它直观地反映了各个子序列相对于同一母序列的关联程度。在变形体系统分析时，除研究变形效应量与各原因量之间的关系外，还需研究各原因量之间的关联关系，即选择最佳因素子集合。此时，关心的是效应量与各原因量之间的关联度的大小次序，而关联度数值的大小还没有明确的实际意义。

设变形体系统输出效应量序列 $Y_i(i=1,2,\cdots,s)$，系统输入原因量序列 $X_j(j=1,2,\cdots,m)$，$\gamma_{ij}=\gamma(Y_i,X_j)$ 为 Y_i 与 X_j 灰关联度。

①对于 Y_i，当 $\gamma(Y_i,X_a)>\gamma(Y_i,X_b)$，则称原因量 X_a 对效应量的贡献要优于原因量 X_b，记为：$X_a \succ X_b$，称"$\succ$"为由灰关联度导出的灰关联序。

②对于 X_j，当 $\gamma(Y_a,X_j)>\gamma(Y_b,X_j)$，则称效应量 Y_a 对所选原因量集合的匹配性优于效应 Y_b，记为：$Y_a \succ Y_b$。

扩展灰关联度分别称为灰绝对关联序、灰相对关联序、灰综合关联序、灰相似关联序等。

[例 4.7]根据[例 4.2]以 X_1 为母序列，X_2、X_3 和 X_4 为子序列的灰关联度，求灰关联序。

由[例 4.2]计算结果知，X_1 为母序列，X_2、X_3 和 X_4 为子序列的灰关联度为：$\gamma_{12}=0.4289$，$\gamma_{13}=0.6389$，$\gamma_{14}=0.8454$。

按 γ_{1i} 的数值大小排列，有：

$$\gamma_{14}>\gamma_{13}>\gamma_{12}$$

再由灰关联序定义，得灰关联序：

$$X_{14} > X_{13} > X_{14}$$

从而说明子序列 X_4 与母序列 X_1 关联程度最好，子序列 X_3 次之，而子序列 X_2 最差，这一结果同图 4.1-1 中曲线态势的直觉观察结果是一致的。虽然，X_4 数值较大，但发展方向与速率和 X_1 是比较近似的，因而它们关联度较高。

4.5 灰关联矩阵

4.5.1 效应量相对于原因量的灰关联矩阵

设 $Y_1,Y_2,\cdots,Y_s$ 为变形体系统输出效应量序列；$X_1,X_2,\cdots,X_m$ 为系统输入原因量序列；$\gamma_{ij}(i=1,2,\cdots,s;j=1,2,\cdots,m)$ 为 Y_i 与 X_j 灰关联度，则称：

$$\boldsymbol{\Gamma}_\gamma=[\gamma_{ij}]=\begin{bmatrix}\gamma(Y_1,X_1) & \gamma(Y_1,X_2) & \cdots & \gamma(Y_1,X_m)\\ \gamma(Y_2,X_1) & \gamma(Y_2,X_2) & \cdots & \gamma(Y_2,X_m)\\ \cdots & \cdots & \cdots & \cdots\\ \gamma(Y_s,X_1) & \gamma(Y_s,X_2) & \cdots & \gamma(Y_s,X_m)\end{bmatrix}=\begin{bmatrix}\gamma_{11} & \gamma_{12} & \cdots & \gamma_{1m}\\ \gamma_{21} & \gamma_{22} & \cdots & \gamma_{2m}\\ \cdots & \cdots & \cdots & \cdots\\ \gamma_{s1} & \gamma_{s2} & \cdots & \gamma_{sm}\end{bmatrix} \tag{4.30}$$

为灰关联矩阵。矩阵式(4.30)中，第 i 行元素是效应量序列 $Y_i(i=1,2,\cdots,s)$ 与原因量序列 $X_1,X_2,\cdots,X_m$ 的灰关联度；第 j 列元素是效应量序列 $Y_1,Y_2,\cdots,Y_s$ 与原因量序列 $X_j(j=1,2,\cdots,m)$ 的灰关联度。

对于扩展灰关联度，相应有灰绝对关联矩阵：

$$\boldsymbol{\Gamma}_\varepsilon=[\varepsilon_{ij}]=\begin{bmatrix}\varepsilon_{11} & \varepsilon_{12} & \cdots & \varepsilon_{1m}\\ \varepsilon_{21} & \varepsilon_{22} & \cdots & \varepsilon_{2m}\\ \cdots & \cdots & \cdots & \cdots\\ \varepsilon_{s1} & \varepsilon_{s2} & \cdots & \varepsilon_{sm}\end{bmatrix} \tag{4.31}$$

灰相对关联矩阵：

$$\boldsymbol{\Gamma}_r=[r_{ij}]=\begin{bmatrix}r_{11} & r_{12} & \cdots & r_{1m}\\ r_{21} & r_{22} & \cdots & r_{2m}\\ \cdots & \cdots & \cdots & \cdots\\ r_{s1} & r_{s2} & \cdots & r_{sm}\end{bmatrix} \tag{4.32}$$

灰综合关联矩阵：

$$\boldsymbol{\Gamma}_\rho=[\rho_{ij}]=\begin{bmatrix}\rho_{11} & \rho_{12} & \cdots & \rho_{1m}\\ \rho_{21} & \rho_{22} & \cdots & \rho_{2m}\\ \cdots & \cdots & \cdots & \cdots\\ \rho_{s1} & \rho_{s2} & \cdots & \rho_{sm}\end{bmatrix} \tag{4.33}$$

灰相似关联矩阵：

$$\boldsymbol{\Gamma}_{\mu}=[\mu_{ij}]=\begin{bmatrix}\mu_{11} & \mu_{12} & \cdots & \mu_{1m}\\ \mu_{21} & \mu_{22} & \cdots & \mu_{2m}\\ \cdots & \cdots & \cdots & \cdots\\ \mu_{s1} & \mu_{s2} & \cdots & \mu_{sm}\end{bmatrix} \tag{4.34}$$

[例 4.8]设[例 4.1]中某滑坡体每季度观测的效应量垂直位移序列为 Y_1，原因量序列有：平均温度序列为 X_1，气压序列为 X_2，降雨量序列为 X_3，单位时效因子序列为 X_4，现增加一个效应量水平位移序列为 Y_2。求效应量序列 Y_1、Y_2 对原因量序列 X_1、X_2、X_3 和 X_4 的灰绝对关联矩阵。已知序列如下：

$Y_1=(2.01,19.23,135.03,93.27,61.71)$

$Y_2=(4.91,35.83,261.60,180.15,114.17)$

$X_1=(33.8,31.0,24.8,23.8,31.0)$

$X_2=(867,865,879,869,872)$

$X_3=(5.11,158.6,413.7,40.3,7.9)$

$X_4=(1.10,13.4,23.7,17.1,13.6)$

按灰绝对关联度方法计算 Y_1、Y_2 分别对 X_1、X_2、X_3 和 X_4 的灰绝对关联度。

$\varepsilon_{11}=0.5008$，$\varepsilon_{12}=0.5316$，$\varepsilon_{13}=0.7269$，$\varepsilon_{14}=0.6060$，

$\varepsilon_{21}=0.5005$，$\varepsilon_{22}=0.5166$，$\varepsilon_{23}=0.9323$，$\varepsilon_{24}=0.5556$

于是，构造灰关联矩阵：

$$\boldsymbol{\Gamma}_{\varepsilon}=\begin{bmatrix}0.5008 & 0.5316 & 0.7269 & 0.6060\\ 0.5005 & 0.5166 & 0.9323 & 0.5556\end{bmatrix}$$

上式表明，所选原因量序列 X_1、X_2、X_3 和 X_4 对效应量序列 Y_1、Y_2 的影响灰关联序是一致的，即降雨量序列为 X_3 对滑坡体的垂直位移 Y_1 和水平位移 Y_2 影响最大，这符合滑坡体变形的一般规律，与定性分析结果吻合。

4.5.2 原因量灰关联矩阵

在变形体系统分析建模时，由于选择的变形原因量之间高相关的因子的存在，将直接影响模型参数求解的稳定性，因此需要将高相关的因子子集合组合成一个综合因子参与建模，或者在高相关的因子子集合中选择一个代表性的因子参与建模。显然，根据原因量之间关联度分析可以达到上述目的。

设 $X_1,X_2,\cdots,X_m$ 为系统输入原因量序列；$\gamma_{ij}(i=1,2,\cdots,m;j=1,2,\cdots,m)$ 为 X_i 与 X_j 灰关联度，则称：

$$\boldsymbol{\Gamma}'_{\gamma}=[\gamma_{ij}]=\begin{bmatrix}\gamma(X_1,X_1) & \gamma(X_1,X_2) & \cdots & \gamma(X_1,X_m)\\ \gamma(X_2,X_1) & \gamma(X_2,X_2) & \cdots & \gamma(X_2,X_m)\\ \cdots & \cdots & \cdots & \cdots\\ \gamma(X_m,X_1) & \gamma(X_m,X_2) & \cdots & \gamma(X_m,X_m)\end{bmatrix}=\begin{bmatrix}\gamma_{11} & \gamma_{12} & \cdots & \gamma_{1m}\\ \gamma_{21} & \gamma_{22} & \cdots & \gamma_{2m}\\ \cdots & \cdots & \cdots & \cdots\\ \gamma_{m1} & \gamma_{m2} & \cdots & \gamma_{mm}\end{bmatrix}\tag{4.35}$$

为系统输入原因量灰关联矩阵。式(4.35)中,第 i 行的元素是原因量序列 $X_i(i=1,2,\cdots,m)$ 与序列 $X_1,X_2,\cdots,X_m$ 的灰关联度;第 j 列的元素是原因量序列 $X_1,X_2,\cdots,X_m$ 与 $X_j(j=1,2,\cdots,m)$ 的灰关联度。原因量灰关联矩阵具有如下性质:

① $\gamma(X_i,X_j)=\gamma(X_j,X_i),i,j=1,2,\cdots,m$;

②原因量灰关联矩阵 $\boldsymbol{\Gamma}'_{\gamma}$ 是一个对角线上的元素为 1 的对称方矩阵;

③给定一个 $\gamma\in(0,1]$,可以通过 $\boldsymbol{\Gamma}'_{\gamma}$ 对原因量进行分类。

对于扩展灰关联度,可以得到类似的变形原因量灰绝对关联矩阵、灰相对关联矩阵、灰综合关联矩阵和灰相似关联矩阵。

[例 4.9]试计算[例 4.8]原因量序列 X_1、X_2、X_3 和 X_4 之间的灰绝对关联度,构造灰绝对关联矩阵。

①以 X_1 为母序列,X_2、X_3 和 X_4 为子序列时,灰绝对关联度为:

$\varepsilon_{11}=1,\varepsilon_{12}=0.5062,\varepsilon_{13}=0.5004,\varepsilon_{14}=0.5031$

②以 X_2 为母序列,X_1、X_3 和 X_4 为子序列时,灰绝对关联度为:

$\varepsilon_{21}=0.5062,\varepsilon_{22}=1,\varepsilon_{23}=0.5144,\varepsilon_{24}=0.6493$

③以 X_3 为母序列,X_1、X_2 和 X_4 为子序列时,灰绝对关联度为:

$\varepsilon_{41}=0.5004,\varepsilon_{42}=0.5144,\varepsilon_{43}=1,\varepsilon_{44}=0.5481$

④以 X_4 为母序列,X_1、X_2 和 X_3 为子序列时,灰绝对关联度为:

$\varepsilon_{21}=0.5031,\varepsilon_{22}=0.6493,\varepsilon_{23}=0.5481,\varepsilon_{24}=1$

于是,构造灰绝对关联矩阵为:

$$\boldsymbol{\Gamma}'_{\varepsilon}=\begin{bmatrix}1 & 0.5062 & 0.5004 & 0.5031\\ 0.5062 & 1 & 0.5144 & 0.6493\\ 0.5004 & 0.5144 & 1 & 0.5481\\ 0.5031 & 0.6493 & 0.5481 & 1\end{bmatrix}$$

从灰关联矩阵分析,原因量气压序列 X_2 和单位时效因子序列 X_4 关联度较高。因此,实际计算分析建模时,可以综合成一个因子或舍弃一个因子,此时,对模型参数估计不会产生影响。

4.5.3 效应量灰关联矩阵

在变形分析时,有时需要对系统输出效应量序列之间的关联关系进行分析。设 Y_1,

$Y_2, \cdots, Y_s$ 为变形体系统输出效应量序列，$\gamma_{ij}(i=1,2,\cdots,s; j=1,2,\cdots,s)$ 为 Y_i 与 Y_j 灰关联度，则称

$$\boldsymbol{\Gamma}''_{\gamma}=[\gamma_{ij}]=\begin{bmatrix}\gamma(Y_1,Y_1) & \gamma(Y_1,Y_2) & \cdots & \gamma(Y_1,Y_s)\\ \gamma(Y_2,Y_1) & \gamma(Y_2,Y_2) & \cdots & \gamma(Y_2,Y_s)\\ \cdots & \cdots & \cdots & \cdots\\ \gamma(Y_s,Y_1) & \gamma(Y_s,Y_2) & \cdots & \gamma(Y_s,Y_s)\end{bmatrix}=\begin{bmatrix}\gamma_{11} & \gamma_{12} & \cdots & \gamma_{1s}\\ \gamma_{21} & \gamma_{22} & \cdots & \gamma_{2s}\\ \cdots & \cdots & \cdots & \cdots\\ \gamma_{s1} & \gamma_{s2} & \cdots & \gamma_{ss}\end{bmatrix} \tag{4.36}$$

为系统输出效应量灰关联矩阵。矩阵式(4.36)中，第 i 行的元素是原因量序列 $Y_i(i=1,2,\cdots,s)$ 与序列 $Y_1,Y_2,\cdots,Y_m$ 的灰关联度；第 j 列的元素是原因量序列 $Y_1,Y_2,\cdots,Y_s$ 与 $X_j(j=1,2,\cdots,m)$ 的灰关联度。效应量灰关联矩阵具有如下性质：

① $\gamma(Y_i,Y_j)=\gamma(Y_j,Y_i), i,j=1,2,\cdots,s$；

②效应量灰关联矩阵 Γ''_{γ} 是一个对角线上的元素为 1 的对称方矩阵；

③给定一个 $\gamma\in(0,1]$，可以通过 Γ''_{γ} 对效应量进行分类。

对于扩展灰关联度，可以得到类似的变形效应量灰绝对关联矩阵、灰相对关联矩阵、灰综合关联矩阵和灰相似关联矩阵。

[例 4.10]试计算变形效应量序列 Y_1、Y_2、Y_3 和 Y_4 之间的灰绝对关联度，构造灰绝对关联矩阵。已知：

$Y_1=(2.01,19.23,135.03,93.27,61.71)$

$Y_2=(4.91,35.83,261.60,180.15,114.17)$

$Y_3=(1.54,15.44,154.53,87.01,56.71)$

$Y_4=(4.65,39.60,337.50,202.40,126.89)$

分别计算以 Y_1、Y_2、Y_3 和 Y_4 为母序列，其余为子序列时的灰绝对关联度，并构造灰绝对关联矩阵为：

$$\boldsymbol{\Gamma}''_{\varepsilon}=\begin{bmatrix}1 & 0.7824 & 0.9847 & 0.7167\\ 0.7824 & 1 & 0.7707 & 0.9129\\ 0.9847 & 0.7707 & 1 & 0.7236\\ 0.7167 & 0.9129 & 0.7236 & 1\end{bmatrix}$$

从灰关联矩阵分析，效应量序列 Y_1 和 Y_3，Y_2 和 Y_4 关联度较高。这是因为 Y_1 和 Y_3 分别为相近监测点的垂直位移序列，而 Y_2 和 Y_4 分别为相近监测点的水平位移序列。

4.6 实例

[例 4.11]取用[例 4.1]原始观测序列，有：

$X_0=(2.01,19.23,135.03,93.27,61.71)$

$X_1=(33.8,31.0,24.8,23.8,31.0)$

$X_2=(867,865,879,869,872)$

$X_3=(5.11,158.6,413.7,40.3,7.9)$

$X_4=(1.10,13.4,23.7,17.1,13.6)$

分别计算灰绝对关联度、灰相对关联度、灰综合关联度、灰相似关联度和邓氏关联度，并进行关联分析。

(1)灰绝对关联度

1)始点零化序列

$X_0^0=(0,17.22,133.02,91.26,59.70)$

$X_1^0=(0,-2.80,-9.00,-10.00,-2.80)$

$X_2^0=(0,-1.60,13.00,2.40,5.80)$

$X_3^0=(0,153.44,408.56,35.14,2.79)$

$X_4^0=(0,12.31,22.59,15.98,12.46)$

2)计算 $|s_0|$ 、$|s_i|$ 、$|s_i-s_0|$

按式(4.20)、式(4.21)、式(4.22)分别计算。有：

$|s_0|=271.35$

$|s_1|=23.20$ $|s_1-s_0|=294.55$

$|s_2|=16.70$ $|s_2-s_0|=254.65$

$|s_3|=598.54$ $|s_3-s_0|=327.185$

$|s_4|=57.11$ $|s_4-s_0|=214.24$

3)计算灰绝对关联度 ε_{0i}

$\varepsilon_{01}=0.5008$

$\varepsilon_{02}=0.5316$

$\varepsilon_{03}=0.7269$

$\varepsilon_{04}=0.6060$

4)排关联序

按关联度大小进行排序：

$$\varepsilon_{03}>\varepsilon_{04}>\varepsilon_{02}>\varepsilon_{01}$$

从灰绝对关联度来看，对滑坡体每季度观测的垂直位移量 X_0 的影响，按大小依次为降雨量 X_3、单位时效因子 X_4、气压 X_2 和平均温度 X_1，记为：$X_3 > X_4 > X_2 > X_1$。

(2)灰相对关联度

1)初值化序列

$X'_0=(1,9.567,67.179,46.403,30.701)$

$X'_1=(1,0.917,0.734,0.704,0.917)$

$X'_2=(1,0.998,1.015,1.003,1.007)$

$X'_3=(1,31.027,80.953,7.877,1.546)$

$X'_4=(1,12.191,21.536,15.527,12.327)$

2)始点零化序列

$X_0'^0=(0,8.567,66.179,45.403,29.701)$

$X_1'^0=(0,-0.083,-0.266,-0.296,-0.083)$

$X_2'^0=(0,-0.002,0.015,0.003,0.007)$

$X_3'^0=(0,30.027,79.953,6.877,0.546)$

$X_4'^0=(0,11.191,20.536,14.527,11.327)$

3)计算 $|s'_0|$、$|s'_1|$、$|s'_1-s'_0|$

按式(4.26)、式(4.27)、式(4.28)分别计算。有：

$|s'_0|=135.000$

$|s'_1|=0.686$　$|s'_1-s'_0|=135.686$

$|s'_2|=0.019$　$|s'_2-s'_0|=134.981$

$|s'_3|=117.130$　$|s'_3-s'_0|=17.870$

$|s'_4|=117.130$　$|s'_4-s'_0|=83.082$

4)计算灰相对关联度 r_{0i}

$r_{01}=0.5018$

$r_{02}=0.5019$

$r_{03}=0.9341$

$r_{04}=0.6934$

5)排关联序

按关联度大小进行排序：

$$r_{03}>r_{04}>r_{02}>r_{01}$$

从灰相对关联度来看，对滑坡体每季度观测的垂直位移量 X_0 的影响，按大小依次为降雨量 X_3、单位时效因子 X_4、气压 X_2 和平均温度 X_1，记为：$X_3 > X_4 > X_2 > X_1$。

(3)灰综合关联度

根据已计算出的灰绝对关联度 ε_{0i} 和灰相对关联度 r_{0i} ，取 $\theta=0.5$ 时，按式(4.29)计算，有：

$\rho_{01}=0.5013$

$\rho_{02}=0.5168$

$\rho_{03}=0.8305$

$\rho_{04}=0.6497$

按关联度大小进行排序：

$$\rho_{03}>\rho_{04}>\rho_{02}>\rho_{01}$$

从灰综合关联度来看，对滑坡体每季度观测的垂直位移量 X_0 的影响，按大小依次为降雨量 X_3、单位时效因子 X_4、气压 X_2 和平均温度 X_1，记为：$X_3>X_4>X_2>X_1$。

(4)灰相似关联度

根据已计算出的 $|s_i-s_0|$ ，按式(4.30)计算，有

$\varepsilon'_{01}=0.0034$

$\varepsilon'_{02}=0.0039$

$\varepsilon'_{03}=0.0030$

$\varepsilon'_{04}=0.0046$

按关联度大小进行排序：

$$\varepsilon'_{04}>\varepsilon'_{02}>\varepsilon'_{01}>\varepsilon'_{03}$$

从灰相似关联度来看，对滑坡体每季度观测的垂直位移量 X_0 的影响，按大小依次为单位时效因子 X_4、气压 X_2、平均温度 X_1 和降雨量 X_3，记为：$X_4>X_2>X_1>X_3$。

(5)邓氏关联度

邓氏关联度的计算过程如下：

1)初值化序列

$X'_0=(1,9.567,67.179,46.403,30.701)$

$X'_1=(1,0.917,0.734,0.704,0.917)$

$X'_2=(1,0.998,1.015,1.003,1.007)$

$X'_3=(1,31.027,80.953,7.877,1.546)$

$X'_4=(1,12.191,21.536,15.527,12.327)$

2)计算母序列与子序列同一时刻的绝对差

$\Delta_{01}=(0,8.6500,66.4454,45.6988,29.7843)$

$\Delta_{02}=(0,8.5690,66.1641,45.4002,29.6948)$

$\Delta_{03}=(0,21.4602,13.7739,38.5263,29.1555)$

$\Delta_{04}=(0,2.6237,45.6427,30.8757,18.3742)$

3)计算极差

$\Delta_{max}=66.4454$

$\Delta_{min}=0$

4)计算灰关联系数

取 $\rho=0.5$，$\Delta_{min}=0$，按式(4.1)有：

$r_{01}(k)=(1,0.7934,0.3333,0.4210,0.5273)$

$r_{02}(k)=(1,0.7950,0.3343,0.4226,0.5280)$

$r_{03}(k)=(1,0.6076,0.7069,0.4630,0.5326)$

$r_{04}(k)=(1,0.9268,0.4213,0.5183,0.6439)$

5)计算邓氏关联度

$r_{01}=0.6150$

$r_{02}=0.6160$

$r_{03}=0.6620$

$r_{04}=0.7021$

6)排关联序

按关联度大小进行排序：

$$r_{04}>r_{03}>r_{02}>r_{01}$$

从邓氏灰关联度来看，对滑坡体每季度观测的垂直位移量 X_0 的影响，按大小依次为单位时效因子 X_4、降雨量 X_3、气压 X_2 和平均温度 X_1，记为：$X_4>X_3>X_2>X_1$。

(6)小结

①从灰绝对关联度、灰相对关联度、灰综合关联度、灰相似关联度和邓氏关联度计算结果看，灰绝对关联度、灰相对关联度和灰综合关联度之关联序分析结果一致，且与实际接近。邓氏关联度之关联序分析结果与实际较接近。而灰相似关联度之关联序分析结果与实际不符。

②从几种关联度模型计算的数值大小看，同一关联度模型计算的关联度数值差距越大，表明对序列之间的关联性分辨率高，效果就越好。因此，灰相对关联度差值最大，灰绝对关联度次之。

③在变形体系统因素关联分析时，建议使用灰综合关联度指标，因为它是灰绝对关联度与灰相对关联度的加权平均值。从整体效果看，使用邓氏关联度也会取得较理想的结果。

5 变形过程灰色模型

5.1 概述

灰色模型的建构思路是数学建模思想，通过数学变换生成方法，削弱研究对象的随机性，探索序列内在的规律，利用差分方程与微分方程之间的变换，实现利用离散的数据序列推导构建连续的动态微分模型的理论突破。从灰色系统理论的自身体系以及架构体系出发，以完善学科体系为切入点，灰色系统理论当中仍然存在大量迫切的问题需要更深入的探讨分析。

观测数据中的粗差被剔除后，可以采取相应的模型对变形体的发展趋势作出合理的预测。长期研究表明，当原始观测数据量大，且有充分的先验信息的情况下，利用大多数模型都可以对变形趋势进行一定的推导和演绎，且预测效果较为满意。当原始观测数据序列短、信息量不足且规律性不强时，可以将变形体的变形看作信息不完备的灰色系统，采用灰色预测模型对变形体的变形进行预测。灰色系统理论是在 20 世纪 80 年代由邓聚龙首次提出，针对实际生活中数据样本量小，既不符合线性关系也难以形成平稳的时序模型的变形，灰色模型的目的就是将原始数据采用一定的方法挖掘整理(累加、累减)，寻求其内在变化规律，进而研究。

5.2 GM(r,h)概括灰模型

灰色系统理论将随机变量看作在一定范围内变化的灰色量，将随机过程当作在一定范围、一定时区内变化的灰过程。然后，用数学模型来描述抽象系统发展变化的灰过程，即灰模型(Grey Model)，简记为 GM 模型。

设反映变形动态系统行为的效应量序列 $X_1^{(0)}=[x_1^{(0)}(1),x_1^{(0)}(2),\cdots,x_1^{(0)}(n)]$，同步观测的系统输入相关原因量子序列为：

$$X_2^{(0)}=[x_2^{(0)}(1),x_2^{(0)}(2),\cdots,x_2^{(0)}(n)]$$

$$X_3^{(0)}=[x_3^{(0)}(1),x_3^{(0)}(2),\cdots,x_3^{(0)}(n)]$$

$$\cdots$$

$$X_h^{(0)} = [x_h^{(0)}(1), x_h^{(0)}(2), \cdots, x_h^{(0)}(n)]$$

对变形效应量序列 $X_1^{(0)}$ 进行 1 次累加生成算子：

$$x_1^{(1)}(k) = \sum_{i=1}^{k} x_1^{(0)}(i) \quad (k=1,2,\cdots,n) \tag{5.1}$$

得到 $X_1^{(1)} = [x_1^{(1)}(1), x_1^{(1)}(2), \cdots, x_1^{(1)}(n)]$。又对 $X_1^{(1)}$ 进行紧邻均值生成算子：

$$z_1^{(0)}(k) = 0.5x^{(1)}(k) + 0.5x^{(1)}(k-1) \quad (k=2,3,\cdots,n) \tag{5.2}$$

有 $Z_1^{(1)} = [z_1^{(1)}(2), z_1^{(1)}(3), \cdots, z_1^{(1)}(n)]$。再对 $X_1^{(1)}$ 进行 r 次累减生成算子：

$$\alpha^{(1)}[x_1^{(1)}(k)] = x_1^{(1)}(k) - x_1^{(1)}(k-1) = x_1^{(0)}(k) \tag{5.3}$$

$$\alpha^{(2)}[x_1^{(1)}(k)] = \alpha^{(1)}[x_1^{(1)}(k)] - \alpha^{(1)}[x_1^{(1)}(k-1)] = x_1^{(0)}(k) - x_1^{(0)}(k-1) \tag{5.4}$$

$$\cdots$$

$$\alpha^{(r)}[x_1^{(1)}(k)] = \alpha^{(r-1)}[x_1^{(1)}(k)] - \alpha^{(r-1)}[x_1^{(1)}(k-1)] = \alpha^{(r-2)}[x_1^{(0)}(k)] - \alpha^{(r-2)}[x_1^{(0)}(k-1)] \tag{5.5}$$

则称

$$\alpha^{(r)}[x_1^{(1)}(k)] + \sum_{i=1}^{r-1} a_i \alpha^{(r-i)}[x_1^{(1)}(k)] + a_r z_1^{(1)}(k) = \sum_{j=1}^{h-1} b_j x_{j+1}^{(i)}(k) + b_h \tag{5.6}$$

为 GM(r,h)模型。

GM(r,h)模型是 r 阶 h 个变量的灰模型，如下所示：

G	M	(r	,	h)
↑	↑	↑		↑
Grey(灰)	Model(模型)	r Order(r 阶方程)		h Variable(h 个变量)

在 GM(r,h)模型中，$-\boldsymbol{a} = [-a_1 \quad -a_2 \quad \cdots \quad -a_r]^{\mathrm{T}}$ 称为发展系数向量；$\sum_{j=1}^{h-1} b_j x_{j+1}^{(i)}(k)$ 称为驱动项，$\boldsymbol{b} = [b_1 \quad b_2 \quad \cdots \quad b_h]^{\mathrm{T}}$ 称为驱动系数向量。

构造累减生成矩阵 $\boldsymbol{A}$、累加生成矩阵 $\boldsymbol{B}$ 和常数向量 $\boldsymbol{Y}_n$，有：

$$\boldsymbol{A} = \begin{bmatrix} -\alpha^{(r-1)}[x_1^{(1)}(2)] & -\alpha^{(r-2)}[x_1^{(1)}(2)] & \cdots & -\alpha^{(1)}[x_1^{(1)}(2)] \\ -\alpha^{(r-1)}[x_1^{(1)}(3)] & -\alpha^{(r-2)}[x_1^{(1)}(3)] & \cdots & -\alpha^{(1)}[x_1^{(1)}(3)] \\ \cdots & \cdots & \cdots & \cdots \\ -\alpha^{(r-1)}[x_1^{(1)}(n)] & -\alpha^{(r-2)}[x_1^{(1)}(n)] & \cdots & -\alpha^{(1)}[x_1^{(1)}(n)] \end{bmatrix}$$

$$\boldsymbol{B} = \begin{bmatrix} -z_1^{(1)}(2) & x_2^{(1)}(2) & \cdots & x_h^{(1)}(2) & 1 \\ -z_1^{(1)}(3) & x_2^{(1)}(3) & \cdots & x_h^{(1)}(3) & 1 \\ \cdots & \cdots & \cdots & \cdots & \\ -z_1^{(1)}(n) & x_2^{(1)}(n) & \cdots & x_h^{(1)}(n) & 1 \end{bmatrix}$$

$$Y=\begin{bmatrix}\alpha^{(r)}[x_1^{(1)}(2)]\\ \alpha^{(r)}[x_1^{(1)}(3)]\\ \cdots\cdots\cdots\cdots\\ \alpha^{(r)}[x_1^{(1)}(n)]\end{bmatrix}$$

于是 GM(r,h)模型参数 $\hat{a}$ 的最小二乘估计为：

$$\hat{a}=[a_1\quad a_2\quad \cdots\quad a_{r-1}\quad a_r\quad b_1\quad b_2\quad \cdots\quad b_h]^{\mathrm{T}}=[(A\mid B)^{\mathrm{T}}(A\mid B)]^{-1}(A\mid B)^{\mathrm{T}}Y \tag{5.7}$$

式中，$(A|B)$——由 A 和 B 构成的分块矩阵。

灰色系统理论定义了式(5.6)的 GM(r,h)模型的白化形式的微分方程为

$$\frac{\mathrm{d}^r x_1^{(1)}}{\mathrm{d}t^r}+a_1\frac{\mathrm{d}^{r-1}x_1^{(1)}}{\mathrm{d}t^{r-1}}+a_2\frac{\mathrm{d}^{r-2}x_1^{(1)}}{\mathrm{d}t^{r-2}}+\cdots+a_{r-1}\frac{\mathrm{d}x_1^{(1)}}{\mathrm{d}t}+a_r x_1^{(1)}=b_1x_2^{(1)}+b_2x_3^{(1)}+\cdots+b_{h-1}x_h^{(1)}+b_h \tag{5.8}$$

上式又称为式(5.6)的影子方程。GM(r,h)模型与其白化方程之间的转换是通过微分与差分的互换来实现的，即

$$\frac{\mathrm{d}^r x_1^{(1)}}{\mathrm{d}t^r}=\frac{\alpha^{(r-1)}[x_1{}^{(1)}(k)]-\alpha^{(r-1)}[x_1{}^{(1)}(k-1)]}{k-(k-1)}=\alpha^{(r-1)}[x_1{}^{(1)}(k)]-\alpha^{(r-1)}[x_1{}^{(1)}(k-1)]=\alpha^{(r-1)}[x_1{}^{(0)}(k)] \tag{5.9}$$

GM(r,h)模型的白化方程是 r 阶 h 个变量的微分方程，不同的 r 与 h 的 GM 模型，有不同的意义和用途，且要求采用不同的数据生成算子。按模型用途分类主要有以下几种模型。

(1)GM(r,1)预测型灰模型

一般使用时 $r=1$ 或 2，于是当 $r=1$ 时，式(5.6)退化为：

$$\alpha^{(1)}[x_1^{(1)}(k)]+a_1z_1^{(1)}(k)=b_1 \tag{5.10}$$

其白化形式的微分方程为：

$$\frac{\mathrm{d}x_1^{(1)}}{\mathrm{d}t}+a_1x_1^{(1)}=b_1 \tag{5.11}$$

式(5.10)即为 GM(1,1)模型。当 $r=2$ 时，式(5.6)退化为：

$$\alpha^{(2)}[x_1^{(1)}(k)]+a_1\alpha^{(1)}[x_1^{(1)}(k)]+a_2z_1^{(1)}(k)=b_1 \tag{5.12}$$

其白化形式的微分方程为：

$$\frac{\mathrm{d}^2x_1^{(1)}}{\mathrm{d}t^2}+a_1\frac{\mathrm{d}^1x_1^{(1)}}{\mathrm{d}t^1}+a_2x_1^{(1)}=b_1 \tag{5.13}$$

上式即为 GM(2,1)模型。

(2)GM(1,h)状态型灰模型

此时,式(5.6)退化为:

$$\alpha^{(1)}[x_1^{(1)}(k)]+a_1z_1^{(1)}(k)=b_1x_2^{(1)}(k)+b_2x_3^{(1)}(k)+\cdots+b_{h-1}x_h^{(1)}(k)+b_h \tag{5.14}$$

其白化形式的微分方程为:

$$\frac{\mathrm{d}x_1^{(1)}}{\mathrm{d}t}+a_rx_1^{(1)}=b_1x_2^{(1)}+b_2x_3^{(1)}+\cdots+b_{h-1}x_h^{(1)}+b_h \tag{5.15}$$

(3)GM(0,h)静态型灰模型

此时,式(5.6)退化为:

$$x_1^{(1)}(k)=b_1x_2^{(1)}(k)+b_2x_3^{(1)}(k)+\cdots+b_{h-1}x_h^{(1)}(k)+b_h \tag{5.16}$$

上式可变形为传统的回归分析模型。

5.3 GM(1,1)模型及其扩展模型

GM(1,1)模型是只有1个变量的GM模型。该变量要求是可以反映、分析和预测对象综合效果的时间序列。比如通过变形监测获得变形体变化过程的变形监测时间序列,就是一个典型的各因素综合作用的效果时间序列。微分方程的阶数一般在3阶以下,这是因为n越大,计算越复杂,而且精度也不一定就高。通常取$r=1$,计算简单精度较高,适用面较广,记为GM(1,1)模型,常称为单序列1阶线性动态模型。由于GM(1,1)模型在变形监测时间序列的分析中有十分重要的作用,因此有必要对其进行详细的介绍。

5.3.1 GM(1,1)模型

设反映变形行为的效应量序列:

$$X^{(0)}=[x^{(0)}(1),x^{(0)}(2),\cdots,x^{(0)}(n)]$$

对$X^{(0)}$的AGO序列为:

$$X^{(1)}=[x^{(1)}(1),x^{(1)}(2),\cdots,x^{(1)}(n)]$$

式中

$$x^{(1)}(k)=\sum_{i=1}^{k}x^{(0)}(i)\quad(k=2,3,\cdots,n) \tag{5.17}$$

再对$X^{(1)}$进行紧邻均值生成算子,得:

$$Z^{(1)}=[z^{(1)}(2),z^{(1)}(3),\cdots,z^{(1)}(n)]$$

式中

$$z^{(1)}(k)=0.5x^{(1)}(k)+0.5x^{(1)}(k-1)\quad(k=2,3,\cdots,n) \tag{5.18}$$

称下式：

$$x^{(0)}(k)+az^{(1)}(k)=b \tag{5.19}$$

为 GM(1,1)模型的基本形式，又称式(5.19)为 GM(1,1)模型的定义型，记为 GM(1,1,D)。参数 a 为发展系数，其大小和符号反映 $\hat{x}^{(0)}$ [及 $\hat{x}^{(1)}$]的发展态势。b 为灰色作用量，是因为 b 的内涵为系统的作用量，又因为 b 不是直接观测量，而是通过计算得到，为等效的作用量，是具有灰色的信息覆盖的作用量。$z^{(1)}(k)$ 为白化背景值序列，是基于每个 $x^{(1)}(k)$ 与 $x^{(1)}(k-1)$ 的平均值。

当 $k=2,3,\cdots,n$ 时，式(5.19)为：

$$\begin{gathered}x^{(0)}(2)+az^{(1)}(2)=b\\x^{(0)}(3)+az^{(1)}(3)=b\\\cdots\\x^{(0)}(n)+az^{(1)}(n)=b\end{gathered}$$

若设：

$$\hat{\boldsymbol{a}}=\begin{bmatrix}a\\b\end{bmatrix};\boldsymbol{Y}=\begin{bmatrix}x^{(0)}(2)\\x^{(0)}(3)\\\cdots\\x^{(0)}(n)\end{bmatrix};\boldsymbol{B}=\begin{bmatrix}-z^{(1)}(2)&1\\-z^{(1)}(3)&1\\\cdots&\cdots\\-z^{(1)}(n)&1\end{bmatrix}$$

则式(5.19)的矩阵表达式为：

$$\boldsymbol{Y}=\boldsymbol{B}\hat{\boldsymbol{a}} \tag{5.20}$$

上述方程组中，$\boldsymbol{B}$、$\boldsymbol{Y}$ 为已知常数矩阵和向量，$\hat{\boldsymbol{a}}$ 为待估参数。由于变量只有 a，b 两个，而方程共有 $n-1$ 个，这里 $n>3$。故用最小二乘法可求得在最小方差意义上的解，即

$$\|\boldsymbol{Y}-\boldsymbol{B}\hat{\boldsymbol{a}}\|=(\boldsymbol{Y}-\boldsymbol{B}\hat{\boldsymbol{a}})^{\mathrm{T}}(\boldsymbol{Y}-\boldsymbol{B}\hat{\boldsymbol{a}})=\min \tag{5.21}$$

利用矩阵求导公式可得：

$$\hat{\boldsymbol{a}}=\begin{bmatrix}a\\b\end{bmatrix}=(\boldsymbol{B}^{\mathrm{T}}\boldsymbol{B})^{-1}\boldsymbol{B}^{\mathrm{T}}\boldsymbol{Y} \tag{5.22}$$

灰色系统理论定义了 GM(1,1)模型的白化模型是微分方程：

$$\frac{\mathrm{d}x^{(1)}}{\mathrm{d}t}+ax^{(1)}=b \tag{5.23}$$

将 $\hat{\boldsymbol{a}}$ 代入式(5.23)，得微分方程在初始条件为 $x^{(0)}(1)$ 的解，即 GM(1,1)白化模式的响应式：

$$\hat{x}^{(1)}(k+1)=\left[x^{(0)}(1)-\frac{b}{a}\right]\mathrm{e}^{-ak}+\frac{b}{a}\quad(k=1,2,\cdots,n-1) \tag{5.24}$$

用累减生成(IAGO)算子，得还原序列的白化响应式：

$$\hat{x}^{(0)}(k+1)=\hat{x}^{(1)}(k+1)-\hat{x}^{(1)}(k)=(1-\mathrm{e}^{a})\left[x^{(0)}(1)-\frac{b}{a}\right]\mathrm{e}^{-ak}\quad(k=1,2,\cdots,n-1)\tag{5.25}$$

式(5.22)和式(5.22)又称为GM(1,1)模型的白化型，记为GM(1,1,W)。

设 $x^{(0)}(k)$ 为实际观测值，$\hat{x}^{(0)}(k)$ 为模型计算值，则GM(1,1)模型精度的检验可用以下指标进行：

(1)相对残差 $e^{(0)}(k)$

$$e^{(0)}(k)=\frac{x^{(0)}(k)-\hat{x}^{(0)}(k)}{x^{(0)}(k)}\times 100\%\tag{5.26}$$

(2)平均残差 $e^{(0)}$

$$e^{(0)}=\frac{1}{n}|e^{(0)}(k)|\tag{5.27}$$

(3)拟合精度 $p^{(0)}$

$$p^{(0)}=1-e^{(0)}\tag{5.28}$$

5.3.2 GM(1,1)派生模型

为进一步分析GM(1,1)模型的灰特性，可从GM(1,1)模型的定义型 $x^{(0)}(k)+az^{(1)}(k)=b$ 出发，推导出GM(1,1)模型的其他表达方式，称为GM(1,1)派生模型。

(1)GM$[1,1,x^{(1)}]$模型

对于GM(1,1,D)模型：

$$x^{(0)}(k)+az^{(1)}(k)=b$$

将 $z^{(1)}(k)=0.5x^{(1)}(k)+0.5x^{(1)}(k-1)$ 代入得：

$$x^{(0)}(k)+a[0.5x^{(1)}(k)+0.5x^{(1)}(k-1)]=b$$

又将 $x^{(1)}(k)=x^{(1)}(k-1)+x^{(0)}(k)$ 代入上式，有：

$$x^{(0)}(k)+0.5a[x^{(1)}(k-1)+x^{(0)}(k)+x^{(1)}(k-1)]=b$$

$$x^{(0)}(k)+0.5ax^{(1)}(k-1)+0.5ax^{(0)}(k)+0.5ax^{(1)}(k-1)=b$$

$$(1+0.5a)x^{(0)}(k)=b-ax^{(1)}(k-1)$$

$$x^{(0)}(k)=\frac{b}{(1+0.5a)}-\frac{a}{(1+0.5a)}x^{(1)}(k-1)$$

令：

$$\alpha=\frac{a}{1+0.5a}$$

$$\beta=\frac{b}{1+0.5a}$$

得：

$$x^{(0)}(k)=\beta-\alpha x^{(1)}(k-1)\quad(k=2,3,\cdots,n) \tag{5.29}$$

上式即为 GM$[1,1,x^{(1)}]$模型，又称为派生模型 $x^{(1)}$ 型。

GM$[1,1,x^{(1)}]$模型具有以下性质：

①多层次性：在式(5.29)中，$x^{(0)}(k)$ 与 $x^{(1)}(k-1)$ 并存；

②时变差分性：由式(5.29)知，

$k=2, x^{(0)}(2)=\beta-\alpha x^{(1)}(1)=\beta-\alpha x^{(0)}(1)$

$k=3, x^{(0)}(3)=\beta-\alpha x^{(1)}(2)=\beta-\alpha x^{(0)}(1)-\alpha x^{(0)}(2)$

…

$k=n, x^{(0)}(n)=\beta-\alpha x^{(1)}(n-1)=\beta-\alpha x^{(0)}(1)-\alpha x^{(0)}(2)-\cdots-\alpha x^{(0)}(n-1)$

所有表达式均为差分方程，各差分方程的项数随 k 增加而增加。由于 k 属于时区分布的一个点，$x^{(0)}(k)$ 为时间序列，因此 GM$[1,1,x^{(1)}]$的结构随时间 k 变化而变化，即为时变差分方程。

(2)GM$[1,1,x^{(0)}]$模型

直接从 GM$[1,1,x^{(1)}]$模型可以导出，将

$$x^{(1)}(k-1)=x^{(1)}(k-2)+x^{(0)}(k-1)$$

代入式(5.29)得：

$$x^{(0)}(k)=\beta-\alpha[x^{(1)}(k-2)+x^{(0)}(k-1)]$$

$$x^{(0)}(k)=[\beta-\alpha x^{(1)}(k-2)]-\alpha x^{(0)}(k-1)$$

$$x^{(0)}(k)=x^{(0)}(k-1)-\alpha x^{(0)}(k-1)$$

$$x^{(0)}(k)=(1-\alpha)x^{(0)}(k-1)\quad(k=3,4,\cdots,n) \tag{5.30}$$

当 $k=2$ 时，式(5.29)为：

$$x^{(0)}(2)=\beta-\alpha x^{(1)}(1)=\beta-\alpha x^{(0)}(1) \tag{5.31}$$

式(5.30)和式(5.31)即为 GM$[1,1,x^{(0)}]$模型，又称为派生模型 $x^{(0)}$ 型。

GM$[1,1,x^{(0)}]$模型具有以下性质：

①单层次性：在式(5.30)和式(5.31)中，模型只与 $x^{(0)}(k)$ 有关；

②内涵非唯一性：GM$[1,1,x^{(0)}]$模型具有白指数律和非指数律的特性。

当 $k>2$ 时，式(5.30)可变为：

$$1-\alpha=\frac{x^{(0)}(k)}{x^{(0)}(k-1)}=\sigma^{(0)}(k) \tag{5.32}$$

α 为常数，序列的级比 $\sigma^{(0)}(k)$ 为常数，表明 GM$[1,1,x^{(0)}]$模型具有白指数律。

而当 $k=2$ 时，$x^{(0)}(2)=\beta-\alpha x^{(0)}(1)$，GM$[1,1,x^{(0)}]$模型不具有指数律。

(3)GM(1,1,b)模型

由定义型GM(1,1,D)模型，有：

$$a=\frac{b-x^{(0)}(k)}{z^{(1)}(k)}$$

再由GM[1,1,$x^{(0)}$]模型，有：

$$\frac{x^{(0)}(k)}{x^{(0)}(k-1)}=1-\alpha=1-\frac{a}{1+0.5a}=\frac{1-0.5a}{1+0.5a}$$

将 $a=\dfrac{b-x^{(0)}(k)}{z^{(1)}(k)}$ 代入上式，有：

$$\frac{x^{(0)}(k)}{x^{(0)}(k-1)}=\frac{1-0.5a}{1+0.5a}=\frac{1-0.5\dfrac{b-x^{(0)}(k)}{z^{(1)}(k)}}{1+0.5\dfrac{b-x^{(0)}(k)}{z^{(1)}(k)}}=\frac{z^{(1)}(k)-0.5b+0.5x^{(0)}(k)}{z^{(1)}(k)+0.5b-0.5x^{(0)}(k)}$$

再将 $z^{(1)}(k)=0.5x^{(1)}(k)+0.5x^{(1)}(k-1)$ 代入上式，得：

$$\frac{x^{(0)}(k)}{x^{(0)}(k-1)}=\frac{0.5x^{(1)}(k)+0.5x^{(1)}(k-1)-0.5b+0.5x^{(0)}(k)}{0.5x^{(1)}(k)+0.5x^{(1)}(k-1)+0.5b-0.5x^{(0)}(k)}$$

$$\frac{x^{(0)}(k)}{x^{(0)}(k-1)}=\frac{x^{(1)}(k)-0.5b}{x^{(1)}(k-1)+0.5b}$$

最后得：

$$x^{(0)}(k)=\frac{x^{(1)}(k)-0.5b}{x^{(1)}(k-1)+0.5b}x^{(0)}(k-1)\quad(k=3,4,\cdots,n)\tag{5.33}$$

当 $k=2$ 时，式(5.29)为：

$$x^{(0)}(2)=\beta-\alpha x^{(0)}(1)\tag{5.34}$$

式(5.33)和式(5.34)即为GM(1,1,b)模型，又称为派生模型 b 型。

GM(1,1,b)模型具有如下性质：

① b 的上界和下界，由式(5.33)可知，当灰作用量 $b>0$ 时，可以导出 b 的上界：$b<2x^{(1)}(n)$；b 的下界：$b<2x^{(1)}(2)$。

② $|b|$ 的上界和下界，由式(5.33)可知，当灰作用量 $b<0$ 时，可以导出 $|b|$ 的上界：$|b|<2x^{(1)}(n-1)$；$|b|$ 的下界：$|b|<2x^{(0)}(1)$。

(4)GM(1,1,exp)模型

根据GM(1,1)的白化型GM(1,1,W)模型式(5.25)，可令：

$$x^{(0)}(k)=C\ \mathrm{e}^{-\xi(k-1)}$$

$$x^{(0)}(k-1)=C\ \mathrm{e}^{-\xi(k-2)}$$

基于GM[1,1,$x^{(0)}$]模型，有：

$$1-\alpha=\frac{x^{(0)}(k)}{x^{(0)}(k-1)}=\frac{C\ \mathrm{e}^{-\xi(k-1)}}{C\ \mathrm{e}^{-\xi(k-2)}}=\mathrm{e}^{-\xi}$$

$$\xi=-\ln(1-\alpha)$$

将上式代入 $x^{(0)}(k)=C\ \mathrm{e}^{-\xi(k-1)}$ 有

$$x^{(0)}(k)=C\ \mathrm{e}^{[\ln(1-\alpha)](k-1)}$$

由于 GM$(1,1,x^{(0)})$模型的表达式 $x^{(0)}(k)=(1-\alpha)x^{(0)}(k-1),k=3,4,\cdots,n$。因此当 $k=3$ 时,可确定用 α 表达的常数 C,即

$$x^{(0)}(3)=C\ \mathrm{e}^{[\ln(1-\alpha)](3-1)}$$

$$C=x^{(0)}(3)\mathrm{e}^{-2\ln(1-\alpha)}$$

最后得 GM(1,1,exp)模型:

$$x^{(0)}(k)=x^{(0)}(3)\mathrm{e}^{[\ln(1-\alpha)](k-3)}\quad(k=3,4,\cdots,n)\tag{5.35}$$

当 $k=2$ 时,式(5.29)为:

$$x^{(0)}(2)=\beta-\alpha x^{(0)}(1)\tag{5.36}$$

式(5.35)和式(5.36)又称为派生模型指数型。

GM(1,1,exp)模型具有如下性质:

①式(5.35)表达式不唯一,式(5.35)的一般表达式为:

$$x^{(0)}(k)=x^{(0)}(i)\mathrm{e}^{[\ln(1-\alpha)](k-i)}\quad(k=3,4,\cdots,n;i=3,4,\cdots,n-1)$$

②当 $k=i$ 时, $x^{(0)}(i)=x^{(0)}(i)$;

③在 $k<i$ 的各点,GM(1,1,exp)模型的各点不呈指数规律;当 $k\geqslant i$ 时,GM(1,1,exp)模型具有指数规律。

(5)GM(1,1,C)模型

由 GM(1,1,D)模型 $x^{(0)}(k)+az^{(1)}(k)=b$,可得:

$$x^{(0)}(j-2)+az^{(1)}(j-2)=b$$

又由于 $z^{(1)}(j-2)=x^{(1)}(j-3)+0.5x^{(0)}(j-2)$,代入上式:

$$x^{(0)}(j-2)+a[x^{(1)}(j-3)+0.5x^{(0)}(j-2)]=b$$

$$x^{(0)}(j-2)=\frac{b-ax^{(1)}(j-3)}{1+0.5a}$$

若 $k=j-1$ 也成立,有:

$$x^{(0)}(j-1)=\frac{b-ax^{(1)}(j-2)}{1+0.5a}=\frac{b-a[x^{(1)}(j-3)+x^{(0)}(j-2)]}{1+0.5a}$$

$$x^{(0)}(j-1)=\left(\frac{1-0.5a}{1+0.5a}\right)x^{(0)}(j-2)$$

若 $k=j$ 有:

$$x^{(0)}(j)=\left(\frac{1-0.5a}{1+0.5a}\right)x^{(0)}(j-1)$$

$$x^{(0)}(j)=\left(\frac{1-0.5a}{1+0.5a}\right)^{2}x^{(0)}(j-2)$$

$$x^{(0)}(j)=\left(\frac{1-0.5a}{1+0.5a}\right)^{i}x^{(0)}(j-i)$$

再令 $j-i=2,i=j-2$，有：

$$x^{(0)}(j)=\left(\frac{1-0.5a}{1+0.5a}\right)^{j-2}x^{(0)}(2)$$

由于

$$x^{(0)}(2)=\frac{b-ax^{(0)}(1)}{1+0.5a}$$

令 $j=k$，于是得 GM(1,1,C)模型：

$$x^{(0)}(k)=\left(\frac{1-0.5a}{1+0.5a}\right)^{k-2}\frac{b-ax^{(0)}(1)}{1+0.5a}\quad(k=2,3,\cdots,n)\tag{5.37}$$

GM(1,1,C)型派生模型性质如下：

①对于 $k\geqslant3$，GM(1,1,C)具有白指数律，这是因为：

$$x^{(0)}(j)=\left(\frac{1-0.5a}{1+0.5a}\right)x^{(0)}(j-1)$$

②对于 $k\geqslant3$，GM(1,1,C)常值级比 $\sigma^{(0)}(k)$ 为：

$$\sigma^{(0)}(k)=\frac{1-0.5a}{1+0.5a}$$

③常值级比 $\sigma^{(0)}(k)$ 反映 GM(1,1)发展系数 a 对模型的作用，反映 GM(1,1)模型的内涵，所以 GM(1,1,C)又称为内涵型派生模型。

(6)GM(1,1)模型汇总

GM(1,1)模型的各种形式见表 5.3-1。

表 5.3-1　　GM(1,1)模型的各种形式

类型	符号表示	模型表达式
定义型	GM(1,1,D)	$x^{(0)}(k)+az^{(1)}(k)=b\quad(k=2,3,\cdots,n)$
白化型	GM(1,1,W)	$\hat{x}^{(1)}(k+1)=\left[x^{(0)}(1)-\frac{b}{a}\right]e^{-ak}+\frac{b}{a}\quad(k=1,2,\cdots,n-1)$ $\hat{x}^{(0)}(k+1)=\hat{x}^{(1)}(k+1)-\hat{x}^{(1)}(k)\quad(k=1,2,\cdots,n-1)$

续表

类型	符号表示	模型表达式
派生模型 $x^{(1)}$ 型	GM(1,1,$x^{(1)}$)	$x^{(0)}(k)=\beta-\alpha x^{(1)}(k-1)\quad(k=2,3,\cdots,n)$ $\alpha=\dfrac{a}{1+0.5a};\beta=\dfrac{b}{1+0.5a}$
派生模型 $x^{(0)}$ 型	GM(1,1,$x^{(0)}$)	$x^{(0)}(k)=(1-\alpha)x^{(0)}(k-1)\quad(k=3,4,\cdots,n)$ $x^{(0)}(2)=\beta-\alpha x^{(0)}(1)$
派生模型 b 型	GM(1,1,b)	$x^{(0)}(k)=\dfrac{x^{(1)}(k)-0.5b}{x^{(1)}(k-1)+0.5b}x^{(0)}(k-1)\quad(k=3,4,\cdots,n)$ $x^{(0)}(2)=\beta-\alpha x^{(0)}(1)$
派生模型指数型	GM(1,1,exp)	$\hat{x}^{(0)}(k)=x^{(0)}(3)\mathrm{e}^{(k-3)\ln(1-\alpha)}\quad(k=3,4,\cdots,n)$ $x^{(0)}(2)=\beta-\alpha x^{(0)}(1)$
派生模型内涵型	GM(1,1,C)	$x^{(0)}(k)=\left(\dfrac{1-0.5a}{1+0.5a}\right)^{k-2}\dfrac{b-ax^{(0)}(1)}{1+0.5a}\quad(k=2,3,\cdots n)$

5.3.3 GM(1,1)模型参数分析与序列建模条件

5.3.3.1 GM(1,1)模型参数分析

原始序列通过最小二乘法估计的参数 $\hat{\boldsymbol{a}}=[a\quad b]^{\mathrm{T}}$,可建立 GM(1,1)模型及各派生模型。但并不是所有的 GM(1,1)模型都有效,如果参数 $\hat{\boldsymbol{a}}=[a\quad b]^{\mathrm{T}}$ 不合理,可能导致 GM(1,1)模型无实际意义。下面分析 GM(1,1)模型发展系数 a 的合理取值范围。

由 GM(1,1,C)模型表达式:

$$x^{(0)}(k)=\left(\frac{1-0.5a}{1+0.5a}\right)^{k-2}\frac{b-ax^{(0)}(1)}{1+0.5a}\quad(k=2,3,\cdots,n)$$

可知,

①当 $a=2$ 时,$x^{(0)}(k)=0$;

②当 $a=-2$ 时,$x^{(0)}(k)\rightarrow\infty$;

③当 $|a|>2$ 时,$\dfrac{b-ax^{(0)}(1)}{1+0.5a}$ 为常数,无论 $a>2$ 或 $a<-2$,始终有 $\dfrac{1-0.5a}{1+0.5a}<0$,因此,$x^{(0)}(k)$ 随着 k 的奇偶性不同而变号。

上述讨论可知,区间 $(-\infty,-2]\cup[2,\infty)$ 是 GM(1,1)模型发展系数 a 的禁区。换言之,当 $a\in(-\infty,-2]\cup[2,\infty)$ 时,GM(1,1)模型失去意义。

GM(1,1)模型发展系数 a 的合理取值范围为 $(-2,+2)$。为进一步分析发展系数在 $(-2,+2)$ 中的取值范围与 GM(1,1)模型精度的关系,假定有指数函数:

$$x^{(0)}(k+1)=\mathrm{e}^{-ak} \tag{5.38}$$

分别取 $a=-1.8,-1.6,-1.4,\cdots,-0.2,0.2,\cdots,1.4,1.6,1.8$ 和 $k=0,1,2,3,4,5$，可得到由式(5.38)生成的 18 个理论序列，显然，在 $a\in(-2,0]$ 为递增序列；在 $a\in[0,2)$ 为递减序列。用 18 个理论序列模拟计算得到 18 个 GM(1,1)模型及其参数(表 5.3-2)。从理论上讲，模拟计算的 GM(1,1)模型发展系数 a 应与计算生成序列时的 a 取值一致，误差应在合理范围内。

表 5.3-2　GM(1,1)模型参数和误差

a 理论取值	$\hat{a}$ 计算值	$\hat{b}$ 计算值	平均残差	拟合精度	$\frac{\hat{a}-a}{a}\times 100$
−1.8	−1.432596	0.283702	2.764	−176.40	20.41
−1.6	−1.328074	0.335963	1.640	−64.04	17.00
−1.4	−1.208736	0.395632	0.977	2.30	13.66
−1.2	−1.074099	0.462950	0.573	42.69	10.49
−1.0	−0.924234	0.537883	0.323	67.70	7.58
−0.8	−0.759898	0.620051	0.169	83.13	5.01
−0.6	−0.582625	0.708687	0.077	92.32	2.90
−0.4	−0.394751	0.802624	0.027	97.31	1.31
−0.2	−0.199336	0.900332	0.005	99.50	0.33
0.2	0.199336	1.099668	0.002	99.83	0.33
0.4	0.394750	1.197375	0.006	99.36	1.31
0.6	0.582625	1.291312	0.023	97.68	2.90
0.8	0.759898	1.379949	0.057	94.25	5.01
1.0	0.924235	1.462118	0.113	88.66	7.58
1.2	1.074098	1.537049	0.186	81.37	10.49
1.4	1.208738	1.604371	0.270	73.01	13.66
1.6	1.328079	1.664044	0.356	64.36	17.00
1.8	1.432598	1.716301	0.439	56.10	20.41

从表 5.3-2 的 GM(1,1)模型发展系数 $\hat{a}$ 计算误差看，随 $|a|\to 2$，相对误差愈大，且数值相等。当 $|a|\leqslant 1$ 时，相对误差小于 10%；当 $|a|\leqslant 0.6$ 时，相对误差在 3%内；当 $|a|\leqslant 0.2$ 时，相对误差小于 1%，此时 GM(1,1)模型发展系数 $\hat{a}$ 计算值与实际值基本相等。此外，所有的发展系数 $\hat{a}<a$，是 GM(1,1)模型 $x^{(0)}(k)+az^{(1)}(k)=b$ 中，$z^{(1)}(k)=0.5x^{(1)}(k)+0.5x^{(1)}(k-1)$ 为均值生成，对递增序列具有弱化其趋势的作用。从表 5.3-2 的 GM(1,1)模型拟合精度看，$a\in[0,2)$ 的递减序列的拟合精度优于 $a\in(-2,0]$ 的递增序列。当 $|a|\leqslant 0.6$ 时，模型拟合精度高于 90%。

5.3.3.2 序列级比判断

并不是所有的序列都能建立具有实际意义的 GM(1,1)模型，那什么样的序列可以建立 GM(1,1)模型？灰色系统理论提出了用序列级比指标来进行判断的方法。

设原始序列：

$$X^{(0)}=(x^{(0)}(1),x^{(0)}(2),\cdots,x^{(0)}(n))$$

令序列 $X^{(0)}$ 的级比为：

$$\sigma(k)=\frac{x^{(0)}(k)}{x^{(0)}(k-1)}\quad(k=3,4,\cdots,n) \tag{5.39}$$

则当

$$\sigma(k)\in(0.1353,7.3891) \tag{5.40}$$

序列 $X^{(0)}$ 可建立 GM(1,1)模型。

由式(5.25)知，

$$\sigma(k)=\frac{x^{(0)}(k)}{x^{(0)}(k-1)}=\frac{(1-e^{a})\left[x^{(0)}(1)-\frac{b}{a}\right]e^{-a(k-1)}}{(1-e^{a})\left[x^{(0)}(1)-\frac{b}{a}\right]e^{-a(k-2)}}=\frac{e^{-a(k-1)}}{e^{-a(k-2)}}$$

$$\sigma(k)=e^{-a} \tag{5.41}$$

由于 GM(1,1)模型发展系数 $a\in(-2,+2)$，因此序列级比 $\sigma(k)$ 的有效区间为：

$$(e^{-2},e^{+2})=(0.1353,7.3891) \tag{5.42}$$

亦即式(5.40)成立。

根据 GM(1,1)模型参数禁区分析，要保证 GM(1,1)模型拟合误差小于 10%时，序列级比 $\sigma(k)$ 的有效区间为 $(e^{-1},e^{+1})=(0.3679,2.7183)$，即

$$\sigma(k)\in(0.3679,2.7183) \tag{5.43}$$

当要求 GM(1,1)模型拟合误差小于 3%时，序列级比 $\sigma(k)$ 的有效区间为 $(e^{-0.6},e^{+0.6})=(0.5488,1.8221)$，即

$$\sigma(k)\in(0.5488,1.8221) \tag{5.44}$$

当要求 GM(1,1)模型拟合误差小于 1%时，序列级比 $\sigma(k)$ 的有效区间为 $(e^{-0.2},e^{+0.2})=(0.8187,1.2214)$，即

$$\sigma(k)\in(0.8187,1.2214) \tag{5.45}$$

随着要求的 GM(1,1)模型拟合精度的逐步提高，序列级比 $\sigma(k)$ 的有效区间变窄，区间值也逐步趋近于 1。换句话讲，要建立一个满意的 GM(1,1)模型，其序列级比 $\sigma(k)$ 应落于靠近 1 的子区间，通常也称这一区间为级比界区。因此，实际应用时，可根据建模需要选择合适的级比 $\sigma(k)$ 区间作为序列级比判断指标。

在顾及序列长度 n 时，灰色系统理论导出了实用的 $X^{(0)}$ 建立 GM(1,1)模型的级比

界区为：

$$\sigma(k) \in (e^{\frac{-2}{n+1}}, e^{\frac{+2}{n+1}}) \tag{5.46}$$

5.3.4 GM(1,1)模型计算实例

[例5.1]对某土石坝年沉降量观测数据序列建立GM(1,1)模型，并用GM[1,1,$x^{(1)}$]、GM[1,1,$x^{(0)}$]、GM(1,1,b)、GM(1,1,exp)和GM(1,1,C)模型对$X^{(0)}$进行拟合，并与GM(1,1,D)进行比较分析。

(1)原始数据(单位：mm)

$$X^{(0)} = [x^{(0)}(1), x^{(0)}(2), x^{(0)}(3), x^{(0)}(4), x^{(0)}(5), x^{(0)}(6)]$$

$$X^{(0)} = (4.07, 3.70, 3.33, 2.55, 1.92, 1.55)$$

(2)序列特性分析

从$x^{(0)}(1)$到$x^{(0)}(6)$为递减序列。

(3)对$X^{(0)}$进行级比判断

$$\sigma(k) = \frac{x^{(0)}(k)}{x^{(0)}(k-1)} \quad (k = 3, 4, \cdots, n)$$

$$\sigma(3) = \frac{x^{(0)}(3)}{x^{(0)}(2)} = \frac{3.33}{3.70} = 0.9000$$

$$\sigma(4) = \frac{x^{(0)}(4)}{x^{(0)}(3)} = \frac{2.55}{3.33} = 0.7658$$

$$\sigma(5) = \frac{x^{(0)}(5)}{x^{(0)}(4)} = \frac{1.92}{2.55} = 0.7529$$

$$\sigma(6) = \frac{x^{(0)}(5)}{x^{(0)}(4)} = \frac{1.55}{1.92} = 0.8073$$

序列$X^{(0)}$级比满足$\sigma(k) \in (0.1353, 7.3891)$建模条件，并落入模型拟合误差小于3%的级比界区$\sigma(k) \in (0.5488, 1.8221)$。原始序列$X^{(0)}$级比亦落入整体级比界区：

$$\sigma(k) \in (e^{\frac{-2}{n+1}}, e^{\frac{+2}{n+1}}) = (0.7515, 1.3307)$$

表明原始序列可建立较高精度的GM(1,1)模型。

(4)对$X^{(0)}$进行累加生成算子

$$x^{(1)}(k) = \sum_{i=1}^{k} x^{(0)}(i) \quad (k = 1, 2, \cdots, n)$$

$k = 1, x^{(1)}(1) = x^{(0)}(1) = 4.07$

$k = 2, x^{(1)}(2) = x^{(0)}(1) + x^{(0)}(2) = 4.07 + 3.70 = 7.77$

$k = 3, x^{(1)}(3) = 11.10$

$k=4, x^{(1)}(4)=13.65$

$k=5, x^{(1)}(5)=15.57$

$k=6, x^{(1)}(6)=17.12$

得：

$$X^{(1)}=[x^{(1)}(1), x^{(1)}(2), x^{(1)}(3), x^{(1)}(4), x^{(1)}(5), x^{(1)}(6)]$$

$$X^{(1)}=(4.07, 7.77, 12.40, 14.95, 16.87, 18.12)$$

(5)构造累加矩阵 $\boldsymbol{B}$ 与常数向量 $\boldsymbol{Y}$

$$\boldsymbol{B}=\begin{bmatrix} -0.5[x^{(1)}(2)+x^{(1)}(1)] & 1 \\ -0.5[x^{(1)}(3)+x^{(1)}(2)] & 1 \\ -0.5[x^{(1)}(4)+x^{(1)}(3)] & 1 \\ -0.5[x^{(1)}(5)+x^{(1)}(4)] & 1 \\ -0.5[x^{(1)}(6)+x^{(1)}(5)] & 1 \end{bmatrix}=\begin{bmatrix} -5.92 & 1 \\ -9.44 & 1 \\ -12.38 & 1 \\ -14.61 & 1 \\ -16.35 & 1 \end{bmatrix}$$

$$\boldsymbol{Y}=\begin{bmatrix} x^{(0)}(2) \\ x^{(0)}(3) \\ x^{(0)}(4) \\ x^{(0)}(5) \\ x^{(0)}(6) \end{bmatrix}=\begin{bmatrix} 3.70 \\ 3.33 \\ 2.55 \\ 1.92 \\ 1.55 \end{bmatrix}$$

(6)求模型参数 $\hat{\boldsymbol{a}}=[a \quad b]^{\mathrm{T}}=(\boldsymbol{B}^{\mathrm{T}}\boldsymbol{B})^{-1}\boldsymbol{B}^{\mathrm{T}}\boldsymbol{Y}$

先计算

$$\boldsymbol{B}^{\mathrm{T}}\boldsymbol{B}=\begin{bmatrix} -5.92 & -9.44 & -12.38 & -14.61 & -16.35 \\ 1 & 1 & 1 & 1 & 1 \end{bmatrix}\begin{bmatrix} -5.92 & 1 \\ -9.44 & 1 \\ -12.38 & 1 \\ -14.61 & 1 \\ -16.35 & 1 \end{bmatrix}$$

$$=\begin{bmatrix} 757.8174 & -58.6850 \\ -58.6850 & 5 \end{bmatrix}$$

$$(\boldsymbol{B}^{\mathrm{T}}\boldsymbol{B})^{-1}=\begin{bmatrix} 757.8174 & -58.6850 \\ -58.6850 & 5 \end{bmatrix}^{-1}=\frac{1}{5\times 757.8174-(58.6850)^2}\begin{bmatrix} 5 & 58.6850 \\ 58.6850 & 757.8174 \end{bmatrix}$$

$$=\begin{bmatrix} 0.014486 & 0.170024 \\ 0.170024 & 2.195569 \end{bmatrix}$$

$$\boldsymbol{B}^{\mathrm{T}}\boldsymbol{Y}=\begin{bmatrix}-5.92 & -9.44 & -12.38 & -14.61 & -16.35\\ 1 & 1 & 1 & 1 & 1\end{bmatrix}\begin{bmatrix}3.70\\3.33\\2.55\\1.92\\1.55\end{bmatrix}$$

$$=\begin{bmatrix}-138.2648\\13.05\end{bmatrix}$$

$$\hat{\boldsymbol{a}}=\begin{bmatrix}a\\b\end{bmatrix}=(\boldsymbol{B}^{\mathrm{T}}\boldsymbol{B})^{-1}\boldsymbol{B}^{\mathrm{T}}\boldsymbol{Y}=\begin{bmatrix}0.014486 & 0.170024-138.2648\\0.170024 & 2.195569 \quad 13.05\end{bmatrix}=\begin{bmatrix}0.215888\\5.143881\end{bmatrix}$$

(7)建立 GM(1,1)模型

GM(1,1)模型的定义型 GM(1,1,D)为：

$$x^{(0)}(k)+az^{(1)}(k)=b$$

$$x^{(0)}(k)+0.215888z^{(1)}(k)=5.143881$$

GM(1,1)模型的白化型 GM(1,1,W)响应式：

$$\hat{x}^{(1)}(k+1)=\left[x^{(0)}(1)-\frac{b}{a}\right]\mathrm{e}^{-ak}+\frac{b}{a}$$

$$\hat{x}^{(0)}(k+1)=\hat{x}^{(1)}(k+1)-\hat{x}^{(1)}(k)=(1-\mathrm{e}^{a})\left[x^{(0)}(1)-\frac{b}{a}\right]\mathrm{e}^{-ak}$$

$$a=0.215888$$

$$b=5.143881$$

$$x^{(0)}(1)=4.07$$

$$\frac{b}{a}=23.826585$$

$$x^{(0)}(1)-\frac{b}{a}=4.07-23.826585=-19.756585$$

$$\hat{x}^{(1)}(k+1)=-19.756585\mathrm{e}^{0.215888k}+23.826585$$

$$\hat{x}^{(0)}(k+1)=(1-\mathrm{e}^{a})[x^{(0)}(1)-\frac{b}{a}]\mathrm{e}^{-ak}=4.760621\mathrm{e}^{-0.215888k}$$

(8)模型精度检验

根据 GM(1,1)模型计算的 $\hat{x}^{(0)}(k)$，再由下式：

$$e^{(0)}(k)=\frac{x^{(0)}(k)-\hat{x}^{(0)}(k)}{x^{(0)}(k)}\times 100\%$$

计算残差 $x^{(0)}(k)-\hat{x}^{(0)}(k)$ 和相对残差 $e^{(0)}(k)$ 见表 5.3-3。

表 5.3-3　　残差、相对残差

k	$x^{(0)}(k)$ /mm	$\hat{x}^{(0)}(k)$ /mm	$x^{(0)}(k)-\hat{x}^{(0)}(k)$ /mm	$e^{(0)}(k)$/%
2	3.70	3.87	−0.17	−4.48
3	3.33	3.11	0.22	6.70
4	2.55	2.47	0.08	3.05
5	1.92	1.99	−0.07	−3.63
6	1.55	1.62	−0.07	−4.21

平均相对残差 $e^{(0)}$：

$$e^{(0)}=\frac{1}{n}|e^{(0)}(k)|=4.41\%$$

拟合精度 $p^{(0)}$：

$$p^{(0)}=1-e^{(0)}=95.59\%$$

(9)GM(1,1)派生模型

1)GM[1,1,$x^{(1)}$]模型

由 GM(1,1,D)可知，$a=0.215888$，$b=5.143881$，所以

$$\alpha=\frac{a}{1+0.5a}=\frac{0.215888}{1+0.5\times0.215888}=0.194855$$

$$\beta=\frac{b}{1+0.5a}=\frac{5.143881}{1+0.5\times0.215888}=4.642726$$

则有：

$$x^{(0)}(k)=\beta-\alpha x^{(1)}(k-1)=4.642726-0.194855x^{(1)}(k-1)$$

上式计算的残差 $x^{(0)}(k)-\hat{x}^{(0)}(k)$ 和相对残差 $e^{(0)}(k)=\dfrac{x^{(0)}(k)-\hat{x}^{(0)}(k)}{x^{(0)}(k)}\times100\%$ 见表 5.3-4。

表 5.3-4　　残差、相对残差

k	$x^{(0)}(k)$ /mm	$\hat{x}^{(0)}(k)$ /mm	$x^{(0)}(k)-\hat{x}^{(0)}(k)$ /mm	$e^{(0)}(k)$/%
2	3.70	3.85	−0.15	−4.05
3	3.33	3.13	0.20	6.04
4	2.55	2.48	0.07	2.75
5	1.92	1.98	−0.06	−3.28
6	1.55	1.61	−0.06	−3.80

平均相对残差 $e^{(0)}$：

$$e^{(0)}=\frac{1}{n}|e^{(0)}(k)|=3.98\%$$

拟合精度 $p^{(0)}$：

$$p^{(0)}=1-e^{(0)}=96.02\%$$

2)GM$[1,1,x^{(0)}]$模型

由于 $\alpha=0.194855$，$\beta=4.642726$，因此 GM$[1,1,x^{(0)}]$模型为：

$$x^{(0)}(k)=(1-\alpha)x^{(0)}(k-1)=0.805145x^{(0)}(k-1)\quad(k=3,4,\cdots,n)$$

$$x^{(0)}(2)=\beta-\alpha x^{(0)}(1)=4.642726-0.194855\times 4.07=3.85$$

GM$[1,1,x^{(0)}]$计算的残差 $x^{(0)}(k)-\hat{x}^{(0)}(k)$ 和相对残差 $e^{(0)}(k)=\dfrac{x^{(0)}(k)-\hat{x}^{(0)}(k)}{x^{(0)}(k)}\times 100\%$ 见表 5.3-5。

表 5.3-5 残差、相对残差

k	$x^{(0)}(k)$ /mm	$\hat{x}^{(0)}(k)$ /mm	$x^{(0)}(k)-\hat{x}^{(0)}(k)$ /mm	$e^{(0)}(k)$/%
2	3.70	3.85	0.42	11.43
3	3.33	2.98	0.35	10.54
4	2.55	2.68	−0.13	−5.14
5	1.92	2.05	−0.13	−6.93
6	1.55	1.55	0.00	0.27

平均相对残差 $e^{(0)}$：

$$e^{(0)}=\frac{1}{n}\left|e^{(0)}(k)\right|=6.86\%$$

拟合精度 $p^{(0)}$：

$$p^{(0)}=1-e^{(0)}=93.14\%$$

3)GM$(1,1,b)$模型

因为 $b=5.143881$，所以

$$x^{(0)}(k)=\frac{x^{(1)}(k)-0.5b}{x^{(1)}(k-1)+0.5b}x^{(0)}(k-1)=\frac{x^{(1)}(k)-0.5\times 5.143881}{x^{(1)}(k-1)+0.5\times 5.143881}x^{(0)}(k-1)\quad(k=3,4,\cdots,n)$$

$$x^{(0)}(k)=\frac{x^{(1)}(k)-2.571941}{x^{(1)}(k-1)+2.571941}x^{(0)}(k-1)\quad(k=3,4,\cdots,n)$$

同 GM$[1,1,x^{(1)}]$模型：$x^{(0)}(2)=3.85$。

GM$(1,1,b)$计算的残差 $x^{(0)}(k)-\hat{x}^{(0)}(k)$ 和相对残差 $e^{(0)}(k)=\dfrac{x^{(0)}(k)-\hat{x}^{(0)}(k)}{x^{(0)}(k)}\times 100\%$ 见表 5.3-6。

表 5.3-6　　　　残差、相对残差

k	$x^{(0)}(k)$ /mm	$\hat{x}^{(0)}(k)$ /mm	$x^{(0)}(k)-\hat{x}^{(0)}(k)$ /mm	$e^{(0)}(k)$/%
2	3.70	3.85	0.42	11.43
3	3.33	3.05	0.28	8.38
4	2.55	2.70	−0.15	−5.81
5	1.92	2.04	−0.12	−6.42
6	1.55	1.54	0.01	0.67

平均相对残差 $e^{(0)}$ ：

$$e^{(0)}=\frac{1}{n}\left|e^{(0)}(k)\right|=6.54\%$$

拟合精度 $p^{(0)}$ ：

$$p^{(0)}=1-e^{(0)}=93.46\%$$

4)GM(1,1,exp)模型

由于 $\alpha=0.194855$，$x^{(0)}(3)=3.33$，因此

$$x^{(0)}(k)=x^{(0)}(3)\mathrm{e}^{[\ln(1-\alpha)](k-3)}=3.33\mathrm{e}^{[\ln(1-0.194855)](k-3)}\quad(k=3,4,\cdots,n)$$

$$x^{(0)}(k)=4.63\mathrm{e}^{-0.216733(k-3)}\quad(k=3,4,\cdots,n)$$

同 GM(1,1,$x^{(1)}$)模型：$x^{(0)}(2)=3.85$。

GM(1, 1, exp)计算的残差 $x^{(0)}(k)-\hat{x}^{(0)}(k)$ 和相对残差 $e^{(0)}(k)=\dfrac{x^{(0)}(k)-\hat{x}^{(0)}(k)}{x^{(0)}(k)}\times100\%$见表 5.3-7。

表 5.3-7　　　　残差、相对残差

k	$x^{(0)}(k)$ /mm	$\hat{x}^{(0)}(k)$ /mm	$x^{(0)}(k)-\hat{x}^{(0)}(k)$ /mm	$e^{(0)}(k)$/%
2	3.70	3.85	0.42	11.43
3	3.33	3.33	0.00	0.00
4	2.55	2.68	−0.13	−5.14
5	1.92	2.16	−0.24	−12.43
6	1.55	1.74	−0.19	−12.13

平均相对残差 $e^{(0)}$ ：

$$e^{(0)}=\frac{1}{n}\left|e^{(0)}(k)\right|=8.23\%$$

拟合精度 $p^{(0)}$ ：

$$p^{(0)}=1-e^{(0)}=91.77\%$$

5)GM(1,1,C)模型

由于 $a=0.215888$，$b=5.143881$，因此

$$x^{(0)}(k)=\left(\frac{1-0.5a}{1+0.5a}\right)^{k-2}\frac{b-ax^{(0)}(1)}{1+0.5a}=\left(\frac{1-0.5\times0.215888}{1+0.5\times0.215888}\right)^{k-2}\frac{5.143881-0.215888\times4.07}{1+0.5\times0.215888}$$

$$(k=2,3,\cdots,n)$$

$$x^{(0)}(k)=3.849667\times(0.805145)^{k-2}\quad(k=2,3,\cdots,n)$$

GM(1,1,C)计算的残差 $x^{(0)}(k)-\hat{x}^{(0)}(k)$ 和相对残差 $e^{(0)}(k)=\dfrac{x^{(0)}(k)-\hat{x}^{(0)}(k)}{x^{(0)}(k)}\times100\%$ 见表 5.3-8。

表 5.3-8　GM(1,1,C)计算的残差、相对残差

k	$x^{(0)}(k)$ /mm	$\hat{x}^{(0)}(k)$ /mm	$x^{(0)}(k)-\hat{x}^{(0)}(k)$ /mm	$e^{(0)}(k)$/%
2	3.70	3.85	−0.15	−4.05
3	3.33	3.10	0.23	6.92
4	2.55	2.50	0.05	2.13
5	1.92	2.01	−0.09	−4.65
6	1.55	1.62	−0.07	−4.37

平均相对残差 $e^{(0)}$：

$$e^{(0)}=\frac{1}{n}\left|e^{(0)}(k)\right|=4.42\%$$

拟合精度 $p^{(0)}$：

$$p^{(0)}=1-e^{(0)}=95.58\%$$

6.GM(1,1)模型及 GM(1,1)派生模型拟合结果分析

GM(1,1)模型及 GM(1,1)派生模型共 6 种，从残差、平均相对残差和拟合精度看，对于某土石坝年沉降量观测数据序列 $X^{(0)}=(4.07,3.70,3.33,2.55,1.92,1.55)$而言，GM[1,1,$x^{(1)}$]模型、GM(1,1,D)模型和 GM(1,1,C)模型精度很高，其余模型精度相比略低。

5.4　非等间隔 GM(1,1)模型

前述的 GM(1,1)模型均要求观测序列是等间隔的，可是有些时候，漏测或观测数据存在粗差干扰，会造成序列不等间隔。

设不等间隔变形效应量序列：

$$X^{(0)}=\left[x^{(0)}(t_1),x^{(0)}(t_2),\cdots,x^{(0)}(t_n)\right]$$

有：

$$\Delta t_k=t_k-t_{k-1}\neq\text{const}\quad(k=2,3,\cdots,n)\tag{5.47}$$

构成间隔序列：

$$\Delta t=(\Delta t_2,\Delta t_3,\cdots,\Delta t_n)$$

令：

$$\Delta t_{\max}=\max\Delta t$$

$$\Delta t_{\min}=\min\Delta t$$

设 T 为间隙变换，则有：

$$T\Delta t_k=\Delta\tau_k \tag{5.48}$$

于是，有以下几种间隙变换表达式：

①$\Delta\tau_k=\dfrac{\Delta t_k}{\Delta t_2}$；

②$\Delta\tau_k=\dfrac{\Delta t_k}{\Delta t_{\max}}$；

③$\Delta\tau_k=\dfrac{\Delta t_{\min}}{\Delta t_k}$；

④$\Delta\tau_k=\dfrac{\Delta t_k-\Delta t_{\min}}{\Delta t_{\max}-\Delta t_{\min}}$；

⑤$\Delta\tau_k=\Delta t_k\sigma$，存在 $\Delta t_k\sigma=1$。

当按②作间隙变换，可得到：

$$\Delta\tau=(\Delta\tau_2,\Delta\tau_3,\cdots,\Delta\tau_n)=\left(\frac{\Delta t_2}{\Delta t_{\max}},\frac{\Delta t_3}{\Delta t_{\max}},\cdots,\frac{\Delta t_n}{\Delta t_{\max}}\right)$$

设 $X^{(1)}$ 为 $X^{(0)}$ 的 AGO 序列：

$$X^{(1)}=[x^{(1)}(t_1),x^{(1)}(t_2),\cdots,x^{(1)}(t_n)]$$

式中

$$x^{(1)}(t_k)=\sum_{m=1}^{k}x^{(0)}(t_m)\quad(k=2,3,\cdots,n) \tag{5.49}$$

再对 $X^{(1)}$ 进行紧邻均值生成算子，得：

$$Z^{(1)}=[z^{(1)}(t_2),z^{(1)}(t_3),\cdots,z^{(1)}(t_n)]$$

式中

$$z^{(1)}(t_k)=0.5x^{(1)}(t_k)+0.5x^{(1)}(t_{k-1})\quad(k=2,3,\cdots,n) \tag{5.50}$$

称：

$$\frac{x^{(0)}(t_k)}{\Delta t_k}+az^{(1)}(t_k)=b\ \text{或}$$

$$x^{(0)}(t_k)+a\Delta t_k z^{(1)}(t_k)=b\Delta t_k \tag{5.51}$$

为非等间隔 GM(1,1)模型的定义型，记为 GM(1,1,D,Δt_k)。

当 $k=2,3,\cdots,n$ 时，式(5.50)为：

$$\frac{x^{(0)}(t_2)}{\Delta t_2}+az^{(1)}(t_2)=b$$

$$\frac{x^{(0)}(t_3)}{\Delta t_3}+az^{(1)}(t_3)=b$$

$$\cdots$$

$$\frac{x^{(0)}(t_n)}{\Delta t_n}+az^{(1)}(t_n)=b$$

若设：

$$\hat{\boldsymbol{a}}=\begin{bmatrix}a\\b\end{bmatrix};\boldsymbol{Y}=\begin{bmatrix}\dfrac{x^{(0)}(t_2)}{\Delta t_2}\\\dfrac{x^{(0)}(t_3)}{\Delta t_3}\\\cdots\\\dfrac{x^{(0)}(t_n)}{\Delta t_n}\end{bmatrix};\boldsymbol{B}=\begin{bmatrix}-z^{(1)}(t_2) & 1\\-z^{(1)}(t_3) & 1\\\cdots & \cdots\\-z^{(1)}(t_n) & 1\end{bmatrix}$$

则式(5.51)的矩阵表达式为：

$$\boldsymbol{Y}=\boldsymbol{B}\hat{\boldsymbol{a}} \tag{5.52}$$

上述方程组中的最小二乘法解为：

$$\hat{\boldsymbol{a}}=\begin{bmatrix}a\\b\end{bmatrix}=(\boldsymbol{B}^{\mathrm{T}}\boldsymbol{B})^{-1}\boldsymbol{B}^{\mathrm{T}}\boldsymbol{Y} \tag{5.53}$$

又由于 $z^{(1)}(t_k)=0.5x^{(1)}(t_k)+0.5x^{(1)}(t_{k-1})$，代入式(5.47)，有：

$$x^{(0)}(t_k)+a\Delta t_k[0.5x^{(1)}(t_k)+0.5x^{(1)}(t_{k-1})]=b\Delta t_k$$

$$x^{(0)}(t_k)+0.5a\Delta t_k x^{(1)}(t_k)+0.5a\Delta t_k x^{(1)}(t_{k-1})=b\Delta t_k$$

再将 $x^{(1)}(t_k)=x^{(1)}(t_{k-1})+x^{(0)}(t_k)$ 代入上式，得：

$$x^{(0)}(t_k)+0.5a\Delta t_k[x^{(1)}(t_{k-1})+x^{(0)}(t_k)]+0.5a\Delta t_k x^{(1)}(t_{k-1})=b\Delta t_k$$

等式变换得：

$$x^{(0)}(t_k)=\frac{b-ax^{(1)}(t_{k-1})}{\dfrac{1}{\Delta t_k}+0.5a} \tag{5.54}$$

当 $\Delta t_k \to 1$ 时，式(5.54)退化为：

$$x^{(0)}(t_k)=\frac{b-ax^{(1)}(t_{k-1})}{1+0.5a} \tag{5.55}$$

上式与一般 GM(1,1,C)模型接近，这表明 Δt_k 也趋近于 1，非等间隔 GM(1,1)模型越接近等间隔 GM(1,1) 模型。

[例 5.2]已知某滑坡水平位移观测序列(时间单位为 100d,位移单位为 mm):

$$X^{(0)}=[x^{(0)}(t_1),x^{(0)}(t_2),x^{(0)}(t_3),x^{(0)}(t_4),x^{(0)}(t_5),x^{(0)}(t_6)]$$

$$X^{(0)}=[x^{(0)}(0.20),x^{(0)}(0.48),x^{(0)}(0.73),x^{(0)}(1.03),x^{(0)}(1.37),x^{(0)}(1.64)]$$

$$X^{(0)}=(2.13,2.93,3.95,5.43,6.75,4.28)$$

①对 $X^{(0)}$ 进行累加生成算子,得:

$$X^{(0)}=[x^{(0)}(0.20),x^{(0)}(0.48),x^{(0)}(0.73),x^{(0)}(1.03),x^{(0)}(1.37),x^{(0)}(1.64)]$$

$$X^{(1)}=(2.13,5.06,9.01,14.44,21.19,25.47)$$

②对 $X^{(0)}$ 进行均值生成算子,得:

$$Z^{(1)}=[z^{(1)}(0.48),z^{(1)}(0.73),z^{(1)}(1.03),z^{(1)}(1.37),z^{(1)}(1.64)]$$

$$Z^{(1)}=(3.595,7.035,11.725,17.815,23.330)$$

③间隙变换。

$$\Delta t_k=t_k-t_{k-1}$$

$$\Delta t_2=t_2-t_1=0.48-0.20=0.28$$

$$\Delta t_3=t_3-t_2=0.73-0.48=0.25$$

$$\Delta t_4=t_4-t_3=1.03-0.73=0.30$$

$$\Delta t_5=t_5-t_4=1.37-1.03=0.34$$

$$\Delta t_6=t_6-t_5=1.64-1.37=0.27$$

于是

$$\Delta t=(\Delta t_2,\Delta t_3,\Delta t_4,\Delta t_5,\Delta t_6)$$

$$\Delta t=(0.28,0.25,0.30,0.34,0.27)$$

$$\Delta t_{\max}=\Delta t_5=0.34$$

对 Δt 作 T 间隙变换 $T\Delta t_k=\Delta\tau_k$ 有:

$$\Delta\tau=(\Delta\tau_2,\Delta\tau_3,\cdots,\Delta\tau_n)=\left(\frac{\Delta t_2}{\Delta t_{\max}},\frac{\Delta t_3}{\Delta t_{\max}},\cdots,\frac{\Delta t_n}{\Delta t_{\max}}\right)$$

$$\Delta\tau=(\frac{0.28}{0.34},\frac{0.25}{0.34},\frac{0.30}{0.34},\frac{0.34}{0.34},\frac{0.27}{0.34})$$

$$\Delta\tau=(0.8235,0.7353,0.8824,1.0000,0.7941)$$

④构造累加矩阵 $\boldsymbol{B}$ 与常数向量 $\boldsymbol{Y}$。

$$\boldsymbol{B}=\begin{bmatrix}-z^{(1)}(t_2) & 1\\ -z^{(1)}(t_3) & 1\\ -z^{(1)}(t_4) & 1\\ -z^{(1)}(t_5) & 1\\ -z^{(1)}(t_6) & 1\end{bmatrix}=\begin{bmatrix}-3.595 & 1\\ -7.035 & 1\\ -11.725 & 1\\ -17.815 & 1\\ -23.330 & 1\end{bmatrix}$$

$$\boldsymbol{Y}=\begin{bmatrix}\dfrac{x^{(0)}(t_2)}{\Delta\tau_2}\\ \dfrac{x^{(0)}(t_3)}{\Delta\tau_3}\\ \dfrac{x^{(0)}(t_4)}{\Delta\tau_4}\\ \dfrac{x^{(0)}(t_5)}{\Delta\tau_6}\\ \dfrac{x^{(0)}(t_6)}{\Delta\tau_6}\end{bmatrix}=\begin{bmatrix}3.5579\\5.3720\\6.1540\\6.7500\\5.3896\end{bmatrix}$$

⑤求模型参数。

先计算：

$$\boldsymbol{B}^{\mathrm{T}}\boldsymbol{B}=\begin{bmatrix}-3.595 & -7.035 & -11.725 & -17.815 & -23.330\\ 1 & 1 & 1 & 1 & 1\end{bmatrix}\begin{bmatrix}-3.595 & 1\\ -7.035 & 1\\ -11.725 & 1\\ -17.815 & 1\\ -23.330 & 1\end{bmatrix}$$

$$=\begin{bmatrix}1061.5540 & -63.5000\\ -63.5000 & 5\end{bmatrix}$$

$$(\boldsymbol{B}^{\mathrm{T}}\boldsymbol{B})^{-1}=\begin{bmatrix}1061.5540 & -63.5000\\ -63.5000 & 5\end{bmatrix}^{-1}=\frac{1}{5\times1061.5540-(63.5000)^2}\begin{bmatrix}5 & 63.5000\\ 63.5000 & 1061.5540\end{bmatrix}$$

$$=\begin{bmatrix}0.003920 & 0.049784\\ 0.049784 & 0.832252\end{bmatrix}$$

$$\boldsymbol{B}^{\mathrm{T}}\boldsymbol{Y}=\begin{bmatrix}-3.595 & -7.035 & -11.725 & -17.815 & -23.330\\ 1 & 1 & 1 & 1 & 1\end{bmatrix}\begin{bmatrix}3.5579\\5.3720\\6.1540\\6.7500\\5.3896\end{bmatrix}=\begin{bmatrix}-368.7289\\ 27.22\end{bmatrix}$$

$$\hat{\boldsymbol{a}}=\begin{bmatrix}a\\ b\end{bmatrix}=(\boldsymbol{B}^{\mathrm{T}}\boldsymbol{B})^{-1}\boldsymbol{B}^{\mathrm{T}}\boldsymbol{Y}=\begin{bmatrix}-0.090125\\ 4.300113\end{bmatrix}$$

⑥建立非等间隔 GM(1,1)模型。

$$\hat{x}^{(0)}(t_k)=\frac{b-ax^{(1)}(t_{k-1})}{\dfrac{1}{\Delta\tau_k}+0.5a}=\frac{4.300113+0.090125x^{(1)}(t_{k-1})}{\dfrac{1}{\Delta\tau_k}-0.5\times0.090125}$$

$$\hat{x}^{(0)}(t_k)=\frac{4.300113+0.090125x^{(1)}(t_{k-1})}{\frac{1}{\Delta\tau_k}-0.045062}$$

⑦模型检验。

$$\hat{x}^{(0)}(t_2)=\frac{4.300113+0.090125x^{(1)}(t_{k-1})}{\frac{1}{\Delta\tau_2}-0.045062}=\frac{3.104667+0.158941\times 2.13}{\frac{1}{0.8235}-0.079470}=3.34$$

依次算出 $\hat{x}^{(0)}(t_k)$，再计算残差 $x^{(0)}(k)-\hat{x}^{(0)}(k)$ 和相对残差 $e^{(0)}(k)=\frac{x^{(0)}(k)-\hat{x}^{(0)}(k)}{x^{(0)}(k)}\times 100\%$，见表 5.4-1。

表 5.4-1 残差、相对残差

k	$x^{(0)}(k)$ /mm	$\hat{x}^{(0)}(k)$ /mm	$x^{(0)}(k)-\hat{x}^{(0)}(k)$ /mm	$e^{(0)}(k)$ /%
2	2.93	3.84	−0.91	−31.12
3	3.95	3.62	0.33	8.43
4	5.43	4.70	0.73	13.49
5	6.75	5.87	0.88	13.10
6	4.28	5.11	−0.83	−19.49

平均相对残差 $e^{(0)}$：

$$e^{(0)}=\frac{1}{n}\left|e^{(0)}(k)\right|=17.13\%$$

拟合精度 $p^{(0)}$：

$$p^{(0)}=1-e^{(0)}=82.87\%$$

5.5 GM(2,1)模型

许多变形体的变形特征是周期性变化的。因此，相应变形监测序列也是一个周期性变化的序列，当变幅较大时，用 GM(1,1)模型进行预测，将难以反映出这种摆动情况。GM(2,1)模型是二阶微分模型，有两个特征根，因此，动态过程也就能反映出不同的情况，可以是单调的、非单调的或者是周期性变化的情况。

设变形效应量序列：

$$X^{(0)}=[x^{(0)}(1),x^{(0)}(2),\cdots,x^{(0)}(n)]$$

其 1−AGO 序列 $X^{(1)}$ 和 1−IAGO 序列 $\alpha^{(1)}X^{(0)}$ 分别为：

$$X^{(1)}=[x^{(1)}(1),x^{(1)}(2),\cdots,x^{(1)}(n)]$$

$$\alpha^{(1)}X^{(0)}=\{\alpha^{(1)}[x^{(0)}(1)],\alpha^{(1)}[x^{(0)}(2)],\cdots,\alpha^{(1)}[x^{(0)}(n)]\}$$

式中

$$x^{(1)}(k)=\sum_{i=1}^{k}x^{(0)}(i)\quad(k=2,3,\cdots,n) \tag{5.56}$$

$$\alpha^{(1)}[x^{(0)}(k)]=x^{(0)}(k)-x^{(0)}(k-1)\quad(k=2,3,\cdots,n) \tag{5.57}$$

$X^{(1)}$ 的紧邻均值生成序列为：

$$Z^{(1)}=[z^{(1)}(2),z^{(1)}(3),\cdots,z^{(1)}(n)]$$

式中

$$z^{(1)}(k)=0.5x^{(1)}(k)+0.5x^{(1)}(k-1)\quad(k=2,3,\cdots,n) \tag{5.58}$$

则称：

$$\alpha^{(1)}[x^{(0)}(k)]+a_1x^{(0)}(k)+a_2z^{(1)}(k)=b \tag{5.59}$$

为 GM(2,1)模型的定义型，记为 GM(2,1,D)。

当 $k=2,3,\cdots,n$ 时，式(5.59)为：

$$\alpha^{(1)}[x^{(0)}(2)]+a_1x^{(0)}(2)+a_2z^{(1)}(2)=b$$
$$\alpha^{(1)}[x^{(0)}(3)]+a_1x^{(0)}(3)+a_2z^{(1)}(3)=b$$
$$\cdots$$
$$\alpha^{(1)}[x^{(0)}(n)]+a_1x^{(0)}(n)+a_2z^{(1)}(n)=b$$

若设：

$$\boldsymbol{A}=\begin{bmatrix}-x^{(0)}(2)\\-x^{(0)}(3)\\\cdots\\-x^{(0)}(n)\end{bmatrix}$$

$$\boldsymbol{B}=\begin{bmatrix}-0.5[x^{(1)}(2)+x^{(1)}(1)] & 1\\-0.5[x^{(1)}(3)+x^{(1)}(2)] & 1\\\cdots & \cdots\\-0.5[x^{(1)}(n)+x^{(1)}(n-1)] & 1\end{bmatrix}$$

$$\boldsymbol{Y}=\begin{bmatrix}\alpha^{(1)}[x^{(0)}(2)]\\\alpha^{(1)}[x^{(0)}(3)]\\\cdots\\\alpha^{(1)}[x^{(0)}(n)]\end{bmatrix}$$

则 GM(2,1)模型待估参数 $\hat{\boldsymbol{a}}=[a_1,a_2,b]^{\mathrm{T}}$ 的最小二乘解为：

$$\hat{\boldsymbol{a}}=[(\boldsymbol{A}\mid\boldsymbol{B})^{\mathrm{T}}(\boldsymbol{A}\mid\boldsymbol{B})]^{-1}(\boldsymbol{A}\mid\boldsymbol{B})^{\mathrm{T}}\boldsymbol{Y} \tag{5.60}$$

GM(2,1)模型[式(5.59)]的白化模型是微分方程：

$$\frac{\mathrm{d}^2 x^{(1)}}{\mathrm{d}t^2}+a_1\frac{\mathrm{d}x^{(1)}}{\mathrm{d}t}+a_2 x^{(1)}=b \tag{5.61}$$

上述方程的完全解由模型参数 a_1、a_2 所确定的特征方程：

$$\lambda^2+a_1\lambda+a_2=0 \tag{5.62}$$

根的情况来决定。一般有以下三种情况。

① $a_1^2-4a_2>0$,特征方程有两个不等实根：

$$\lambda_{1,2}=\frac{-a_1\pm\sqrt{a_1^2-4a_2}}{2} \tag{5.63}$$

则动态过程可能是非单调的。这时微分方程的完全离散解为：

$$\hat{x}^{(1)}(k+1)=C_1\mathrm{e}^{\lambda_1 k}+C_2\mathrm{e}^{\lambda_2 k}+\frac{b}{a_2} \tag{5.64}$$

式中,C_1、C_2——待定参数。按下述方法确定。

令 $k=0$ 代入微分方程的离散解有：

$$\hat{x}^{(1)}(1)=C_1\mathrm{e}^{\lambda_1\cdot 0}+C_2\mathrm{e}^{\lambda_2\cdot 0}+\frac{b}{a_2}=C_1+C_2+\frac{b}{a_2}\doteq x^0(1) \tag{5.65}$$

又有：

$$\begin{aligned}\hat{x}^{(0)}(k+2)&=\hat{x}^{(1)}(k+2)-\hat{x}^{(1)}(k+1)\\&=C_1\mathrm{e}^{\lambda_1(k+1)}+C_2\mathrm{e}^{\lambda_2(k+1)}+\frac{b}{a_2}-C_1\mathrm{e}^{\lambda_1 k}-C_2\mathrm{e}^{\lambda_2 k}-\frac{b}{a_2}\\&=(C_1\mathrm{e}^{\lambda_1}-1)\mathrm{e}^{\lambda_2 k}+(C_2\mathrm{e}^{\lambda_2}-1)\mathrm{e}^{\lambda_2 k}\end{aligned}$$

再将 $k=0$ 代入有：

$$\begin{aligned}\hat{x}^{(0)}(2)&=(C_1\mathrm{e}^{\lambda_1}-1)\mathrm{e}^{\lambda_2\cdot 0}+(C_2\mathrm{e}^{\lambda_2}-1)\mathrm{e}^{\lambda_2\cdot 0}\\&=C_1\mathrm{e}^{\lambda_1}+C_2\mathrm{e}^{\lambda_2}-2\doteq x^0(2)\end{aligned} \tag{5.66}$$

式(5.65)、式(5.66)联立求解得：

$$C_1=-\frac{x^{(0)}(2)+2-[x^{(0)}(1)-\frac{b}{a_2}]\mathrm{e}^{\lambda_2}}{\mathrm{e}^{\lambda_2}-\mathrm{e}^{\lambda_1}} \tag{5.67}$$

$$C_2=\frac{x^{(0)}(2)+2-[x^{(0)}(1)-\frac{b}{a_2}]\mathrm{e}^{\lambda_1}}{\mathrm{e}^{\lambda_2}-\mathrm{e}^{\lambda_1}} \tag{5.68}$$

② $a_1^2-4a_2=0$,特征方程有二重根：

$$\lambda_1=\lambda_2=\lambda=-\frac{a_1}{2} \tag{5.69}$$

则动态过程是单调的。微分方程的离散解为：

$$\hat{x}^{(1)}(k+1)=(C_1+C_2k)e^{\lambda k}+\frac{b}{a_2} \tag{5.70}$$

同样，仍令 $k=0$ 代入上式：

$$\hat{x}^{(1)}(1)=(C_1+C_2\cdot 0)e^{\lambda\cdot 0}+\frac{b}{a_2}=C_1+\frac{b}{a_2}\doteq x^0(1) \tag{5.71}$$

又

$$\begin{aligned}\hat{x}^{(0)}(k+2)&=\hat{x}^{(1)}(k+2)-\hat{x}^{(1)}(k+1)\\&=(C_1+C_2(k+1))e^{\lambda(k+1)}+\frac{b}{a_2}-(C_1+C_2k)e^{\lambda k}-\frac{b}{a_2}\\&=[(C_1+C_2k)e^{\lambda}-C_2e^{\lambda}-(C_1+C_2k)]e^{\lambda k}\end{aligned}$$

将 $k=0$ 代入有：

$$\begin{aligned}\hat{x}^{(0)}(2)&=[(C_1+C_2\cdot 0)e^{\lambda}-C_2e^{\lambda}-(C_1+C_2\cdot 0)]e^{\lambda\cdot 0}\\&=C_1e^{\lambda}+C_2e^{\lambda}-C_1\doteq x^0(2)\end{aligned} \tag{5.72}$$

式(5.71)、式(5.72)联立解得：

$$C_1=x^{(0)}(1)-\frac{b}{a_2} \tag{5.73}$$

$$C_2=x^{(0)}(1)-\frac{b}{a_2}-\frac{x^{(0)}(2)-\frac{b}{a_2}}{e^{\lambda}} \tag{5.74}$$

③ $a_1^2-4a_2<0$，特征方程为共轭复根：

$$\lambda_{1,2}=-\frac{a_1}{2}\pm i\frac{\sqrt{4a_2-a_1^2}}{2} \tag{5.75}$$

则动态过程是周期摆动的。此时微分方程的离散解为：

$$\hat{x}^{(1)}(k+1)=(A_1\cos\beta k+A_2\sin\beta k)e^{\alpha k}+\frac{b}{a_2} \tag{5.76}$$

式中，$\alpha=-\frac{a_1}{2}$，$\beta=\frac{\sqrt{4a_2-a_1^2}}{2}$；$A_1$、$A_2$ 为待定参数。

将 $k=0$ 代入微分方程的离散解：

$$\hat{x}^{(1)}(1)=(A_1\cos\beta\cdot 0+A_2\sin\beta\cdot 0)e^{\alpha\cdot 0}+\frac{b}{a_2}=A_1+\frac{b}{a_2}\doteq x^0(1) \tag{5.77}$$

又 $\hat{x}^{(0)}(k+2)=\hat{x}^{(1)}(k+2)-\hat{x}^{(1)}(k+1)$
$=[A_1\cos\beta(k+1)+A_2\sin\beta(k+1)]e^{\alpha(k+1)}-[A_1\cos\beta(k)+A_2\sin\beta(k)]e^{\alpha(k)}$

再将 $k=0$ 代入上式有：

$$\hat{x}^{(0)}(k+2)=(A_1\cos\beta+A_2\sin\beta)e^{\alpha}-A_1=A_1e^{\alpha}\cos\beta-A_1+A_2e^{\alpha}\sin\beta\doteq x^0(2) \tag{5.78}$$

最后联立求解式(5.77)、式(5.78)有：

$$A_1=x^{(0)}(1)-\frac{b}{a_2} \tag{5.79}$$

$$A_2=\frac{\left\{x^{(0)}(2)-\frac{b}{a_2}-\left[x^{(0)}(1)-\frac{b}{a_2}\right]e^{\alpha}\cos\beta\right\}}{e^{\alpha}\sin\beta} \tag{5.80}$$

[例 5.3]利用某滑坡年位移量观测数据序列，来说明 GM(2,1)模型的计算过程。已知：

年位移量序列：$X^{(0)}=(4.07,3.70,4.63,2.55,1.92,1.25)$

年累计位移量序列：$X^{(1)}=(4.07,7.77,12.40,14.95,16.87,18.12)$

(1)构造累减矩阵 $\boldsymbol{A}$、累加矩阵 $\boldsymbol{B}$ 和常数向量 $\boldsymbol{Y}$

$$\boldsymbol{A}=\begin{bmatrix}-x^{(0)}(2)\\-x^{(0)}(3)\\-x^{(0)}(4)\\-x^{(0)}(5)\\-x^{(0)}(6)\end{bmatrix}=\begin{bmatrix}-3.70\\-4.63\\-2.55\\-1.92\\-1.25\end{bmatrix}$$

$$\boldsymbol{B}=\begin{bmatrix}-0.5[x^{(1)}(2)+x^{(1)}(1)] & 1\\-0.5[x^{(1)}(3)+x^{(1)}(2)] & 1\\-0.5[x^{(1)}(4)+x^{(1)}(1)] & 1\\-0.5[x^{(1)}(5)+x^{(1)}(4)] & 1\\-0.5[x^{(1)}(6)+x^{(1)}(5)] & 1\end{bmatrix}=\begin{bmatrix}-5.920 & 1\\-10.085 & 1\\-13.675 & 1\\-15.910 & 1\\-17.495 & 1\end{bmatrix}$$

$$\boldsymbol{Y}_n=\begin{bmatrix}\alpha^{(1)}[x^{(0)}(2)]\\\alpha^{(1)}[x^{(0)}(3)]\\\alpha^{(1)}[x^{(0)}(4)]\\\alpha^{(1)}[x^{(0)}(5)]\\\alpha^{(1)}[x^{(0)}(6)]\end{bmatrix}=\begin{bmatrix}x^{(0)}(2)-x^{(0)}(1)\\x^{(0)}(3)-x^{(0)}(2)\\x^{(0)}(4)-x^{(0)}(3)\\x^{(0)}(5)-x^{(0)}(4)\\x^{(0)}(6)-x^{(0)}(5)\end{bmatrix}=\begin{bmatrix}-0.37\\0.93\\-2.08\\-0.63\\-0.67\end{bmatrix}$$

(2)求模型参数 $\hat{\boldsymbol{a}}=[a_1,a_2,b]^{\mathrm{T}}=[(\boldsymbol{A}|\boldsymbol{B})^{\mathrm{T}}(\boldsymbol{A}|\boldsymbol{B})]^{-1}(\boldsymbol{A}|\boldsymbol{B})^{\mathrm{T}}\boldsymbol{Y}$

$$[(\boldsymbol{A}\mid\boldsymbol{B})^{\mathrm{T}}(\boldsymbol{A}\mid\boldsymbol{B})]=\begin{bmatrix}-3.70 & -4.63 & -2.55 & -1.92 & -1.25\\-5.92 & -10.085 & -13.675 & -15.910 & -17.495\\1 & 1 & 1 & 1 & 1\end{bmatrix}\begin{bmatrix}-3.70 & -5.92 & 1\\-4.63 & -10.085 & 1\\-2.55 & -13.675 & 1\\-1.92 & -15.910 & 1\\-1.25 & -17.495 & 1\end{bmatrix}$$

$$=\begin{bmatrix}34.5573 & 155.88475 & -14.050\\155.88475 & 882.962375 & -63.085\\-14.050 & -63.085 & 5\end{bmatrix}$$

$$[(\boldsymbol{A}\mid\boldsymbol{B})^{\mathrm{T}}(\boldsymbol{A}\mid\boldsymbol{B})]^{-1}=\begin{bmatrix}34.5573 & 155.88475 & -14.050\\155.88475 & 882.962375 & -63.085\\-14.050 & -63.085 & 5\end{bmatrix}^{-1}$$

$$=\begin{bmatrix}-0.098250 & -0.024144 & -0.580706\\-0.024144 & 0.005559 & 0.002288\\-0.580706 & 0.002288 & -1.402913\end{bmatrix}$$

$$(\boldsymbol{A}\mid\boldsymbol{B})^{\mathrm{T}}\boldsymbol{Y}_n=\begin{bmatrix}-3.70 & -4.63 & -2.55 & -1.92 & -1.25\\-5.92 & -10.085 & -13.675 & -15.910 & -17.495\\1 & 1 & 1 & 1 & 1\end{bmatrix}\begin{bmatrix}-0.37\\0.93\\-2.08\\-0.63\\-0.67\end{bmatrix}=\begin{bmatrix}4.4142\\43.0003\\-2.8200\end{bmatrix}$$

$$\hat{\boldsymbol{a}}=[(\boldsymbol{A}\mid\boldsymbol{B})^{\mathrm{T}}(\boldsymbol{A}\mid\boldsymbol{B})]^{-1}(\boldsymbol{A}\mid\boldsymbol{B})^{\mathrm{T}}\boldsymbol{Y}=\begin{bmatrix}-0.098250 & -0.024144 & -0.580706\\-0.024144 & 0.005559 & 0.002288\\-0.580706 & 0.002288 & -1.402913\end{bmatrix}\begin{bmatrix}4.4142\\43.0003\\-2.8200\end{bmatrix}$$

$$\hat{\boldsymbol{a}}=[(\boldsymbol{A}\mid\boldsymbol{B})^{\mathrm{T}}(\boldsymbol{A}\mid\boldsymbol{B})]^{-1}(\boldsymbol{A}\mid\boldsymbol{B})^{\mathrm{T}}\boldsymbol{Y}=\begin{bmatrix}0.165634\\0.126007\\1.491264\end{bmatrix}$$

(3)建立GM(2,1)模型白化型微分方程

将 $\hat{a}=[a_1,a_2,b]^{\mathrm{T}}$ 代入白化型微分方程：

$$\frac{\mathrm{d}^2x^{(1)}}{\mathrm{d}t^2}+a_1\frac{\mathrm{d}x^{(1)}}{\mathrm{d}t}+a_2x^{(1)}=b$$

有：

$$\frac{\mathrm{d}^2x^{(1)}}{\mathrm{d}t^2}+0.165634\frac{\mathrm{d}x^{(1)}}{\mathrm{d}t}+0.126007x^{(1)}=1.491264$$

(4)列系统特征方程并求根

系统特征方程为：

$$\lambda^2+0.165634\lambda+0.126007=0$$

由于

$$a_1^2-4a_2=0.165634^2-4\times0.126007=-0.476593<0$$

则特征方程有一对共轭复根：

$$\lambda_{1,2}=-\frac{a_1}{2}\pm i\frac{\sqrt{4a_2-a_1^2}}{2}=-0.082817\pm 0.345179i$$

(5)建立预测模型

由于 $a_1^2-4a_2<0$,此时微分方程离散解为：

$$\hat{x}^{(1)}(k+1)=(A_1\cos\beta k+A_2\sin\beta k)e^{\alpha k}+\frac{b}{a_2}$$

式中，$\alpha=-\frac{a_1}{2}=-0.082817$，$\beta=\frac{\sqrt{4a_2-a_1^2}}{2}=0.345179$，$A_1$、$A_2$ 为待定参数。令 $k=0$ 代入上式有：

$$\hat{x}^{(1)}(1)=(A_1\cos\beta\times 0+A_2\sin\beta\times 0)e^{\alpha\times 0}+\frac{b}{a_2}=A_1+\frac{b}{a_2}=x^{(0)}(1)$$

于是

$$A_1=x^{(0)}(1)-\frac{b}{a_2}=4.07-\frac{1.491264}{0.126007}=-7.764771$$

又

$$\hat{x}^{(0)}(k+2)=\hat{x}^{(1)}(k+2)-\hat{x}^{(1)}(k+1)$$
$$=[A_1\cos\beta(k+1)+A_2\sin\beta(k+1)]e^{\alpha(k+1)}-[A_1\cos\beta(k)+A_2\sin\beta(k)]e^{\alpha(k)}$$

同样将 $k=0$ 代入上式有：

$$\hat{x}^{(0)}(2)=(A_1\cos\beta\times 1+A_2\sin\beta\times 1)e^{\alpha\times 1}-(A_1\cos\beta\times 0+A_2\sin\beta\times 0)e^{\alpha\times 0}$$
$$=A_1e^{\alpha}\cos\beta-A_1+A_2e^{\alpha}\sin\beta=x^{(0)}(2)$$

于是

$$A_2=\frac{x^{(0)}(2)-A_1e^{\alpha}\cos\beta+A_1}{e^{\alpha}\sin\beta}$$

将 $x^{(0)}(2)=3.70$；$A_1=-7.764771$；$\alpha=-0.082817$；$\beta=0.345179$ 代入有：

$$\boldsymbol{A}_2=\frac{3.70+7.764771e^{-0.082817}\cos(0.345179)-7.764771}{e^{-0.082817}\sin(0.345179)}=8.544113$$

此时有预测模型：

$$\hat{x}^{(1)}(k+1)=[-7.764771\cos(0.345179k)+8.544113\sin(0.345179k)]e^{-0.082817k}+11.834771$$

(6)模型精度检验

首先用预测模型计算各时刻累计沉降量 $\hat{x}^{(1)}(k+1)$：

$k=1$，$\hat{x}^{(1)}(2)=[-7.764771\cos(0.345179\times 1)+8.544113\sin(0.345179\times 1)]e^{-0.082817\times 1}+11.834771=7.77$

$k=2$，$\hat{x}^{(1)}(3)=11.37$

$k=3, \hat{x}^{(1)}(4)=14.48$

$k=4, \hat{x}^{(1)}(5)=16.81$

$k=5, \hat{x}^{(1)}(6)=18.21$

用 IAGO 还原有：

$\hat{x}^{(0)}(2)=\hat{x}^{(1)}(2)-\hat{x}^{(1)}(1)=7.77-4.07=3.70$

$\hat{x}^{(0)}(3)=3.60$

$\hat{x}^{(0)}(4)=3.11$

$\hat{x}^{(0)}(5)=2.33$

$\hat{x}^{(0)}(6)=1.40$

计算残差 $x^{(0)}(k)-\hat{x}^{(0)}(k)$ 和相对残差 $e^{(0)}(k)=\dfrac{x^{(0)}(k)-\hat{x}^{(0)}(k)}{x^{(0)}(k)}\times 100\%$，见表 5.5-1。

表 5.5-1　残差、相对残差

k	$x^{(0)}(k)$ /mm	$\hat{x}^{(0)}(k)$ /mm	$x^{(0)}(k)-\hat{x}^{(0)}(k)$ /mm	$e^{(0)}(k)$/%
2	3.70	3.70	0	0
3	4.63	3.60	1.08	22.25
4	2.55	3.11	−0.56	−21.96
5	1.92	2.33	−0.41	−21.35
6	1.25	1.40	−0.15	−12.00

平均相对残差 $e^{(0)}$：

$$e^{(0)}=\frac{1}{n}\left|e^{(0)}(k)\right|=15.51\%$$

拟合精度 $p^{(0)}$：

$$p^{(0)}=1-e^{(0)}=84.49\%$$

5.6　灰 Verhulst 模型

常用 GM(1,1)模型形式上是线性模型，但实际上诸如一个从生到死的生命过程、一个从发生到饱和的演化过程、一个发展变化受众多因素影响的复杂过程，均呈现非线性特性。由于一些变形体的变形过程类似于生物生长过程，例如，一个滑坡体从复活、蠕变、变形、加速变形直至最后爆发，就是一个典型的从生到死的生命过程，其过程具有复杂的非线性特征。

Verhulst 模型是德国生物数学家 Verhulst 于 1837 年提出的生物生长模型，是在 Malthusian 线性模型的基础上加入制约项后演变成的非线性模型。

$$\frac{\mathrm{d}p(t)}{\mathrm{d}t}=ap(t)-b[p(t)]^2 \tag{5.81}$$

式中，$p(t)$——生物的繁殖量；

a、b——待定参数 $b[p(t)]^2$ 是生物竞争项，即 Verhulst 提出的限制项，并且它的值是随 $p(t)$ 的绝对值增大而成平方增大的。这表明繁殖 $p(t)$ 的值越大，其限制项也就越显著。显然，这种现象不仅适用于人口增长、生物繁殖等方面，而且也适用于滑坡预报和某些建筑物变形过程的预测。

Verhulst 模型是一个非线性微分方程，其解为：

$$p(t)=\frac{\frac{a}{b}}{1+(\frac{a}{bp_0}-1)\mathrm{e}^{-a(t-t_0)}} \tag{5.82}$$

式中，p_0——$p(t)$的初始值；

t_0——初始时刻。

建立 Verhulst 模型，要求原始数据具有 S 型特征，否则效果不好。而灰 Verhulst 模型，则是对近似的单峰型数据作 AGO 后，得到较好的 S 型后，再建立 Verhulst 模型，这就是灰 Verhulst 模型优于一般 Verhulst 模型之处。

设变形效应量序列 $X^{(0)}=[x^{(0)}(1),x^{(0)}(2),\cdots,x^{(0)}(n)]$，$X^{(0)}$ 的 1－AGO 序列为 $X^{(1)}=[x^{(1)}(1),x^{(1)}(2),\cdots,x^{(1)}(n)]$，$X^{(1)}$ 的紧邻均值生成序列为 $Z^{(1)}=[z^{(1)}(2),z^{(1)}(3),\cdots,z^{(1)}(n)]$。则称：

$$x^{(0)}(k)+az^{(1)}(k)=b[z^{(1)}(k)]^{\alpha} \quad (\alpha>2) \tag{5.83}$$

为灰幂模型，记为 GM(1,1,α)。

当 $k=2,3,\cdots,n$ 时，式(5.83)为：

$$x^{(0)}(2)+az^{(1)}(2)=b[z^{(1)}(2)]^{\alpha}$$
$$x^{(0)}(3)+az^{(1)}(3)=b[z^{(1)}(3)]^{\alpha}$$
$$\cdots$$
$$x^{(0)}(n)+az^{(1)}(n)=b[z^{(1)}(n)]^{\alpha}$$

若设：

$$\boldsymbol{B}=\begin{bmatrix}-z^{(1)}(2) & [z^{(1)}(2)]^{\alpha}\\ -z^{(1)}(3) & [z^{(1)}(3)]^{\alpha}\\ \cdots & \cdots\\ -z^{(1)}(n) & [z^{(1)}(n)]^{\alpha}\end{bmatrix};\boldsymbol{Y}=\begin{bmatrix}x^{(0)}(2)\\ x^{(0)}(3)\\ \cdots\\ x^{(0)}(n)\end{bmatrix}$$

则灰幂模型 GM(1,1,α)待估参数 $\hat{\boldsymbol{a}}=[a\quad b]^{\mathrm{T}}$ 的最小二乘解为：

$$\hat{\boldsymbol{a}}=\begin{bmatrix}a\\b\end{bmatrix}=(\boldsymbol{B}^{\mathrm{T}}\boldsymbol{B})^{-1}\boldsymbol{B}^{\mathrm{T}}\boldsymbol{Y} \tag{5.84}$$

灰色系统理论定义了 GM(1,1,α)模型[式(5.83)]的白化模型是微分方程：

$$\frac{\mathrm{d}x^{(1)}}{\mathrm{d}t}+ax^{(1)}=b[x^{(1)}]^{\alpha} \tag{5.85}$$

当 $\alpha=2$ 时，称：

$$x^{(0)}(k)+az^{(1)}(k)=b[z^{(1)}(k)]^{2} \tag{5.86}$$

为灰 Verhulst 模型，又称为灰 Verhulst 模型定义型，记为 GM(1,1,α,D)，其白化型模型为：

$$\frac{\mathrm{d}x^{(1)}}{\mathrm{d}t}+ax^{(1)}=b[x^{(1)}]^{2} \tag{5.87}$$

白化响应式为：

$$\hat{x}^{(1)}(k+1)=\frac{\frac{a}{b}}{1+\left[\frac{a}{bx^{(0)}(1)}-1\right]\mathrm{e}^{ak}} \tag{5.88}$$

灰 Verhulst 模型常用于人口预测、生物增长预测等方面的研究，最近几年人们开始应用于滑坡暴发预测、建筑物沉降预测等。

[例 5.4]取某建筑物的沉降观测值为：

$X^{(1)}=(3.4,5.5,8.9,12.6,23.4,33.3,36.2,38.9,40.6,42.0,43.4,44.4,45.0)$

(1)求 1—IAGO 的 $X^{(0)}$ 和 $X^{(1)}$ 邻均值生成序列 $Z^{(1)}$

$X^{(0)}=(3.4,2.1,3.4,3.7,10.8,9.9,2.9,2.7,1.7,1.4,1.4,1.0,0.6)$

$Z^{(1)}=(4.45,7.2,10.75,18.0,28.35,34.75,37.55,39.75,41.3,42.7,13.9,44.7)$

(2)求模型参数 $\hat{\boldsymbol{a}}=[a\quad b]^{\mathrm{T}}$

$$\hat{\boldsymbol{a}}=\begin{bmatrix}a\\b\end{bmatrix}=(\boldsymbol{B}^{\mathrm{T}}\boldsymbol{B})^{-1}\boldsymbol{B}^{\mathrm{T}}\boldsymbol{Y}=\begin{bmatrix}-0.7284\\-0.0165\end{bmatrix}$$

(3)建立灰 Verhulst 模型白化型微分方程

将 $\hat{\boldsymbol{a}}=[a\quad b]^{\mathrm{T}}$ 代入白化型微分方程：

$$\frac{\mathrm{d}x^{(1)}}{\mathrm{d}t}+ax^{(1)}=b[x^{(1)}]^{2}$$

有：

$$\frac{\mathrm{d}x^{(1)}}{\mathrm{d}t}-0.7284x^{(1)}=-0.0165[x^{(1)}]^{2}$$

(4)建立预测模型

$$\hat{x}^{(1)}(k+1)=\frac{\frac{a}{b}}{1+[\frac{a}{bx^{(0)}(1)}-1]\mathrm{e}^{ak}}=\frac{\frac{-0.7284}{-0.0165}}{1+(\frac{-0.7284}{-0.0562}-1)\mathrm{e}^{-0.7284k}}$$

$$\hat{x}^{(1)}(k+1)=\frac{44.1455}{1+(44.1455-1)\mathrm{e}^{-0.7284k}}$$

(5)模型精度检验

先用预测模型计算各时刻累计沉降量 $\hat{x}^{(1)}(k+1)$,再由下式:

$$e^{(0)}(k)=\frac{x^{(0)}(k)-\hat{x}^{(0)}(k)}{x^{(0)}(k)}\times 100\%$$

计算残差 $x^{(0)}(k)-\hat{x}^{(0)}(k)$ 和相对残差 $e^{(0)}(k)$,见表 5.6-1。

表 5.6-1　残差、相对残差

k	$x^{(0)}(k)$ /mm	$\hat{x}^{(0)}(k)$ /mm	$x^{(0)}(k)-\hat{x}^{(0)}(k)$ /mm	$e^{(0)}(k)$/%
2	5.5	6.51	−1.01	−18.29
3	8.9	11.64	−2.74	−30.74
4	12.6	18.79	−6.19	−49.11
5	23.4	26.71	−3.31	−14.15
6	33.3	33.54	−0.24	−0.72
7	36.2	38.26	−2.06	−5.69
8	38.9	41.05	−2.15	−5.53
9	40.6	42.55	−1.95	−4.80
10	42.0	43.31	−1.31	−3.12
11	43.4	43.69	−0.29	−0.66
12	44.4	43.87	0.53	1.19
13	45.0	43.96	1.04	2.31

平均相对残差 $e^{(0)}$:

$$e^{(0)}=\frac{1}{n}|e^{(0)}(k)|=11.36\%$$

拟合精度 $p^{(0)}$:

$$p^{(0)}=1-e^{(0)}=88.64\%$$

模型精度比原文要高,这是因为原文中的建筑物的沉降观测值是累计沉降量,可视为 $X^{(1)}$,其 1−IAGO 的 $X^{(0)}$ 本身已具有单峰“S”特性,更适合建立灰 Verhulst 模型。

5.7 GM(1,h)模型

GM(1,h) 模型反映 $h-1(h>1)$ 个变量对于因变量一阶导线，即变化率的影响，所以，GM(1,h)模型是对系统进行状态空间分析的基础。

设反映变形效应量序列 $X_1^{(0)}=[x_1^{(0)}(1),x_1^{(0)}(2),\cdots,x_1^{(0)}(n)]$，同步观测的原因量子序列为：

$$X_2^{(0)}=[x_2^{(0)}(1),x_2^{(0)}(2),\cdots,x_2^{(0)}(n)]$$
$$X_3^{(0)}=[x_3^{(0)}(1),x_3^{(0)}(2),\cdots,x_3^{(0)}(n)]$$
$$\cdots$$
$$X_h^{(0)}=[x_h^{(0)}(1),x_h^{(0)}(2),\cdots,x_h^{(0)}(n)]$$

$X_i^{(1)}=[x_i^{(1)}(1),x_i^{(1)}(2),\cdots,x_i^{(1)}(n)]$ 为 $X_i^{(0)}$ 的 1－AGO 序列，$Z_1^{(1)}=[z_1^{(1)}(2),z_1^{(1)}(3),\cdots,z_1^{(1)}(n)]$ 为 $X_i^{(1)}$ 的紧邻均值生成序列。

则称

$$x_1^{(0)}(k)+az_1^{(1)}(k)=b_2x_2^{(1)}(k)+b_3x_3^{(1)}(k)+\cdots+b_hx_h^{(1)}(k) \tag{5.89}$$

为 GM(1,h)模型。

当 $k=2,3,\cdots,n$ 时，式(5.89)为：

$$x_1^{(0)}(2)+az_1^{(1)}(2)=b_2x_2^{(1)}(2)+b_3x_3^{(1)}(2)+\cdots+b_hx_h^{(1)}(2)$$
$$x_1^{(0)}(3)+az_1^{(1)}(3)=b_2x_2^{(1)}(3)+b_3x_3^{(1)}(3)+\cdots+b_hx_h^{(1)}(3)$$
$$\cdots$$
$$x_1^{(0)}(n)+az_1^{(1)}(n)=b_2x_2^{(1)}(n)+b_3x_3^{(1)}(n)+\cdots+b_hx_h^{(1)}(n)$$

若设：

$$\hat{\boldsymbol{a}}=\begin{bmatrix}a\\b_2\\\cdots\\b_h\end{bmatrix};\boldsymbol{Y}=\begin{bmatrix}x_1^{(0)}(2)\\x_1^{(0)}(3)\\\cdots\\x_1^{(0)}(\mathrm{n})\end{bmatrix};\boldsymbol{B}=\begin{bmatrix}-z_1^{(1)}(2) & x_2^{(1)}(2) & x_3^{(1)}(2) & \cdots & x_h^{(1)}(2)\\-\mathrm{z}^{(1)}(3) & x_2^{(1)}(3) & x_3^{(1)}(3) & \cdots & x_h^{(1)}(3)\\\cdots & \cdots & \cdots & \cdots & \cdots\\-\mathrm{z}^{(1)}(n) & x_2^{(1)}(n) & x_3^{(1)}(n) & \cdots & x_h^{(1)}(n)\end{bmatrix}$$

则式(5.89)的矩阵表达式为：

$$\boldsymbol{Y}=\boldsymbol{B}\hat{\boldsymbol{a}} \tag{5.90}$$

上述方程组的最小二乘法解为：

$$\hat{\boldsymbol{a}}=\begin{bmatrix}a\\b_2\\\cdots\\b_h\end{bmatrix}=(\boldsymbol{B}^{\mathrm{T}}\boldsymbol{B})^{-1}\boldsymbol{B}^{\mathrm{T}}\boldsymbol{Y} \tag{5.91}$$

灰色系统理论定义了 GM(1,h)模型的白化模型是微分方程：

$$\frac{dx_1^{(1)}}{dt}+ax_1^{(1)}=b_2x_2^{(1)}+b_3x_3^{(1)}+\cdots+b_hx_h^{(1)} \tag{5.92}$$

将 $\hat{a}$ 代入式(5.92)，得微分方程在初始条件为 $x^{(0)}(1)$ 的解，即 GM(1,h)白化模式的响应式：

$$\hat{x}_1^{(1)}(k+1)=\left[x_1^{(0)}(1)-\frac{1}{a}\sum_{i=2}^{h}b_ix_i^{(1)}(k+1)\right]e^{-ak}+\frac{1}{a}\sum_{i=2}^{h}b_ix_i^{(1)}(k+1) \tag{5.93}$$

用累减生成(IAGO)还原式：

$$\hat{x}^{(0)}(k+1)=\hat{x}^{(1)}(k+1)-\hat{x}^{(1)}(k) \tag{5.94}$$

[例 5.5]设某堆积体滑坡的月水平位移量序列为 $X_1^{(0)}$，并假定其主要影响因素为降雨量因子 $X_2^{(0)}$。原始序列分别为(单位均为 mm)：

$X_1^{(0)}=(16.30,40.08,45.49,36.88,4.74,27.63,11.85)$

$X_2^{(0)}=(15.4,80.2,54.2,47.6,5.2,38.6,16.6)$

试以 $X_1^{(0)}$ 为主因素，$X_2^{(0)}$ 为子因素建立 GM(1,2) 模型并检验模型精度。

(1)原始序列生成处理

对 $X_1^{(0)}$、$X_2^{(0)}$ 做 1—AGO 处理，其结果分别为：

$X_1^{(1)}=\mathrm{AGO}x_1^{(0)}=(16.30,56.38,101.87,138.75,143.49,171.12,182.97)$

$X_2^{(1)}=\mathrm{AGO}x_2^{(0)}=(15.4,95.6,149.8,197.4,202.6,241.2,257.8)$

(2)构造累加矩阵 **B** 与向量 **Y**

$$\boldsymbol{B}=\begin{bmatrix}-0.5[x_1^{(1)}(2)+x_1^{(1)}(1)] & x_2^{(1)}(2)\\ -0.5[x_1^{(1)}(3)+x_1^{(1)}(2)] & x_2^{(1)}(3)\\ -0.5[x_1^{(1)}(4)+x_1^{(1)}(3)] & x_2^{(1)}(4)\\ -0.5[x_1^{(1)}(5)+x_1^{(1)}(4)] & x_2^{(1)}(5)\\ -0.5[x_1^{(1)}(6)+x_1^{(1)}(5)] & x_2^{(1)}(6)\\ -0.5[x_1^{(1)}(7)+x_1^{(1)}(6)] & x_2^{(1)}(7)\end{bmatrix}=\begin{bmatrix}-36.340 & 95.6\\ -79.125 & 149.8\\ -120.310 & 197.4\\ -141.120 & 202.6\\ -157.305 & 241.2\\ -177.045 & 257.8\end{bmatrix}$$

$$\boldsymbol{Y}=\begin{bmatrix}x_1^{(0)}(2)\\ x_1^{(0)}(3)\\ x_1^{(0)}(4)\\ x_1^{(0)}(5)\\ x_1^{(0)}(6)\\ x_1^{(0)}(7)\end{bmatrix}=\begin{bmatrix}40.08\\ 45.49\\ 36.88\\ 4.74\\ 27.63\\ 11.85\end{bmatrix}$$

(3)求模型参数 $\hat{\boldsymbol{a}}=[a \quad b_2]^{\mathrm{T}}$

$$\hat{\boldsymbol{a}}=\begin{bmatrix}a\\b_2\end{bmatrix}=(\boldsymbol{B}^{\mathrm{T}}\boldsymbol{B})^{-1}\boldsymbol{B}^{\mathrm{T}}\boldsymbol{Y}=\begin{bmatrix}1.4020\\1.0187\end{bmatrix}$$

(4)建立 GM(1,2) 模型白化方程

将 $\hat{\boldsymbol{a}}$ 代入式(5.92)：

$$\frac{\mathrm{d}x_1{}^{(1)}}{\mathrm{d}t}+ax_1{}^{(1)}=b_2x_2{}^{(1)}$$

有：

$$\frac{\mathrm{d}x_1{}^{(1)}}{\mathrm{d}t}+1.4020x_1{}^{(1)}=1.0187x_2{}^{(1)}$$

(5)建立状态模型

GM(1,h)白化模式的响应式：

$$\hat{x}_1{}^{(1)}(k+1)=[x_1^{(0)}(1)-\frac{b_2}{a}x_2^{(1)}(k+1)]\mathrm{e}^{-ak}+\frac{b_2}{a}x_2^{(1)}(k+1)$$

将 $\hat{x}_1{}^{(0)}(1)=16.3$、$a=1.4020$、$b_2=1.0187$ 代入上式有：

$$\hat{x}_1{}^{(1)}(k+1)=[16.3-0.7266x_2^{(1)}(k+1)]\mathrm{e}^{-1.4020k}+0.7266x_2^{(1)}(k+1)$$

(6)模型精度检验

先用状态模型计算 $\hat{x}_1{}^{(1)}(k+1)$，然后，用累减生成还原得 $\hat{x}_1{}^{(0)}(k+1)$，再由下式：

$$e^{(0)}(k)=\frac{x_1{}^{(0)}(k)-\hat{x}_1{}^{(0)}(k)}{x_1{}^{(0)}(k)}\times 100\%$$

计算残差 $x^{(0)}(k)-\hat{x}^{(0)}(k)$ 和相对残差 $e^{(0)}(k)$见表 5.7-1。

表 5.7-1　残差、相对残差

k	$x^{(0)}(k)$ /mm	$\hat{x}^{(0)}(k)$ /mm	$x^{(0)}(k)-\hat{x}^{(0)}(k)$ /mm	$e^{(0)}(k)$/%
2	40.08	40.08	0.00	−0.01
3	45.49	46.86	−1.37	−3.02
4	36.88	38.30	−1.42	−3.85
5	4.74	5.19	−0.45	−9.57
6	27.63	28.39	−0.76	−2.73
7	11.85	12.17	−0.32	−2.68

平均相对残差 $e^{(0)}$：

$$e^{(0)}=\frac{1}{n}\left|\mathrm{e}^{(0)}(k)\right|=3.64\%$$

拟合精度 $p^{(0)}$：

$$p^{(0)}=1-e^{(0)}=96.36\%$$

5.8 GM(0,h)模型

设变形效应量序列 $X_1^{(0)}=[x_1^{(0)}(1),x_1^{(0)}(2),\cdots,x_1^{(0)}(n)]$，原因量子序列为：

$$X_2^{(0)}=[x_2^{(0)}(1),x_2^{(0)}(2),\cdots,x_2^{(0)}(n)]$$
$$X_3^{(0)}=[x_3^{(0)}(1),x_3^{(0)}(2),\cdots,x_3^{(0)}(n)]$$
$$\cdots$$
$$X_h^{(0)}=[x_h^{(0)}(1),x_h^{(0)}(2),\cdots,x_h^{(0)}(n)]$$

$X_i^{(0)}$ 的 1—AGO 序列为 $X_i^{(1)}=[x_i^{(1)}(1),x_i^{(1)}(2),\cdots,x_i^{(1)}(n)]$。

则称：

$$x_1^{(1)}(k)=b_2x_2{}^{(1)}(k)+b_3x_3{}^{(1)}(k)+\cdots+b_hx_h{}^{(1)}(k)+a \tag{5.95}$$

为 GM(0,h)模型。

当 $k=2,3,\cdots,n$ 时，式(5.95)为：

$$x_1^{(1)}(2)=b_2x_2{}^{(1)}(2)+b_3x_3{}^{(1)}(2)+\cdots+b_hx_h{}^{(1)}(2)+a$$
$$x_1^{(1)}(3)=b_2x_2{}^{(1)}(3)+b_3x_3{}^{(1)}(3)+\cdots+b_hx_h{}^{(1)}(3)+a$$
$$\cdots$$
$$x_1^{(1)}(n)=b_2x_2{}^{(1)}(n)+b_3x_3{}^{(1)}(n)+\cdots+b_hx_h{}^{(1)}(n)+a$$

若设：

$$\hat{\boldsymbol{a}}=\begin{bmatrix}b_2\\b_3\\\cdots\\b_h\\a\end{bmatrix};\boldsymbol{Y}=\begin{bmatrix}x_1^{(1)}(2)\\x_1^{(1)}(3)\\\cdots\\x_1^{(1)}(n)\end{bmatrix};\boldsymbol{B}=\begin{bmatrix}x_2^{(1)}(2)&x_3^{(1)}(2)&\cdots&x_h^{(1)}(2)&1\\x_2^{(1)}(3)&x_3^{(1)}(3)&\cdots&x_h^{(1)}(3)&1\\\cdots&\cdots&\cdots&\cdots&\cdots\\x_2^{(1)}(n)&x_3^{(1)}(n)&\cdots&x_h^{(1)}(n)&1\end{bmatrix}$$

则式(5.95)的矩阵表达式为：

$$\boldsymbol{Y}=\boldsymbol{B}\hat{\boldsymbol{a}} \tag{5.96}$$

上述方程组的最小二乘法解为：

$$\hat{\boldsymbol{a}}=[b_2,b_3,\cdots,b_h,a]^{\mathrm{T}}=(\boldsymbol{B}^{\mathrm{T}}\boldsymbol{B})^{-1}\boldsymbol{B}^{\mathrm{T}}\boldsymbol{Y} \tag{5.97}$$

GM(0,h) 模型是指 0 阶的 h 个变量的模型，由于不含导数为静态模型，从以上建模过程可以看出，若将 $x_i{}^{(1)}(k)$ 改为 $x_i{}^{(0)}(k)$ 即变为多元线性回归分析求解问题。

[例 5.6]原始数据取自[例 5.5]有：

$X_1^{(0)}=(16.30,40.08,45.49,36.88,4.74,27.63,11.85)$

$X_2^{(0)}=(15.4,80.2,54.2,47.6,5.2,38.6,16.6)$

试以 $X_1^{(0)}$ 为主因素，$X_2^{(0)}$ 为子因素建立 GM(0,2)模型并检验模型精度。

(1)原始序列生成处理

对 $X_1^{(0)}$、$X_2^{(0)}$ 进行 1－AGO 处理，其结果分别为：

$X_1^{(1)}=\text{AGO}x_1^{(0)}=(16.30,56.38,101.87,138.75,143.49,171.12,182.97)$

$X_2^{(1)}=\text{AGO}x_2^{(0)}=(15.4,95.6,149.8,197.4,202.6,241.2,257.8)$

(2)构造累加矩阵 $\boldsymbol{B}$ 与向量 $\boldsymbol{Y}$

$$\boldsymbol{B}=\begin{bmatrix} x_2^{(1)}(2) & 1 \\ x_2^{(1)}(3) & 1 \\ x_2^{(1)}(4) & 1 \\ x_2^{(1)}(5) & 1 \\ x_2^{(1)}(6) & 1 \\ x_2^{(1)}(7) & 1 \end{bmatrix}=\begin{bmatrix} 95.6 & 1 \\ 149.8 & 1 \\ 197.4 & 1 \\ 202.6 & 1 \\ 241.2 & 1 \\ 257.8 & 1 \end{bmatrix}$$

$$\boldsymbol{Y}=\begin{bmatrix} x_1^{(1)}(2) \\ x_1^{(1)}(3) \\ x_1^{(1)}(4) \\ x_1^{(1)}(5) \\ x_1^{(1)}(6) \\ x_1^{(1)}(7) \end{bmatrix}=\begin{bmatrix} 56.38 \\ 101.87 \\ 138.75 \\ 143.49 \\ 171.12 \\ 182.97 \end{bmatrix}$$

(3)求模型参数 $\hat{\boldsymbol{a}}=\begin{bmatrix} b_2 \\ a \end{bmatrix}$

$$\hat{\boldsymbol{a}}=\begin{bmatrix} b_2 \\ a \end{bmatrix}=(\boldsymbol{B}^{\mathrm{T}}\boldsymbol{B})^{-1}\boldsymbol{B}^{\mathrm{T}}\boldsymbol{Y}=\begin{bmatrix} 0.7798 \\ -16.2957 \end{bmatrix}$$

(4)建立 GM(0,2)模型白化方程

将 $\hat{\boldsymbol{a}}$ 代入式(5.95)：

$$x_1^{(1)}(k)=b_2x_2^{(1)}(k)+a$$

有

$$x_1^{(1)}(k)=0.7798x_2^{(1)}(k)-16.2957$$

(5)模型精度检验

先用模型计算 $\hat{x}_1^{(1)}(k+1)$，然后，用累减生成还原得 $\hat{x}_1^{(0)}(k+1)$，再由下式：

$$e^{(0)}(k)=\frac{x_1^{(0)}(k)-\hat{x}_1^{(0)}(k)}{x_1^{(0)}(k)}\times 100\%$$

计算残差 $x^{(0)}(k)-\hat{x}^{(0)}(k)$ 和相对残差 $e^{(0)}(k)$ 见表 5.8-1。

表 5.8-1 残差、相对残差

k	$x^{(0)}(k)$ /mm	$\hat{x}^{(0)}(k)$ /mm	$x^{(0)}(k)-\hat{x}^{(0)}(k)$ /mm	$e^{(0)}(k)$ /%
2	40.08	41.95	−1.87	−4.66
3	45.49	42.26	3.23	7.09
4	36.88	37.12	−0.24	−0.64
5	4.74	4.05	0.69	14.46
6	27.63	30.10	−2.47	−8.93
7	11.85	12.94	−1.09	−9.23

平均相对残差 $e^{(0)}$：

$$e^{(0)}=\frac{1}{n}\left|e^{(0)}(k)\right|=7.50\%$$

拟合精度 $p^{(0)}$：

$$p^{(0)}=1-e^{(0)}=92.50\%$$

6 变形趋势灰色预测

6.1 概述

6.1.1 灰预测基本概念

预测是根据客观系统过去和现在发展的行为特征数据资料，运用先进的科学理论和方法，以及丰富的实践经验和敏锐的判断力，对其未来发展趋势和状态进行描述和分析，以指导未来的行动方向，减少未来事件的不确定性。简言之，预测就是根据过去和现在估计未来，把未来的事件的不确定性最小化。因此，预测的本质是一个典型的灰色问题。

灰预测是基于灰色系统理论GM(1,1)模型的预测。其基本的内容是对系统行为特征数据的发展趋势进行预测；对行为特征的数据中异常数据发生的时刻进行估计；对在特定时区内发生的事件，进行未来时间分布的计算；对杂乱变形的未来态势进行整体研究；对系统多个因子的动态关联。由于GM模型是微分方程模型，因此它可以提示和描述动态系统时间连续过程的本质特征。而动态是变形监测工作所研究对象的基本特征。因此，灰预测特别适用于变形的过程描述。

6.1.2 灰预测的特点

(1)灰预测所需数据量较少

由于灰色系统理论将随机变量看作灰色量，将随机过程看作灰色过程，因此不需要大量的历史数据，也不需要数据序列服从典型分布，而是根据实际情况选择适量的有效数据，利用累加生成使杂乱无章的数据里呈现出一定的规律性。有时即使只用4个数据建模预测，也能获得令人满意的结果。

(2)灰预测不需要太多的关联因素

前已述及，影响变形体变形的因素很多。在大坝变形监测中，影响大坝变形的主要因素一般可分三类,即温度、水深和时效。通过灰色关联分析,可确定这三类因素某一代表形式进入 GM(1,h)模型。在边坡变形监测中,由于其影响因素难以确定或获得,因此,可直接用变形监测序列本身建立 GM(1,1)模型进行预测,这种预测形式上是单因素的,而实质在灰意义上则是全因素的。

(3)灰预测方法计算简单

虽然 GM 模型建立在较深的数学分析基础上,但它的计算步骤不多,方法也较简单。若借助于计算机计算,则更加迅速方便。此外,它需要的数据量不大,不需要太多的关联因素,就更加节省计算时间。

(4)灰预测精度较高,适应性少

实践证明,灰预测在大多数情况下,比其他预测方法精度要高。引入扩展的 GM 模型后,灰预测既可用于近期、短期预测,也可用于中长期预测。

(5)灰预测平面

灰预测可用灰色平面对系统未来的发展进行大致估计,因而使预测不会出现错误的结果,且可用灰色平面对系统状态进行分析,这是其他方法难以办到的。

(6)灰预测模型有多种检验方法

GM 模型常用三种检验方法。一般说来,残差检验是一种统计检验方法;关联度检验是一种几何检验方法;后验差检验是一种数学检验方法。通过残差检验可知模型拟合精度情况;经过关联度检验后,可从较多的模型中确定最终用于预测的模型;而后验差检验结果,则可确定模型精度等级,即一级(好)、二级(合格)、三级(勉强)、四级(不合格)。这些检验方法可方便地确定预测结果是否可信。

6.1.3 灰预测的分类

灰预测按其方法和特征可分为以下几类。

(1)序列灰预测

序列灰预测是对某个系统或因素发展变化的大小和时间所作的预测,其基本预测模型为 GM(1,1),如预测变形体在未来某年某方向变形值达多少。这里一是需要明确未来的时间;二是估计相应时刻的变形值是多少。序列灰预测还可实现变形体最终变形量预测和出现时间的预测。因此,序列灰预测在变形监测序列分析处理中有重要意义和作用。

(2)灾变灰预测

灾变灰预测是对某个时间是否发生"灾变",或某种异常值可能发生在什么时间的预测。其基本预测模型为 GM(1,1)。如假定大坝库区流量大于某一个阈值(界限值)为洪峰，那么灾变灰预测根据历史上洪峰出现的时间来预测下次洪峰出现的时间；当想了解大坝变形的突出值发生的时刻，即预测大坝下次突出值发生的时刻，也可通过灾变灰预测来实现。此外，灾变灰预测在边坡监测序列处理分析中亦有十分重要的作用。灾变灰预测与序列灰预测的主要区别是灾变灰预测只需要预测异常值出现的时刻，而异常值的大小是事先给定的，当然对异常值一般给定的是这个数的上界和下界，这个数其实是个灰数。因此，我们说灾变灰预测是对给定灰数发生时刻的预测。

(3)季节灾变灰预测

异常值发生在一年中某个季节或某个特定时区内的预测，称季节灾变灰预测。其基本模型仍为 GM(1,1)，如预测洪峰是发生在每年的特定时区内的预测等。季节灾变，预测与灾变灰预测的共同点是都要预测异常值出现的时刻，而不需要计算异常值；不同点在于季节灾变仅指一年内某个特定时区的灾变，在其他时区毫无意义。此外，季节灾变灰预测数据是在灾变灰预测数据基础上生成而来。

(4)拓扑灰预测

拓扑灰预测是一种波形预测，它同样是用 GM(1,1)模型来预测未来发展变化的整个波形。由于波形是由若干数据点构成，因此拓扑灰预测规定了若干给定的数据。根据这些数据在曲线上可找到一组点的分布数据，然后分别对每个给定的数据所对应的一组点的分布数据建立 GM(1,1)模型，即可预测这组给定数据未来发展的时间间隔。拓扑灰预测有两个显著特点：一个是用 GM(1,1)模型群预测，另一个是预测方式与季节灾变灰预测相似，这里的“数据大小”是异常值“时间间隔”的大小。

(5)系统灰预测

系统灰预测是对系统中众多因素间的相互协调关系的发展变化的预测，并预测系统主行为因素的作用。其基本预测模型的 GM(1,1)和 GM(1,h)。比如将大坝变形值作为系统主行为特征量(即输出)，而环境因素如温度、水深等因素作为系统行为特征量(即输入)。在灰关联分析基础上，用 GM(1,h)模型可建立大坝变形协调预测模型；GM(1,1)和 GM(1,h)模型结合可建立大坝变形状态预测模型。借此对大坝变形进行分析、解释和预测。

6.2 变形灰预测基本方法

在工程变形监测分析预测中，常用序列灰预测、灾变灰预测和系统灰预测，下面分别介绍其方法。

6.2.1 序列灰预测

由于序列灰预测方法是基于 GM(1,1)模型，对变形监测位移量的大小进行预测，因此比其他几种灰预测方法适用性更广、更常用。

设有非负等时距变形监测序列：

$$x^{(0)}=[x^{(0)}(1),x^{(0)}(2),\cdots,x^{(0)}(n)]$$

对上式原始序列，灰色序列预测有以下几个基本步骤。

第一步，对 $x^{(0)}$ 作一次累加生成，得新序列 $x^{(1)}$ ：

$$x^{(1)}=\mathrm{AGO}[x^{(0)}]=[x^{(1)}(1),x^{(1)}(2),\cdots,x^{(1)}(n)]$$

第二步，构造累加矩阵 $\boldsymbol{B}$ 和常数向量 $\boldsymbol{Y}_n$：

$$\boldsymbol{B}=\begin{bmatrix}-0.5[x^{(1)}(2)+x^{(1)}(1)] & 1\\ -0.5[x^{(1)}(3)+x^{(1)}(2)] & 1\\ \cdots & \cdots\\ -0.5[x^{(1)}(n)+x^{(1)}(n-1)] & 1\end{bmatrix};\boldsymbol{Y}_n=\begin{bmatrix}x^{(0)}(2)\\ x^{(0)}(3)\\ \cdots\\ x^{(0)}(n)\end{bmatrix}$$

第三步，用最小二乘法求模型参数 $\hat{\boldsymbol{a}}$：

$$\hat{\boldsymbol{a}}=\begin{bmatrix}a\\ b\end{bmatrix}=(\boldsymbol{B}^{\mathrm{T}}\boldsymbol{B})^{-1}\boldsymbol{B}^{\mathrm{T}}\boldsymbol{Y}_n$$

第四步，将 $\hat{\boldsymbol{a}}$ 代入微分方程：

$$\frac{\mathrm{d}x^{(1)}}{\mathrm{d}t}+ax^{(1)}=b$$

第五步，求解微分方程，并离散化后得到预测模型：

$$\hat{x}^{(1)}(k+1)=\left[x^{(0)}(1)-\frac{b}{a}\right]\mathrm{e}^{-ak}+\frac{b}{a}$$

第六步，用一次 IAGO 还原，得还原预测模型：

$$\hat{x}^{(0)}(k+1)=\hat{x}^{(1)}(k+1)-\hat{x}^{(1)}(k)=(1-\mathrm{e}^{a})[x^{(0)}(1)-\frac{b}{a}]\mathrm{e}^{-ak}$$

第七步，模型精度检验，可用残差检验、关联度检验和后验差检验等。

第八步，根据需要分别用第五步或第六步建立的模型进行预测。

为进一步说明灰色序列预测的基本方法，举例说明。

[例 6.1]某高层建筑物月沉降量序列记为 $x^{(0)}$ ：

$$x^{(0)}=(9.3,9.4,8.3,7.3,5.1)$$

式中单位为 mm。试用序列预测方法预测未来几个月的沉降量。

①对 $x^{(0)}$ 作一次 AGO 生成有新序列 $x^{(1)}$ ：

$$x^{(1)}=\mathrm{AGO}[x^{(0)}]=(9.3,18.7,27.0,34.3,39.4)$$

②构造累加矩阵 $\boldsymbol{B}$ 和常数向量 $\boldsymbol{Y}_n$：

$$\boldsymbol{B}=\begin{bmatrix}-0.5[x^{(1)}(2)+x^{(1)}(1)] & 1\\ -0.5[x^{(1)}(3)+x^{(1)}(2)] & 1\\ -0.5[x^{(1)}(4)+x^{(1)}(3)] & 1\\ -0.5[x^{(1)}(5)+x^{(1)}(4)] & 1\end{bmatrix}=\begin{bmatrix}-14.00 & 1\\ -22.85 & 1\\ -30.65 & 1\\ -36.85 & 1\end{bmatrix};\boldsymbol{Y}_n=\begin{bmatrix}x^{(0)}(2)\\ x^{(0)}(3)\\ x^{(0)}(4)\\ x^{(0)}(5)\end{bmatrix}=\begin{bmatrix}9.4\\ 8.3\\ 7.3\\ 5.1\end{bmatrix}$$

③用最小二乘法计算模型参数 $\hat{\boldsymbol{a}}$：

$$\boldsymbol{B}^{\mathrm{T}}\boldsymbol{B}=\begin{bmatrix}-14.00 & -22.85 & -30.65 & -36.85\\ 1 & 1 & 1 & 1\end{bmatrix}\begin{bmatrix}-14.00 & 1\\ -22.85 & 1\\ -30.65 & 1\\ -36.85 & 1\end{bmatrix}=\begin{bmatrix}3015.4675 & -104.3500\\ -104.3500 & 4\end{bmatrix}$$

$$(\boldsymbol{B}^{\mathrm{T}}\boldsymbol{B})^{-1}=\begin{bmatrix}3015.4675 & -104.3500\\ -104.3500 & 4\end{bmatrix}^{-1}=\frac{1}{4\times 3015.4675-(104.3500)^2}\begin{bmatrix}4 & 104.3500\\ 104.3500 & 3015.4675\end{bmatrix}$$

$$=\begin{bmatrix}0.00341021 & 0.08896391\\ 0.08896391 & 2.57084610\end{bmatrix}$$

$$\boldsymbol{B}^{\mathrm{T}}\boldsymbol{Y}_n=\begin{bmatrix}-14.00 & -22.85 & -30.65 & -36.85\\ 1 & 1 & 1 & 1\end{bmatrix}\begin{bmatrix}9.4\\ 8.3\\ 7.3\\ 5.1\end{bmatrix}=\begin{bmatrix}-732.935\\ 30.100\end{bmatrix}$$

$$\hat{\boldsymbol{a}}=\begin{bmatrix}a\\ b\end{bmatrix}=(\boldsymbol{B}^{\mathrm{T}}\boldsymbol{B})^{-1}\boldsymbol{B}^{\mathrm{T}}\boldsymbol{Y}_n=\begin{bmatrix}0.00341021 & 0.08896391\\ 0.08896391 & 2.57084610\end{bmatrix}\begin{bmatrix}-732.935\\ 30.100\end{bmatrix}=\begin{bmatrix}0.178357\\ 12.177704\end{bmatrix}$$

④将 $\hat{\boldsymbol{a}}$ 代入微分方程有：

$$\frac{\mathrm{d}x^{(1)}}{\mathrm{d}t}+0.178351x^{(1)}=12.177704$$

⑤求解微分方程有离散解：

$$\hat{x}^{(1)}(k+1)=-58.979427\mathrm{e}^{-0.178351k}+68.279427$$

⑥用一次 IAGO 生成还原有预测模型：

$$\hat{x}^{(0)}(k+1)=(1-\mathrm{e}^{a})[x^{(0)}(1)-\frac{b}{a}]\mathrm{e}^{-ak}=11.515425\mathrm{e}^{-0.178351k}$$

⑦模型程度检验：

残差检验结果列于表 6.2-1 和表 6.2-2。

表 6.2-1 累加模型计算残差、相对残差

k	$x^{(1)}(k)$ /mm	$\hat{x}^{(1)}(k)$ /mm	$\varepsilon^{(1)}(k)$ /mm	$q^{(1)}(k)$ /%
2	18.7	18.9	−0.2	1.1
3	27.0	27.0	0.0	0.0
4	34.3	33.7	0.6	1.7
5	39.4	39.3	0.1	0.3

表 6.2-2 还原模型计算残差、相对残差

k	$x^{(0)}(k)$ /mm	$\hat{x}^{(0)}(k)$ /mm	$\varepsilon^{(0)}(k)$ /mm	$q^{(0)}(k)$ /%
2	9.4	9.6	−0.2	2.1
3	8.3	8.1	0.2	2.4
4	7.3	6.7	0.6	8.2
5	5.1	5.6	−0.5	9.8

关联度检验指标：$r=0.856$。

后验差检验指标：$C=0.132$，$P=1.000$。

模型检验结果综合评定为一级(好)，即该模型完全可用于变形预测。

⑧用 GM(1,1)模型预测。

建筑物累计沉降量可用累加模型：

$$\hat{x}^{(1)}(k+1)=-58.979427e^{-0.178351k}+68.279427$$

直接预测，比如：

$$k=5,\hat{x}^{(1)}(6)=44.1(\text{mm})$$

$$k=6,\hat{x}^{(1)}(7)=48.1(\text{mm})$$

…

$$k=26,\hat{x}^{(1)}(27)=67.7(\text{mm})$$

而实际在第 27 个月所测得的累计沉降量：

$$x^{(1)}(27)=69.0(\text{mm})$$

预测误差：

$$\varepsilon^{(1)}(27)=x^{(1)}(27)-\overline{x}^{(1)}(27)=69.0-67.7=1.3(\text{mm})$$

相对误差：

$$q^{(1)}(27)=\frac{1.3}{69.0}=1.88\%$$

由此看来，上述预测在时间段超过原始序列时间段 5 倍之多的情况下，预测的相对误不足 2%，从而说明预测精度令人满意。

建筑物月沉降量可运用原模型：

$$\hat{x}^{(0)}(k+1)=(1-e^{a})[x^{(0)}(1)-\frac{b}{a}]e^{-ak}=11.515425e^{-0.178351k}$$

进行预测，比如：

$$k=5,\hat{x}^{(0)}(6)=47(\text{mm})$$

$$k=6,\hat{x}^{(0)}(7)=3.9(\text{mm})$$

…

或用累加模型预测值累减还原得到。

以上阐述了用 GM(1,1)模型进行序列预测的基本方法。在实际应用中，若原始序列不能满足建模要求，可采用相应方法先生成处理，这时模型计算值应还原两次或多次后才能使用。

6.2.2 灾变灰预测

有些情况下，系统行为特征数据非常离乱，且无所谓总体趋势。这时人们常常并不关心数据变化的全过程，而只是对变量的某些异常值感兴趣。比如降雨量大于限值为涝年，小于限值为旱年，降雨量在正常范围变动时，人们一般并不注意。在大坝安全监测中，如果对大坝变形某一级大(小)异常值未来可能发生的时刻感兴趣，即想了解异常值下一次可能发生的时刻，也可通过灾变灰预测来实现。灾变灰预测的机理是先将限值(或以下)的数字从原始序列中挑出来，然后用 GM(1,1)模型预测这些限值数字出现的时间间隔。根据时间间隔方法的不同，灾变灰预测又分为时序灾变灰预测和时间灾变灰预测。

6.2.2.1 时序灾变灰预测

设任一变形监测序列 $x^{(0)}$：

$$x^{(0)}=[x^{(0)}(1),x^{(0)}(2)\cdots,x^{(0)}(n)]$$

式中 $x^{(0)}(k)$ —— $x^{(0)}$ 的第 k 点元素，其对应二维单面的点 a_k：

$$a_k=[k,x^{(0)}(k)]$$

令 p_h 为二维单面的水平投影算子，于是

$$p_h(a_k)=p_h[k,x^{(0)}(k)]=k$$

则称：

$$[p_h(a_1),p_h(a_2)\cdots,p_h(a_n)]=(1,2\cdots,n)$$

为 $x^{(0)}$ 的原始编序序列。

给定 ξ 为灾变异常值(阈值)，有：

$$x_{\xi}^{(0)}=[x_{\xi}^{(0)}(1'),x_{\xi}^{(0)}(2')\cdots,x_{\xi}^{(0)}(n')]$$

当 $x_{\xi}^{(0)}(i')\geqslant\xi(i=1,2\cdots,n)$ 时，称 $x_{\xi}^{(0)}$ 为 $x^{(0)}$ 的上灾变集；$x_{\xi}^{(0)}(i')\leqslant\xi(i=1,2\cdots,n)$ 时，称 $x_{\xi}^{(0)}$ 为 $x^{(0)}$ 的下灾变集。上、下灾变集统称灾变集。同时称：

$$[p_h(a_1'),p_h(a_2')\cdots,p_h(a_n')]=(1',2'\cdots,n')$$

为 $x^{(0)}$ 的灾变异常值 ξ 编序序列。

则从 $x^{(0)}$ 到 $x_{\xi}^{(0)}$ 是一种映射，记为：

$$\xi:(x^{(0)})\rightarrow(x_{\xi}^{(0)})$$

对于 $x_{\xi}^{(0)}(i')\in x_{\xi}^{(0)}$；$x^{(0)}(q)\in x^{(0)}$，作 i' 到 q 的映射，即

$$x_{\xi}^{(0)}(i')=x^{(0)}(q)$$

令映射：

$$p:(i')\rightarrow(q)$$

式中，$i'=1',2',\cdots,n'$；$q=1,2,\cdots,n,n'\leqslant n,p^{(0)}(i')=q$，则

$$p^{(0)}=[p^{(0)}(1'),p^{(0)}(2')\cdots,p^{(0)}(n')]$$

为灾变日期集，当指定 $1'$ 为起点序号，且 $n'-1'=n$ 时，有：

$$p^{(0)}=p^{(0)}(1),p^{(0)}(2)\cdots,p^{(0)}(n)$$

至此，序列 $p^{(0)}$ 就是要找的用于时序灾变预测的序列。

对 $p^{(0)}$ 作一次 AGO 生成：

$$p^{(1)}=p^{(1)}(1),p^{(1)}(2)\cdots,p^{(1)}(n)$$

式中，$p^{(1)}(k)=\sum_{i=1}^{k}p^{(0)}(i)$，对这类时序灾变序列常用 GM(1,1)模型来预测。其微分方程为：

$$\frac{\mathrm{d}p^{(1)}}{\mathrm{d}t}+ap^{(1)}=b$$

式中，$\hat{\boldsymbol{a}}=[a,b]^{\mathrm{T}}$ 为模型参数，由下式求得：

$$\hat{\boldsymbol{a}}=\begin{bmatrix}a\\b\end{bmatrix}=(\boldsymbol{B}^{\mathrm{T}}\boldsymbol{B})^{-1}\boldsymbol{B}^{\mathrm{T}}\boldsymbol{Y}_n$$

累加矩阵 $\boldsymbol{B}$ 与常数向量 $\boldsymbol{Y}_n$ 分别为：

$$\boldsymbol{B}=\begin{bmatrix}-0.5[p^{(1)}(2)+p^{(1)}(1)] & 1\\ -0.5[p^{(1)}(3)+p^{(1)}(2)] & 1\\ \cdots & \cdots\\ -0.5[p^{(1)}(n)+p^{(1)}(n-1)] & 1\end{bmatrix};\boldsymbol{Y}_n=\begin{bmatrix}p^{(0)}(2)\\p^{(0)}(3)\\\cdots\\p^{(0)}(n)\end{bmatrix}$$

解微分方程有离散响应解：

$$\hat{p}^{(1)}(k+1)=\left[p^{(0)}(1)-\frac{b}{a}\right]\mathrm{e}^{-ak}+\frac{b}{a}$$

一次累减还原有：

$$\hat{p}^{(0)}(k+1)=\hat{p}^{(1)}(k+1)-\hat{p}^{(1)}(k)=(1-e^{a})[p^{(0)}(1)-\frac{b}{a}]e^{-ak}$$

下面用一个实例来说明时序灾变预测的步骤与方法。

[例 6.2]某滑坡坡区月降雨量数据见表 6.2-3。降雨会带来滑坡地表及地下水的活动，常为诱发边坡破坏的重要因素。因此，在边坡安全监测中，对未来时间内是否出现大的降雨量的预测是有实际意义的。现用 1982—1984 年数据作时序灾变预测，1985 年数据作检核用。

表 6.2-3　　某滑坡坡区月降雨量数据

时间/年-月	月降雨量/mm	时间/年-月	月降雨量/mm	时间/年-月	月降雨量/mm	时间/年-月	月降雨量/mm
1982-01	19.7	1983-01	21.3	1984-01	19.0	1985-01	5.2
1982-02	18.1	1983-02	14.8	1984-02	2.6	1985-02	38.6
1982-03	86.4	1983-03	42.2	1984-03	39.4	1985-03	16.6
1982-04	86.1	1983-04	79.3	1984-04	65.4	1985-04	79.1
1982-05	87.6	1983-05	97.3	1984-05	103.1	1985-05	162.6
1982-06	170.0	1983-06	195.4	1984-06	243.2	1985-06	126.6
1982-07	189.7	1983-07	313.7	1984-07	99.9	1985-07	156.1
1982-08	137.8	1983-08	126.3	1984-08	108.3	1985-08	121.7
1982-09	159.8	1983-09	183.2	1984-09	154.2		
1982-10	78.4	1983-10	276.4	1984-10	80.2		
1982-11	75.3	1983-11	40.8	1984-11	54.2		
1982-12	4.1	1983-12	12.3	1984-12	47.6		

第一步，确定灾变值 ξ。

根据实际情况及降雨量大小对边坡稳定性的影响程度来选取 ξ。这里取 $\xi=$ 150mm，即认为当月降雨量大于 150mm 时，边坡变形速率有可能加大，应加强对边坡的监测工作。

第二步，作映射 ξ，将原始序列转换到时序灾变序列。

$$\xi:[x^{(0)}]\rightarrow[x_{\xi}^{(0)}]$$

$$\begin{aligned}x^{(0)}&=[x^{(0)}(1),x^{(0)}(2),\cdots,x^{(0)}(36)]\\&=[19.7,18.1,\cdots,47.6]\end{aligned}$$

按 $x^{(0)}(k)\geqslant 150\text{mm}$ 知，

$$\begin{aligned}x_{\xi}^{(0)}&=[170.0,189.7,159.8,195.4,313.7,183.2,276.4,243.2,154.2)\\&=[x^{(0)}(6),x^{(0)}(7),x^{(0)}(9),x^{(0)}(18),x^{(0)}(19),x^{(0)}(21),x^{(0)}(22),x^{(0)}(30),x^{(0)}(33)]\end{aligned}$$

$=[x^{(0)}(1'),x^{(0)}(2'),x^{(0)}(3'),x^{(0)}(4'),x^{(0)}(5'),x^{(0)}(6'),x^{(0)}(7'),x^{(0)}(8'),x^{(0)}(9')]$

作灾变序号映射 P：$P:(x_{\xi}^{(0)})\rightarrow(p^{(0)})$

$$p^{(0)}=[p^{(0)}(1'),p^{(0)}(2'),p^{(0)}(3'),p^{(0)}(4'),p^{(0)}(5'),p^{(0)}(6'),p^{(0)}(7'),p^{(0)}(8'),p^{(0)}(9')]$$
$$=(1',2',3',4',5',6',7',8',9')$$

考虑到

$1'=6$、$2'=7$、$3'=9$、$4'=18$、$5'=19$、$6'=21$、$7'=22$、$8'=30$、$9'=33$

于是

$$p^{(0)}=(6,7,9,18,19,21,22,30,33)$$

第三步，建立时序灾变灰预测模型。

对 $p^{(0)}$ 作一次 AGO 生成，有：

$$p^{(1)}=(6,13,22,40,59,80,102,132,165)$$

构造数据矩阵 $\boldsymbol{B}$ 及 $\boldsymbol{Y}_n$：

$$\boldsymbol{B}=\begin{bmatrix}-0.5[p^{(1)}(2)+p^{(1)}(1)] & 1\\ -0.5[p^{(1)}(3)+p^{(1)}(2)] & 1\\ -0.5[p^{(1)}(4)+p^{(1)}(3)] & 1\\ -0.5[p^{(1)}(5)+p^{(1)}(4)] & 1\\ -0.5[p^{(1)}(6)+p^{(1)}(5)] & 1\\ -0.5[p^{(1)}(7)+p^{(1)}(6)] & 1\\ -0.5[p^{(1)}(8)+p^{(1)}(7)] & 1\\ -0.5[p^{(1)}(9)+p^{(1)}(8)] & 1\end{bmatrix}=\begin{bmatrix}-9.5 & 1\\ -17.5 & 1\\ -31.0 & 1\\ -49.5 & 1\\ -69.5 & 1\\ -91.0 & 1\\ -117.0 & 1\\ -148.0 & 1\end{bmatrix},\boldsymbol{Y}_n=\begin{bmatrix}p^{(0)}(2)\\ p^{(0)}(3)\\ p^{(0)}(4)\\ p^{(0)}(5)\\ p^{(0)}(6)\\ p^{(0)}(7)\\ p^{(0)}(8)\\ p^{(0)}(9)\end{bmatrix}=\begin{bmatrix}7\\ 9\\ 18\\ 19\\ 21\\ 22\\ 30\\ 33\end{bmatrix}$$

模型参数 $\hat{\boldsymbol{a}}=[a\quad b]^{\mathrm{T}}=(\boldsymbol{B}^{\mathrm{T}}\boldsymbol{B})^{-1}\boldsymbol{B}^{\mathrm{T}}\boldsymbol{Y}_n$

$$(\boldsymbol{B}^{\mathrm{T}}\boldsymbol{B})=\begin{bmatrix}-9.5 & -17.5 & -31.0 & -49.5 & -69.5 & -91.0 & -117.0 & -148.0\\ 1 & 1 & 1 & 1 & 1 & 1 & 1 & 1\end{bmatrix}\begin{bmatrix}-9.5 & 1\\ -17.5 & 1\\ -31.0 & 1\\ -49.5 & 1\\ -69.5 & 1\\ -91.0 & 1\\ -117.0 & 1\\ -148.0 & 1\end{bmatrix}=\begin{bmatrix}52660.25 & -533.5\\ -533.5 & 8\end{bmatrix}$$

$$B^{T}Y_n=\begin{bmatrix}-13594.5\\159.0\end{bmatrix}$$

$$\hat{a}=\begin{bmatrix}52660.25 & -533.5\\-533.5 & 8\end{bmatrix}^{-1}\begin{bmatrix}-13594.5\\159.0\end{bmatrix}=\begin{bmatrix}-0.175102\\8.197834\end{bmatrix}$$

将 $\hat{a}$ 代入预测模型：

$$\hat{p}^{(0)}(k+1)=(1-e^{a})[p^{(0)}(1)-\frac{b}{a}]e^{-ak}$$

$$\hat{p}^{(0)}(k+1)=8.483998e^{0.175102k}$$

模型检验结果：平均相对拟合误差 $\bar{q}=0.16\%$；拟合关联度 $r=0.76$；后验差比值 $c=0.13$；小误差概率 $P=1$。

故模型精度综合评定为一级(好)，即可用该模型作时序灾变灰预测。

第四步：时序灾变灰预测。

令 $k=9$ 代入预测模型，有时序灾变预测值：

$$\hat{p}^{(0)}(10)=8.483998e^{0.175102\times 9}=41.02\approx 41$$

预测结果表明，下一次大于 150mm 的降雨量发生第 41 个月，即 1985 年 5 月。这同表 6.2-3 实际结果一致，从而说明时序灾变灰预测结果令人满意。

由上述分析和计算可以看出，时序灾变灰预测的特点是对异常值出现的时序进行预测，预测的任务不是确定异常值的大小，而是确定异常值出现的时序。预测建模所用的数据已不是行为特征量本身，而是异常行为特征值发生的时序列，这时对时序来说已不是等间隔。

6.2.2.2 时间灾变灰预测

时间灾变灰预测与时序灾变灰预测基本算式相同，只是采用的数据不同，通常时间灾变序列是将时序灾变序列的分辨率提高后得到的。其基本思路是在变形过程线上，取一定灾变异常值 ξ，用 ξ 与过程线要点的水平投影相对于时间起点的时间序列，建立 GM(1,1)模型，然后作时间灾变灰预测。建立的模型为时间灾变灰预测模型。其建模方法同时序灾变灰预测。

设原始序列：

$$x^{(0)}=[x^{(0)}(1),x^{(0)}(2),\cdots,x^{(0)}(n)]$$

假定 a_k 为二维平面的点：

$$a_k=[k,x^{(0)}(k)]$$

$a_k(\theta)$ 为 a_{k-1} 至 a_k 的直线：

$$a_k(\theta)=\theta a_k+(1-\theta)a_{k-1}\quad(\theta\in[0,1])$$

称 $a_k(\theta)$ 的全体 $a(\theta)$：

$$a(\theta)=(a_k(\theta)\mid k=2,3\cdots,n,\quad (\theta\in[0,1])$$

为过程线 $x^{(0)}$ 的图形。

取灾变异常值 ξ，则图形 $x^{(0)}$ 与等高线 ξ 的交点为：

$$x^{(0)}(\tau_1),x^{(0)}(\tau_2),\cdots,x^{(0)}(\tau_{n'})\quad (n'<n)$$

且

$$x^{(0)}(\tau_i)=\xi\quad (i=1,2\cdots,n')$$

则称以 τ_i 构成的时间序列 $p^{(0)}$：

$$p^{(0)}=(\tau_1,\tau_2,\cdots,\tau_{n'})$$

建立的模型为时间灾变灰预测模型。其建模方法同时序灾变灰预测。

[例 6.3]某堆积体滑坡月位移量过程线见图 6.2-1。试用前 36 个月的监测数据作时间灾变灰预测。

首先取灾变异常值 $\xi=200\text{mm}$，由图 6.2-1 可知，以 ξ 为阈值的时间间隔灰集为：

$$p^{(0)}\otimes=[p_{\otimes}^{(0)}(1),p_{\otimes}^{(0)}(2),p_{\otimes}^{(0)}(3),p_{\otimes}^{(0)}(4),p_{\otimes}^{(0)}(5),p_{\otimes}^{(0)}(6),p_{\otimes}^{(0)}(7),p_{\otimes}^{(0)}(8),p_{\otimes}^{(0)}(9)]$$
$$=[\otimes(3),\otimes(12),\otimes(13),\otimes(15),\otimes(16),\otimes(24),\otimes(26),\otimes(27),\otimes(30)]$$

$\otimes(i)$ 为白数 i 领域的数，按实际资料白化后有白化集：

$$p^{(0)}=[p^{(0)}(1),p^{(0)}(2),p^{(0)}(3),p^{(0)}(4),p^{(0)}(5),p^{(0)}(6),p^{(0)}(7),p^{(0)}(8),p^{(0)}(9)]$$
$$=(3.2,12.2,13.3,15.0,16.5,24.6,26.6,27.0,30.3)$$

对时间序列 $p^{(0)}$ 建立 GM(1,1)模型，得参数向量 $\hat{\boldsymbol{a}}$：

$$\hat{\boldsymbol{a}}=\begin{bmatrix}a\\b\end{bmatrix}=\begin{bmatrix}-0.135074\\11.087935\end{bmatrix}$$

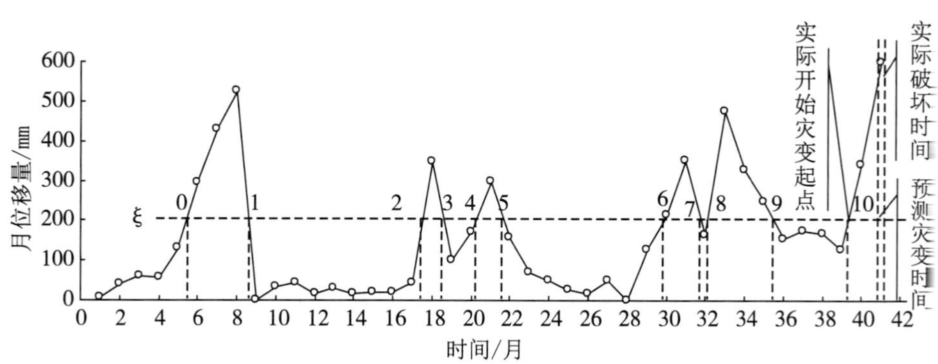

图 6.2-1　某堆积体滑坡月位移量过程线

于是有累加预测模型：

$$\hat{p}^{(1)}(k+1)=85.287652e^{0.135074k}-82.087652$$

经累减生成还原有原始序列时间灾变灰预测模型：

$$\hat{p}^{(0)}(k+1)=10.776012e^{0.135074k}$$

模型检验结果：平均相对拟合误差 $\bar{q}=7.18\%$；拟合关联度 $r=0.75$；后验差比值 $c=0.12$；小误差概率 $P=1$。

该模型精度综合评定为一级（好），从而说明该模型可用于时间灾变灰预测。

令 $k=9$ 代入时间灾变灰预测模型，有：

$$\hat{p}^{(0)}(10)=10.776012e^{0.135074\times 9}=36.34$$

则下一次灾变时间间隔为：

$$\hat{p}^{(0)}(10)-p^{(0)}(9)=36.34-30.3\approx 6$$

从而说明下一次灾变异常值将发生在最后一次灾变异常值后的第 6 个月里，与实际情况非常接近，从而说明时间灾变灰预测结果令人满意。

6.2.3 系统灰预测

系统灰预测是对多个因素组成的系统发展变化的预测。若预测的对象与其他因素之间只有相互影响、相互制约的作用，则称为系统关联（协调）预测；若预测的对象是由其他因素构成的，则称为系统状态预测。

6.2.3.1 系统关联灰预测

系统关联灰预测的基本模型为 GM(1,h)模型。它是了解系统中的各因素之间动态关联的有效工具，同时可利用它来观察系统的各敏感因素的变化对系统主行为的影响程度。

设有 h 个观测序列：

$$x_i^{(0)}=[x_i^{(0)}(1),x_i^{(0)}(2),\cdots,x_i^{(0)}(n)]\quad(i=1,2\cdots,h)$$

对 $x_i^{(0)}$ 作一次 AGO：

$$x_i^{(1)}=[x_i^{(1)}(1),x_i^{(1)}(2),\cdots,x_i^{(1)}(n)]\quad(i=1,2\cdots,h)$$

式中

$$x_i^{(1)}(k)=\sum_{j}^{k}x_i^{(0)}(j)$$

此时，可建立系统动态微分方程：

$$\frac{\mathrm{d}x_1{}^{(1)}}{\mathrm{d}t}+ax_1{}^{(1)}=b_2x_2{}^{(1)}+b_3x_3{}^{(1)}+\cdots\cdots+b_hx_h{}^{(1)}$$

式中，系数向量 $\hat{\boldsymbol{a}}=[a,b_2,b_3,\cdots,b_n]^{\mathrm{T}}$。其中，$b_2$、$b_3$、…、$b_h$ 反映了系统各因素与主行为因素之间的动态关联程度。$b_i>0$，表示 i 因素对主行为因素有促进作用，$b_j<0$，表示 j 因素对主行为因素有阻碍作用。而参数 a 则反映主行为因素和各因素之间的协调程度，$a>0$，表示不太协调，a 越大，则不协调程度越大。用最小二乘法可得到它们的解：

$$\hat{\boldsymbol{a}}=(\boldsymbol{B}^{\mathrm{T}}\boldsymbol{B})^{-1}\boldsymbol{B}^{\mathrm{T}}\boldsymbol{Y}_n$$

式中，**B**——累加矩阵；

$\boldsymbol{Y}_n$——常数项的量，分别为：

$$\boldsymbol{B}=\begin{bmatrix} -0.5[x_1^{(1)}(2)+x_1^{(1)}(1)] & x_2^{(1)}(2) & x_3^{(1)}(2) & \cdots & x_h^{(1)}(2) \\ -0.5[x_1^{(1)}(3)+x_1^{(1)}(2)] & x_2^{(1)}(3) & x_3^{(1)}(3) & \cdots & x_h^{(1)}(3) \\ \cdots & \cdots & \cdots & \cdots & \cdots \\ -0.5[x_1^{(1)}(n)+x_1^{(1)}(n-1)] & x_2^{(1)}(n) & x_3^{(1)}(n) & \cdots & x_h^{(1)}(n) \end{bmatrix};\boldsymbol{Y}_n=\begin{bmatrix} x_1^{(0)}(2) \\ x_1^{(0)}(3) \\ \cdots \\ x_1^{(0)}(n) \end{bmatrix}$$

微分方程的通解为：

$$\hat{x}_1^{(1)}(k+1)=[x_1^{(0)}(1)-\frac{1}{a}\sum_{i=2}^{h}\frac{b_i}{a}x_i^{(1)}(k+1)]\mathrm{e}^{-ak}+\frac{1}{a}\sum_{i=2}^{h}b_i x_i^{(1)}(k+1)$$

对上述模型仍采用残差检验、关联度检验和后验差检验。

[例 6.4]设某混凝土坝基础水平位移序列 $x_1^{(0)}$，主要受观测当天上游单位水深因子 $x_2^{(0)}$ 和当天至前 6d 的上下游水位差梯度因子 $x_3^{(0)}$ 的影响，其中 $x_2^{(0)}$ 和 $x_3^{(0)}$ 已作标准化处理。原始数据列于表 6.2-4。试用表中序列建立 GM(1,3)模型并进行检验。

表 6.2-4　原始数据

时间/(年-月)	k	$x_1^{(0)}(k)$	$x_2^{(0)}(k)$	$x_3^{(0)}(k)$
1986-02	1	1.69	0.968	2.200
1986-05	2	1.57	1.167	1.764
1986-08	3	0.70	1.605	1.770
1986-11	4	2.01	1.246	1.986
1987-02	5	2.45	0.889	2.498
1987-05	6	2.23	1.038	2.354
1987-08	7	1.02	1.762	1.671
1987-11	8	1.70	1.109	2.452

(1)原始序列生成处理

对 $x_i^{(0)}$ 作 AGO 处理，其结果分别为：

$x_1^{(0)}=(1.69,3.26,3.96,5.97,8.42,10.65,11.67,13.37)$

$x_2^{(0)}=(0.968,2.135,3.740,4.968,5.875,6.913,8.675,9.784)$

$x_3^{(0)}=(2.200,3.964,5.734,7.720,10.218,12.572,14.243,16.695)$

(2)构造累加矩阵 $\boldsymbol{B}$、常数向量 $\boldsymbol{Y}_n$

$$\boldsymbol{B}=\begin{bmatrix} -0.5[x_1^{(1)}(2)+x_1^{(1)}(1)] & x_2^{(1)}(2) & x_3^{(1)}(2) \\ -0.5[x_1^{(1)}(3)+x_1^{(1)}(2)] & x_2^{(1)}(3) & x_3^{(1)}(3) \\ -0.5[x_1^{(1)}(4)+x_1^{(1)}(3)] & x_2^{(1)}(4) & x_3^{(1)}(4) \\ -0.5[x_1^{(1)}(5)+x_1^{(1)}(4)] & x_2^{(1)}(5) & x_3^{(1)}(5) \\ -0.5[x_1^{(1)}(6)+x_1^{(1)}(5)] & x_2^{(1)}(6) & x_3^{(1)}(6) \\ -0.5[x_1^{(1)}(7)+x_1^{(1)}(6)] & x_2^{(1)}(7) & x_3^{(1)}(7) \\ -0.5[x_1^{(1)}(8)+x_1^{(1)}(7)] & x_2^{(1)}(8) & x_3^{(1)}(8) \end{bmatrix}=\begin{bmatrix} -2.475 & 2.135 & 3.964 \\ -3.610 & 3.740 & 5.734 \\ -4.965 & 4.968 & 7.720 \\ -7.195 & 5.875 & 10.218 \\ -9.535 & 6.913 & 12.572 \\ -11.160 & 8.675 & 14.243 \\ -12.520 & 9.784 & 16.695 \end{bmatrix}$$

$$\boldsymbol{Y}_n=\begin{bmatrix} x_1^{(0)}(2) \\ x_1^{(0)}(3) \\ x_1^{(0)}(4) \\ x_1^{(0)}(5) \\ x_1^{(0)}(6) \\ x_1^{(0)}(7) \\ x_1^{(0)}(8) \end{bmatrix}=\begin{bmatrix} 1.57 \\ 0.70 \\ 2.01 \\ 2.45 \\ 2.23 \\ 1.02 \\ 1.70 \end{bmatrix}$$

(3)求模型参数 $\hat{\boldsymbol{a}}=[a \quad b_2 \quad b_3]^{\mathrm{T}}$

$$\boldsymbol{B}^{\mathrm{T}}\boldsymbol{B}=\begin{bmatrix} -2.475 & -3.610 & -4.965 & -7.195 & -9.535 & -11.160 & -12.520 \\ 2.135 & 3.740 & 4.968 & 5.875 & 6.913 & 8.675 & 9.784 \\ 3.964 & 5.734 & 7.720 & 10.218 & 12.572 & 14.243 & 16.695 \end{bmatrix}\begin{bmatrix} -2.475 & 2.135 & 3.964 \\ -3.610 & 3.740 & 5.734 \\ -4.965 & 4.968 & 7.720 \\ -7.195 & 5.875 & 10.218 \\ -9.535 & 6.913 & 12.572 \\ -11.160 & 8.675 & 14.243 \\ -12.520 & 9.784 & 16.695 \end{bmatrix}$$

$$\boldsymbol{B}^{\mathrm{T}}\boldsymbol{B}=\begin{bmatrix} 467.7892 & -371.0358 & -630.2063 \\ -371.0358 & 296.6935 & 502.2431 \\ -630.2063 & 502.2431 & 852.2392 \end{bmatrix}$$

$$(\boldsymbol{B}^{\mathrm{T}}\boldsymbol{B})^{-1}=\begin{bmatrix} 0.6293 & -0.3174 & -0.6524 \\ -0.3174 & 1.5671 & -1.1583 \\ -0.6524 & -1.1583 & 1.1662 \end{bmatrix}$$

$$\boldsymbol{B}^{\mathrm{T}}\boldsymbol{Y}_n=\begin{bmatrix}-2.475 & -3.610 & -4.965 & -7.195 & -9.535 & -11.160 & -12.520\\ 2.135 & 3.740 & 4.968 & 5.875 & 6.913 & 8.675 & 9.784\\ 3.964 & 5.734 & 7.720 & 10.218 & 12.572 & 14.243 & 16.695\end{bmatrix}\begin{bmatrix}1.57\\0.70\\2.01\\2.45\\2.23\\1.02\\1.70\end{bmatrix}$$

$$=\begin{bmatrix}-87.9504\\71.2828\\121.7335\end{bmatrix}$$

$$\hat{\boldsymbol{a}}=\begin{bmatrix}a\\b_2\\b_3\end{bmatrix}=(\boldsymbol{B}^{\mathrm{T}}\boldsymbol{B})^{-1}\boldsymbol{B}^{\mathrm{T}}\boldsymbol{Y}_n=\begin{bmatrix}0.6293 & -0.3174 & -0.6524\\ -0.3174 & 1.5671 & -1.1583\\ -0.6524 & -1.1583 & 1.1662\end{bmatrix}\begin{bmatrix}-87.9504\\71.2828\\121.7335\end{bmatrix}$$

$$=\begin{bmatrix}1.4465\\-1.3731\\2.0217\end{bmatrix}$$

(4)建立微分方程

将 $\hat{\boldsymbol{a}}$ 代入微分方程：

$$\frac{\mathrm{d}x_1^{(1)}}{\mathrm{d}t}+ax_1^{(1)}=b_2x_2^{(1)}+b_3x_3^{(1)}$$

有：

$$\frac{\mathrm{d}x_1^{(1)}}{\mathrm{d}t}+1.4465x_1^{(1)}=-1.3731x_2^{(1)}+2.0217x_3^{(1)}$$

(5)建立状态模型

对微分方程求解有离散解：

$$\hat{x}_1^{(1)}(k+1)=\left[x_1^{(0)}(1)-\frac{b_2}{a}x_2^{(1)}(k+1)-\frac{b_3}{a}x_2^{(1)}(k+1)\right]\mathrm{e}^{-ak}+\frac{b_2}{a}x_2^{(1)}(k+1)+\frac{b_3}{a}x_2^{(1)}(k+1)$$

将 $x_1^{(0)}(1)=1.69$，参数 $\hat{\boldsymbol{a}}$ 代入上式有，有状态模型：

$$\hat{x}_1^{(1)}(k+1)=\left[1.69+0.9493x_2^{(1)}(k+1)-1.3976x_2^{(1)}(k+1)\right]\mathrm{e}^{-1.4465k}-0.9493x_2^{(1)}(k+1)+1.3976x_2^{(1)}(k+1)$$

(6)模型精度检验

①残差检验

先用状态模型计算 $\hat{x}_1^{(1)}(k+1)$：

$$k=1,\ \hat{x}_1^{(1)}(2)=(1.69+0.9493\times2.135-1.3976\times3.964)e^{-1.4465\times1}-0.9493\times2.135+1.3976\times3.964=3.08$$

$k=2,\ \hat{x}_1^{(1)}(3)=4.31$

$k=3,\ \hat{x}_1^{(1)}(4)=6.00$

$k=4,\ \hat{x}_1^{(1)}(5)=8.68$

$k=5,\ \hat{x}_1^{(1)}(6)=11.00$

$k=6,\ \hat{x}_1^{(1)}(7)=11.67$

$k=7,\ \hat{x}_1^{(1)}(8)=14.05$

用 IAGO 还原有：

$\hat{x}_1^{(0)}(2)=\hat{x}_1^{(1)}(2)-\hat{x}_1^{(1)}(1)=3.08-1.69=1.39$

$\hat{x}_1^{(0)}(3)=4.31-3.08=1.23$

$\hat{x}_1^{(0)}(4)=6.00-4.31=1.69$

$\hat{x}_1^{(0)}(5)=8.68-6.00=2.68$

$\hat{x}_1^{(0)}(6)=11.00-8.68=2.32$

$\hat{x}_1^{(0)}(7)=11.67-11.00=0.67$

$\hat{x}_1^{(0)}(8)=14.05-11.67=2.38$

最后将残差 $\varepsilon^{(1)}$、$\varepsilon^{(0)}$ 和相对残差 $q^{(1)}$、$q^{(0)}$ 计算结果见表 6.2-5、表 6.2-6。

表 6.2-5 累加模型计算残差、相对残差

k	$x_1^{(1)}(k)$ /mm	$\hat{x}_1^{(1)}(k)$ /mm	$\varepsilon^{(1)}(k)$ /mm	$q^{(1)}(k)$ /%
2	3.26	3.08	0.18	5.52
3	3.96	4.31	−0.35	8.84
4	5.97	6.00	−0.03	0.50
5	8.42	8.68	−0.26	3.09
6	10.65	11.00	−0.35	3.29
7	11.67	11.67	0	0
8	13.37	14.05	−0.68	5.09

表 6.2-6　　还原模型计算残差、相对残差

k	$x_1^{(1)}(k)$ /mm	$\hat{x}_1^{(1)}(k)$ /mm	$\varepsilon^{(0)}(k)$ /mm	$q^{(0)}(k)$ /%
2	1.57	1.39	0.18	11.46
3	0.70	1.23	−0.53	75.71
4	2.01	1.69	0.32	15.92
5	2.45	2.68	−0.23	9.39
6	2.23	2.32	−0.09	4.04
7	1.02	0.67	0.35	34.31
8	1.70	2.38	−0.68	40.00

2)拟合关联度检验

对残差序列 $\varepsilon^{(0)}$ 的绝对值序列 $\Delta^{(0)}$ 按上述同样的方法计算关联度 r 为：

$$r=0.780$$

3)后验差检验

后验差比值：$c=0.381$。

小误差概率：$p=1.000$。

最后综合检验结果，GM(1,3)状态模型精度仍为一级(好)，故可用该模型来分析系统。

$a=1.4465>0$，即表明该坝基础水平位发展系数大于零，数值不大，说明因素 $x_2^{(0)}$ 和 $x_3^{(0)}$ 比较协调。其中，观测当天至前 6 天上下游水位差梯度因子 $x_3^{(0)}$ 的协调系数 $b_3=2.0217$ 数值，大于上游当天单位水深因子 $x_2^{(0)}$ 的协调系数 $b_2=-1.3731$，这表明因子 $x_3^{(0)}$ 与坝基水平位移的密切程度要大于因子 $x_2^{(0)}$。$b_2<0$，则说明因子 $x_2^{(0)}$ 和对主因素 $x_1^{(0)}$ 具有阻碍和促进作用的特征，它们的协调程度为 $a=1.4465$。

6.2.3.2　系统状态灰预测

由于系统的组成因素之间存在着各种形式的联系，因此孤立地对其中某个变量进行预测，意义不是很大。正确的做法应是建立一系列的微分方程，每个方程均用 GM(1, h)模型来描述，这样构成的微分方程组，就可以把各变量之间的关系定量化，从而反映系统的整体性、有机性和相关性。系统状态预测按其性质又可归属于控制理论中的动态研究的内容。

对于有 h 个变量的系统，若已给定序列：

$$x_1^{(0)}=[x_1^{(0)}(1),x_1^{(0)}(2),\cdots,x_1^{(0)}(n)]$$
$$x_2^{(0)}=[x_2^{(0)}(1),x_2^{(0)}(2),\cdots,x_2^{(0)}(n)]$$
$$\cdots$$
$$x_h^{(0)}=[x_h^{(0)}(1),\ x_h^{(0)}(2),\ \cdots,\ x_h^{(0)}(n)]$$

每个 $x_i^{(0)}$ 代表系统的一个初始状态，各个状态之间存在着互为因果的关联作用，可以对每个 $x_i^{(0)}$ 建立一个 GM(1,h)模型或 GM(1,1)模型。

先对 $x_i^{(0)}$ 作 AGO 有新序列：

$$
\begin{gathered}
x_1^{(1)}=[x_1^{(1)}(1),x_1^{(1)}(2),\cdots,x_1^{(1)}(n)]\\
x_2^{(1)}=[x_2^{(1)}(1),x_2^{(1)}(2),\cdots,x_2^{(1)}(n)]\\
\cdots\\
x_h^{(1)}=[x_h^{(1)}(1),x_h^{(1)}(2),\cdots,x_h^{(1)}(n)]
\end{gathered}
$$

然后用微分方程对 $x_i^{(1)}$ 加以拟合，即得 GM(1,h)模型群：

$$
\begin{cases}
\dot{x}_1=a_{11}x_1^{(1)}+a_{12}x_2^{(1)}+\cdots+a_{1h}x_h^{(1)}+u_1\\
\dot{x}_2=a_{21}x_1^{(1)}+a_{22}x_2^{(1)}+\cdots+a_{2h}x_h^{(1)}+u_2\\
\cdots\\
\dot{x}_h=a_{h1}x_1^{(1)}+a_{h2}x_2^{(1)}+\cdots+a_{hh}x_h^{(1)}+u_h
\end{cases}
$$

用矩阵表示上述方程组，得系统状态方程：

$$
\begin{bmatrix}\dot{x}_1\\ \dot{x}_2\\ \cdots\\ \dot{x}_h\end{bmatrix}=\begin{bmatrix}a_{11} & a_{12} & \cdots & a_{1h}\\ a_{21} & a_{22} & \cdots & a_{2h}\\ \cdots & \cdots & \cdots & \cdots\\ a_{h1} & a_{h2} & \cdots & a_{hh}\end{bmatrix}\begin{bmatrix}x_1^{(1)}\\ x_2^{(1)}\\ \cdots\\ x_h^{(1)}\end{bmatrix}+\begin{bmatrix}u_1\\ u_2\\ \cdots\\ u_h\end{bmatrix}
$$

或写成

$$\dot{\boldsymbol{x}}=\boldsymbol{AX}+\boldsymbol{IU}$$

式中，$\boldsymbol{I}$——单位矩阵。

此时，系统状态方程的解为：

$$x(t)=e^{A(t-t_0)}x_0+\int_{t_0}^{t}\mathrm{e}^{A(t-\tau)}U(\tau)\mathrm{d}\tau$$

6.3 变形趋势的残差迭加与周期修正灰预测

运用 GM(1,1)模型预测得到的通常是一条光滑的曲线。但有时预测精度不高或不能满足要求，且难以反映出序列的随机波动变化。为了提高 GM(1,1)模型预测精度，常需要对残差进行分析，并建立残差模型，以补充或修正原预测模型。一般来说，被残差修正的模型可以是生成模型，也可以是还原模型。

6.3.1 残差辨识迭加预测

对原始观测序列 $x^{(0)}$ ：

$$x^{(0)}=[x^{(0)}(1),x^{(0)}(2)\cdots,x^{(0)}(n)]$$

建立 GM(1,1)模型，有：

$$\hat{x}^{(1)}(k+1)=\left[x^{(0)}(1)-\frac{b}{a}\right]e^{-ak}+\frac{b}{a}$$

$$\hat{x}^{(0)}(k+1)=(1-e^{a})[x^{(0)}(1)-\frac{b}{a}]e^{-ak}$$

接上式计算两级残差 $\varepsilon^{(1)}$、$\varepsilon^{(0)}$ ：

$$\varepsilon^{(1)}=x^{(1)}(k)-\hat{x}^{(1)}(k)$$

$$\varepsilon^{(0)}=x^{(0)}(k)-\hat{x}^{(0)}(k)$$

一般情况下，残差辨识主要是对时刻 n 附近的计算值进行修正，因此，不需要全部残差建模。假设从 i 个残差开始建模(应保证 $n-i\geqslant 4$)，并记为：

$$\varepsilon^{(1)}=[\varepsilon^{(1)}(i),\varepsilon^{(1)}(i+1)\cdots,\varepsilon^{(1)}(n)]$$

$$\varepsilon^{(0)}=[\varepsilon^{(0)}(i),\varepsilon^{(0)}(i+1)\cdots,\varepsilon^{(0)}(n)]$$

若残差列 $\varepsilon^{(1)}$、$\varepsilon^{(0)}$ 为非正序列，应作非负生成。然后建立残差 GM(1,1)模型，有：

$$\hat{\varepsilon}^{(2)}(k+1)=\left[\varepsilon^{(1)}(1)-\frac{b_2}{a_2}\right]e^{-a_2k}+\frac{b_2}{a_2}$$

$$\hat{\varepsilon}^{(1)}(k+1)=\left[\varepsilon^{(0)}(1)-\frac{b_1}{a_1}\right]e^{-a_1k}+\frac{b_1}{a_1}$$

对 $\hat{\varepsilon}^{(2)}(k+1)$、$\hat{\varepsilon}^{(1)}(k+1)$ 分别作一次累减生成，然后迭加到相应的生成模型和还原模型之上，有：

$$\hat{x}^{(1)}(k+1)=\left[x^{(0)}(1)-\frac{b}{a}\right]e^{-ak}+\frac{b}{a}+\delta(k-i)(1-e^{a_2})[\varepsilon^{(1)}(1)-\frac{b_2}{a_2}]e^{-a_2k}$$

$$\hat{x}^{(0)}(k+1)=(1-e^{a})[x^{(0)}(1)-\frac{b}{a}]e^{-ak}+\delta(k-i)(1-e^{a_1})[\varepsilon^{(0)}(1)-\frac{b_1}{a_1}]e^{-a_1k}$$

式中

$$\delta(k-i)=\begin{cases}1 & (k\geqslant i)\\ 0 & (k<i)\end{cases}$$

[例 6.5]现用[例 3.11]的数据和结果来说明残差辨识迭加预测法，这里仅考虑还原模型。

由[例 3.11]可知，后 4 个残差组成的残差序列为：

$$\bar{\varepsilon}^{(0)}=(1.22,-0.11,-0.16,-0.38)$$

对 $\bar{\varepsilon}^{(0)}$ 作数据平移，得新的非负残差列：

$$\varepsilon^{(0)}=\bar{\varepsilon}^{(0)}+0.4=(1.62,0.29,0.24,0.02)$$

$\varepsilon^{(0)}$ 的一次累加生成序列为：

$$\varepsilon^{(1)}=(1.62,1.91,2.15,2.17)$$

最后有残差模型：

$$\hat{\varepsilon}^{(1)}(k+1)=-0.660030\mathrm{e}^{-0.601601k}+2.284030$$

还原模型为：

$$\hat{\varepsilon}^{(0)}(k+1)=0.544550\mathrm{e}^{-0.601601k}$$

该模型拟合关联度 $r=0.739$，后验差比值 $c=0.051$，小误差概率 $P=1.000$，故模型精度为一级(好)。

将残差模型作平移还原：

$$\hat{\varepsilon}^{(0)}(k+1)=0.544550\mathrm{e}^{-0.601601k}-0.40$$

再迭加到原预测模型之上，有：

$$\dot{\hat{x}}^{(0)}(k+1)=5.56645\mathrm{e}^{-0.245696k}+\delta(k-2)0.54450\mathrm{e}^{-0.601601k}-0.40$$

式中

$$\delta(k-2)=\begin{cases}1 & (k\geqslant 2)\\ 0 & (k<2)\end{cases}$$

将迭加后的模型预测结果见表 6.3-1。

表 6.3-1　　残差辨识迭加预测结果

k	$x^{(0)}(k)$ /mm	$\dot{\hat{x}}^{(0)}(k)$ /mm	$\dot{\varepsilon}^{(0)}(k)$ /mm	$\dot{q}^{(0)}(k)$ /%
2	3.70	4.35	−0.65	17.66
3	4.63	3.55	1.08	23.33
4	2.55	2.56	−0.01	0.39
5	1.92	1.85	0.07	3.65
6	1.25	1.32	−0.07	5.60

由此可见，经过残差修正后，预测精度有所提高，尤其是对于残差较大的情况更加有效，如在 n 时刻，相对误差由原来的 30.4%，降低到 5.60%。

6.3.2 残差周期修正预测

残差周期修正预测时，应满足的一个基本条件是残差序列的正负号交替出现，呈现出不太规律的周期性变化。从几何上看，光滑的拟合曲线是单调的，而实际原始数据曲线，则在拟合由线的左、右或上、下摆动，同样呈现出不太规律的周期性。因此，通过对残差序列的周期分析，可依次将这样不同长度的周期与变幅分段，用正弦(或余弦)曲线去拟合残差序列。各个周期的长短随残差序列正负号的变化而定。一般情况下，每个周期应包括一组正值时段和一组负值时段，但有时也可根据实际情况进行适当的合并与取舍。

残差周期选定后，即可用下式：

$$\hat{E}_i(t)=A_i\sin\frac{t}{T_i}\cdot 2\pi$$

计算第 i 周期内 t 时刻的残差修正值 $\hat{E}_i(t)$，上式中的 T_i 和 A_i 分别为第 i 周期的大小和最大变幅。为简化计算，变幅大小可统一取残差绝对值之平均值，即

$$\overline{A}=\sum_{j=1}^{n}\frac{|\varepsilon^{(0)}(j)|}{n}$$

式中，$\varepsilon^{(0)}(j)$ ——各时刻还原序列之残差；

n——残差数据个数。

将计算的各个周期内的修正值 $\hat{E}_i(t)$，组成序列的残差周期修正值 $\hat{E}(k+1)$：

$$\hat{E}(k+1)=[\hat{E}_1(0),\hat{E}_1(1),\cdots,\hat{E}_1(T_1),\hat{E}_2(0),\hat{E}_2(1),\cdots,\hat{E}_2(T_2),\cdots]$$

最后将 $\hat{E}(k+1)$ 迭加到原预测模型上，即

$$\hat{x}^{(0)}(k+1)=(1-e^a)[x^{(0)}(1)-\frac{b}{a}]e^{-ak}+\hat{E}(k+1)$$

这样，不仅使残差值显著减小，而且使拟合曲线也表现出波动变化，从而使之更接近原始序列曲线，模型精度也大大改善。

在残差周期修正预测时，未来的序列变化的周期可参照已知序列的残差周期变化趋势而定。或者，对已知序列残差周期大小建立 GM(1,1)模型进行预测得到，变幅大小则可根据系统允许或可能变化的幅值作合理的选择与控制。确定未来序列的周期与变幅大小后，便可以计算未来各时刻的残差周期修正值，然后迭加到周期时刻的预测值上，这样就使预测落入一个灰区间，从而提高了预测的实用性和科学性。

[例 6.6]某坝基础水平位移观测序列见表 6.3-2。

表 6.3-2　　某坝基础水平位移观测数据

序号	时间/(年-月)	位移量/mm	序号	时间/(年-月)	位移量/mm
1	1985-01	1.40	13	1987-01	2.31
2	1985-03	2.00	14	1987-03	3.37
3	1985-05	1.68	15	1987-05	2.23
4	1985-07	1.26	16	1987-07	1.16
5	1985-09	0.41	17	1987-09	0.96
6	1985-11	1.59	18	1987-11	1.70
7	1986-01	1.42	19	1988-01	2.59

续表

序号	时间/(年-月)	位移量/mm	序号	时间/(年-月)	位移量/mm
8	1986-03	2.50	20	1988-03	2.78
9	1986-05	1.57	21	1988-05	2.74
10	1986-07	0.94	22	1988-07	1.79
11	1986-09	0.76	23	1988-09	1.18
12	1986-11	2.01	24	1988-11	1.76

环境动力因素的影响使该序列呈现出周期性增长特征。对这类曲线的外延预测，用传统方法难以实现。现用残差周期修正预测法进行预测。

首先用表 6.3-2 中原始序列建立 GM(1,1)模型，其参数为：

$$\hat{\boldsymbol{a}} = \begin{bmatrix} a \\ b \end{bmatrix} = \begin{bmatrix} -0.015851 \\ 1.445578 \end{bmatrix}$$

预测模型为：

$$\hat{x}^{(1)}(k+1) = 92.595059\mathrm{e}^{0.015851k} - 91.195059$$

$$\hat{x}^{(0)}(k+1) = 1.456198\mathrm{e}^{0.015851k}$$

该还原模型的残差检验结果见表 6.3-3。

表 6.3-3　还原模型计算残差、相对残差

序号	时间/(年-月)	$x^{(0)}(k)$ /mm	$\hat{x}^{(0)}(k)$ /mm	$\varepsilon^{(0)}(k)$ /mm	$q^{(0)}(k)$ /%
1	1985-01	1.40	1.40	0.00	0.00
2	1985-03	2.00	1.48	0.52	26.00
3	1985-05	1.68	1.50	0.18	10.71
4	1985-07	1.26	1.55	−0.29	23.02
5	1985-09	0.41	1.55	−1.14	278.05
6	1985-11	1.59	1.58	0.01	0.63
7	1986-01	1.42	1.60	−0.18	12.68
8	1986-03	2.50	1.63	0.87	34.80
9	1986-05	1.57	1.65	−0.08	5.10
10	1986-07	0.94	1.68	−0.74	78.72
11	1986-09	0.76	1.71	−0.95	125.00
12	1986-11	2.01	1.73	0.28	13.93
13	1987-01	2.31	1.76	0.55	23.81
14	1987-03	3.37	1.79	1.58	46.88
15	1987-05	2.23	1.82	0.41	18.39

续表

序号	时间/(年-月)	$x^{(0)}(k)$ /mm	$\hat{x}^{(0)}(k)$ /mm	$\varepsilon^{(0)}(k)$ /mm	$q^{(0)}(k)$ /%
16	1987-07	1.16	1.85	−0.69	59.48
17	1987-09	0.96	1.88	−0.92	95.83
18	1987-11	1.70	1.91	−0.21	12.35
19	1988-01	2.59	1.94	0.65	25.10
20	1988-03	2.78	1.97	0.81	29.14
21	1988-05	2.74	2.00	0.74	27.01
22	1988-07	1.79	2.03	−0.24	13.41
23	1988-09	1.18	2.06	−0.88	74.58
24	1988-11	1.76	2.10	−0.34	19.32

从残差检验结果可知,该模型拟合后,最大绝对值残差$|\varepsilon_{max}|=1.58$;最大相对残差$|q_{max}|=278.42\%$;残差绝对值平均$|\bar{\varepsilon}|=0.54$;相对残差平均值$|\bar{q}|=45.74\%$。

为便于残差周期分析,绘制了残差序列过程曲线图(图 6.3-1 中实线)。如图 6.3-1 所示,依据残差正负号的变化情况,将残差序列可分为以下几个周期。

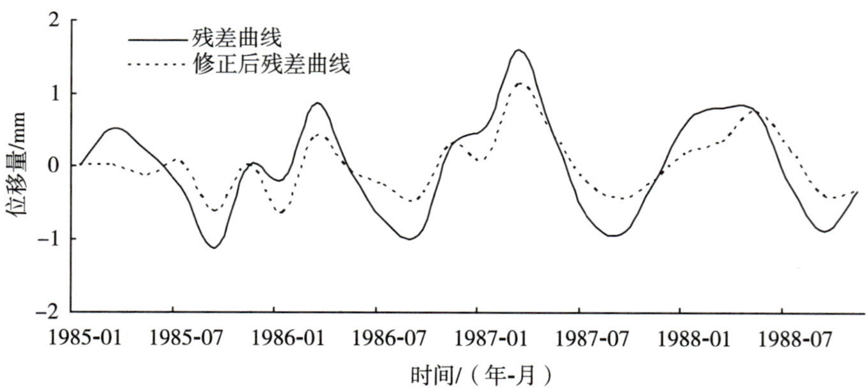

图 6.3-1 残差曲线和修正后残差曲线比较图

第一周期,1985 年 1—11 月(序号 1~6),$T_1=6-1=5$,其中正残差 3 个,负残差 2 个。

第二周期,1985 年 11 月至 1986 年 11 月(序号 6~12),$T_2=12-6=6$,其中,正残差 3 个,负残差 4 个。

第三周期,1986 年 11 月至 1987 年 11 月(序号 12~18),$T_3=18-12=6$,其中,正残差 4 个,负残差 3 个。

第四周期,1987 年 11 月至 1988 年 11 月(序号 18~24),$T_4=24-18=6$,其中,正残差 4 个,负残差 3 个。

第五周期，为外延预测周期。根据前4个周期情况，预计1988年11月至1989年11月(序号24～30)，$T_5=30-24=6$。

残差周期确定后，即可计算各时刻的残差修正值。为计算方便，取残差绝对值的均值作为变幅$\overline{A}$：

$$\overline{A}=|\bar{\varepsilon}|=0.54$$

下面举一例来说明之。

例如，1985年7月为第一周期第4点，即$t=4-1=3$，将$T_1=5$，$\overline{A}=0.54$，代入下式得

$$\hat{E}_1(3)=0.54\times\sin\frac{3}{5}\times 2\pi=-0.32$$

将$\hat{E}_1(3)$迭加在相应模型计算值$\hat{x}^{(0)}(k+1)$之上，有：

$$\dot{\hat{x}}^{(0)}(3+1)=\hat{x}^{(0)}(3+1)+\hat{E}_1(3)=1.53-0.32=1.21$$

再计算残差$\dot{\varepsilon}^{(0)}(k)$和相对残差$\dot{q}^{(0)}(k)$，得：

$$\dot{\varepsilon}^{(0)}(3+1)=x^{(0)}(3+1)-\dot{\hat{x}}^{(0)}(3+1)=1.26-1.21=0.05$$

$$\dot{q}^{(0)}(3+1)=\frac{|0.05|}{1.26}=3.97\%$$

残差$\dot{\varepsilon}^{(0)}(4)=0.05$和相对残差$\dot{q}^{(0)}(4)=3.97\%$均小于修正前的残差$\varepsilon^{(0)}(4)=-0.27$和相对残差$q^{(0)}(4)=21.20\%$。以此类推，可求得各点的残差修正值，分别迭加到原模型计算值，重新进行残差检验，其结果列于表6.3-4，并得到残差修正后检验参数：

最大绝对值残差$|\dot{\varepsilon}_{\max}|=1.11<1.58$；

最大相对残差$|\dot{q}_{\max}|=153.65\%<278.42\%$；

残差绝对值平均$|\dot{\bar{\varepsilon}}|=0.29<0.54$；

相对残差平均值$|\dot{\bar{q}}|=24.41\%<45.74\%$。

检验结果表明，经残差修正后模型精度有明显提高，图6.3-1中修正后残差曲线(图中虚线)也直观地反映了这一点。

表6.3-4　还原模型加周期修正计算残差、相对残差

序号	时间/(年-月)	$x^{(0)}(k)$ /mm	$\dot{\hat{x}}^{(0)}(k)$ /mm	$\dot{\varepsilon}^{(0)}(k)$ /mm	$\dot{q}^{(0)}(k)$ /%
1	1985-01	1.40	1.40	0.00	0.00
2	1985-03	2.00	1.99	0.01	0.50

续表

序号	时间/(年-月)	$x^{(0)}(k)$ /mm	$\hat{x}^{(0)}(k)$ /mm	$\varepsilon^{(0)}(k)$ /mm	$q^{(0)}(k)$ /%
3	1985-05	1.68	1.82	−0.14	8.33
4	1985-07	1.26	1.21	0.05	3.97
5	1985-09	0.41	1.04	−0.63	153.66
6	1985-11	1.59	1.58	0.01	0.63
7	1986-01	1.42	2.07	−0.65	45.77
8	1986-03	2.50	2.10	0.40	16.00
9	1986-05	1.57	1.65	−0.08	5.10
10	1986-07	0.94	1.21	−0.27	28.72
11	1986-09	0.76	1.24	−0.48	63.16
12	1986-11	2.01	1.73	0.28	13.93
13	1987-01	2.31	2.23	0.08	3.46
14	1987-03	3.37	2.26	1.11	32.94
15	1987-05	2.23	1.82	0.41	18.39
16	1987-07	1.16	1.38	−0.22	18.97
17	1987-09	0.96	1.41	−0.45	46.88
18	1987-11	1.70	1.91	−0.21	12.35
19	1988-01	2.59	2.41	0.18	6.95
20	1988-03	2.78	2.44	0.34	12.23
21	1988-05	2.74	2.00	0.74	27.01
22	1988-07	1.79	1.56	0.23	12.85
23	1988-09	1.18	1.59	−0.41	34.75
24	1988-11	1.76	2.10	−0.34	19.32

残差周期修正预测计算方法见以下描述。

由残差周期分析可知，在未来的一个周期里，其残差修正值为：

$$\hat{E}(24)=\hat{E}_5(0)=A\sin\frac{2\pi}{T}\cdot t=0.54\times\sin\frac{2\pi}{6}\times 0=0$$

$$\hat{E}(25)=\hat{E}_5(1)=0.54\times\sin\frac{2\pi}{6}\times 1=0.47$$

$$\hat{E}(26)=\hat{E}_5(2)=0.54\times\sin\frac{2\pi}{6}\times 2=0.47$$

$$\hat{E}(27)=\hat{E}_5(3)=0.54\times\sin\frac{2\pi}{6}\times 3=0$$

$$\hat{E}(28)=\hat{E}_5(4)=0.54\times\sin\frac{2\pi}{6}\times 4=-0.47$$

$$\hat{E}(29)=\hat{E}_5(5)=0.54\times\sin\frac{2\pi}{6}\times 5=-0.47$$

$$\hat{E}(30)=\hat{E}_5(6)=0.54\times\sin\frac{2\pi}{6}\times 6=0$$

由还原模型计算的第五周预测值为：

$$\hat{x}^{(0)}(24)=1.456198e^{0.015851\times 23}=2.10$$

$$\hat{x}^{(0)}(25)=2.13$$

$$\hat{x}^{(0)}(26)=2.16$$

$$\hat{x}^{(0)}(27)=2.20$$

$$\hat{x}^{(0)}(28)=2.23$$

$$\hat{x}^{(0)}(29)=2.27$$

$$\hat{x}^{(0)}(30)=2.31$$

最后将残差修正值迭加到预测值上，即可得到带残差周期修正的预测值：

$$\dot{\hat{x}}^{(0)}(25)=2.13+0.47=2.60$$

$$\dot{\hat{x}}^{(0)}(26)=2.16+0.47=2.63$$

$$\dot{\hat{x}}^{(0)}(27)=2.20+0=2.20$$

$$\dot{\hat{x}}^{(0)}(28)=2.23-0.47=1.76$$

$$\dot{\hat{x}}^{(0)}(29)=2.27-0.47=1.80$$

$$\dot{\hat{x}}^{(0)}(30)=2.31+0=2.31$$

经与实测值比较，其误差检验结果列于表 6.3-5。

表 6.3-5　　实测值与周期修正预测值误差及相对误差

序号	时间/(年-月)	$x^{(0)}(k)$ /mm	$\dot{\hat{x}}^{(0)}(k)$ /mm	$\bar{\varepsilon}^{(0)}(k)$ /mm	$\bar{q}^{(0)}(k)$ /%
25	1989-01	1.40	2.81	2.60	0.21
26	1989-03	2.00	2.99	2.63	0.36
27	1989-05	1.68	2.85	2.20	0.65
28	1989-07	1.26	1.91	1.76	0.15
29	1989-09	0.41	2.06	1.80	0.26
30	1989-11	1.59	2.57	2.31	0.26

位移量曲线、拟合曲线和残差修正后拟合曲线比较见图 6.3-2，在分析周期波动增加的结构变形中，残差修正后拟合曲线明显优于一般 GM(1,1)拟合曲线。原点 1998 年

11 月以后为外延预测结果，经与实测值比较其结果仍能反映实际情况，从而说明残差周期修正预测精度令人满意。

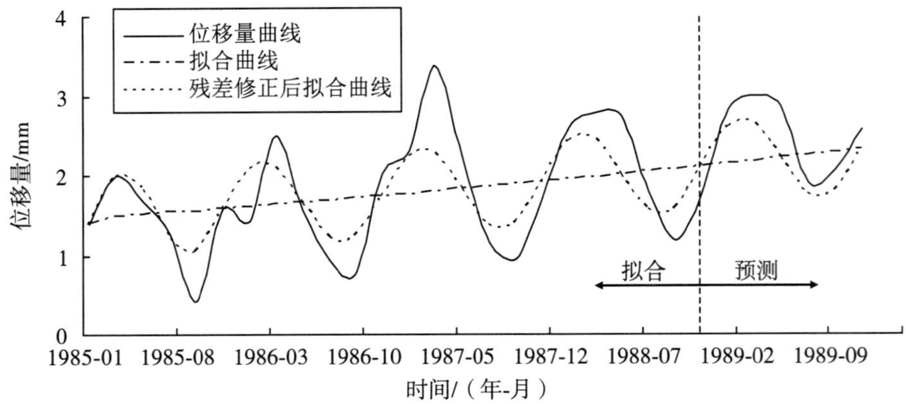

图 6.3-2 位移量曲线、拟合曲线和残差修正后拟合曲线比较

6.4 变形趋势的灰预测平面

灰色序列预测是指用 GM(1,1)模型，对序列数量大小的预测。由于 GM(1,1)建模序列通常是一次 AGO 序列，因此直接用累加生成模型预测的实质是对变形发展趋势的预测。对变形发展趋势作大致估计可通过预测灰平面来实现。灰平面在预测中有相当重要的作用，因为它是变形量未来发展的可能平面，所以可用来估计未来预测值的可信程度，当预测值到达灰色平面边界时，应细致检查系统是否出现异常。灰色平面通常可用下述方法得到。

对于给定的变形过程 $x^{(0)}$ 有：

$$x^{(0)}=[x^{(0)}(1),x^{(0)}(2)\cdots,x^{(0)}(n)]$$

式中，$n\geqslant 4$ 为数据个数。由于时间坐标总可以分为三个阶段，即“过去”“现在”和“未来”。一般令 $k=n$ 为现在时刻，或称 $x^{(0)}(n)$ 为原点；$k=1,2,\cdots,n-1$ 为过去时刻；$k=n+1,n+2,\cdots n+\xi,\xi\geqslant 1$ 为未来时刻。现从 $x^{(0)}$ 中取出不同长度包含原点在内的子序列 ${x_i}^{(0)}$ ：

$$x_1^{(0)}=[x^{(0)}(2),x^{(0)}(3),\cdots,x^{(0)}(n)]$$

$$x_2^{(0)}=[x^{(0)}(3),x^{(0)}(4),\cdots,x^{(0)}(n)]$$

$$\cdots$$

$$x_{n-4}^{(0)}=[x^{(0)}(n-3),x^{(0)}(n-2),x^{(0)}(n-1),x^{(0)}(n)]$$

当把 $x^{(0)}$ 记作 ${x_1}^{(0)}$ ，即看成是一个特殊的子序列时，按上述方法可构成 $n-3$ 个序列 ${x_i}^{(0)}$ ，$i=0,1,2,\cdots,n-4$，对 ${x_i}^{(0)}$ 可建立 GM(1,1)模型群。由此可得一组预测值：

$$\hat{x}_i^{(1)}(n+\xi)\quad(\xi>1)$$

若记预测值的全体为 X，则

$$X=\{\hat{x}_i^{(1)}(n+\xi)\,|\,i=0,1,2\cdots,n-4;\xi>1\}$$

并用 $\overline{X}=\max\{\hat{x}_i^{(1)}(n+\xi)\}$ 和 $\underline{X}=\min\{\hat{x}_i^{(1)}(n+\xi)\}$ 分别表示预测上界和下界，则称：

$$S(X)=\overline{X}-\underline{X}$$

为系统未来发展的可能平面，即变形趋势灰预测平面。灰平面呈一喇叭型展开，表明未来时刻越远，预测值的灰色区间越大。显然，$S(X)$ 越小，模型预测精度越高；反之越低。灰平面还可以用来估计未来预测值的可信程度，一般认为的发展，取上界或下界都是不可信的，只有灰平面的均线才是信赖度较高的。为此，可在 $GM(1,1)_i$ 模型中选择预测值序列接近灰平面均线的模型作为变形趋势预测模型。

下面举例说明灰预测平面的建立方法。

[例 6.7]取自[例 3.11]的监测序列 $x^{(0)}$ 为：

$$x^{(0)}=(4.07,3.70,4.63,2.55,1.92,1.25)$$

则包含原点在内的所有子序列为：

$$x_0^{(0)}=(4.07,3.70,4.63,2.55,1.92,1.25)$$

$$x_1^{(0)}=(3.70,4.63,2.55,1.92,1.25)$$

$$x_2^{(0)}=(4.63,2.55,1.92,1.25)$$

对 $x_i^{(0)}$，$i=0,1,2$ 建立 $GM(1,1)_i$ 模型群，其结果见表 6.4-1。

表 6.4-1　　GM(1,1)$_i$ 模型群

模型及参数序列	$\frac{dx_i^{(1)}}{dt}+a_ix_i^{(1)}=b_i;\hat{x}_i^{(1)}(k+1)=\left[x_i^{(0)}(1)-\frac{b_i}{a_i}\right]e^{-a_ik}+\frac{b_i}{a_i}$				模型检验		预测精度等级
	a_i	b_i	b_i/a_i	$x_i^{(0)}(1)-b_i/a_i$	c_i	P_i	
$x_0^{(0)}$	0.245740	5.910511	24.051813	−19.981813	0.345	1.000	一级(好)
$x_1^{(0)}$	0.450102	7.188114	15.969935	−12.269935	0.078	1.000	一级(好)
$x_2^{(0)}$	0.336472	4.572653	13.589961	−8.959961	0.029	1.000	一级(好)

从表 6.4-1 可知，三个模型精度均较高，且序列维数越小，精度越高。这一结果符合事物发展的惯性原则。用表 6.4-1 模型进行预测，并换算成同一原点得表 6.4-2。

表 6.4-2　　GM(1,1)$_i$ 模型群预测结果

t/年	1989	1990	1991	1992	1993
k	6	7	8	9	10
$\hat{x}_0^{(1)}$	18.12	19.39	20.39	21.17	21.7
$\hat{x}_1^{(1)}+x_0^{(1)}(1)$	18.12	18.85	19.32	19.62	19.8
$\hat{x}_2^{(1)}+x_0^{(1)}(2)$	18.12	19.05	19.72	20.20	20.5

表 6.4-2 直观地告诉我们，$x_0{}^{(0)}$ 和 $x_1{}^{(0)}$ 分别为未来增长的上界和下界模型，它们所夹的平面即为所求的灰预测平面。为此，用表 6.4-2 结果可绘出灰预测平面图(图 6.4-1)。

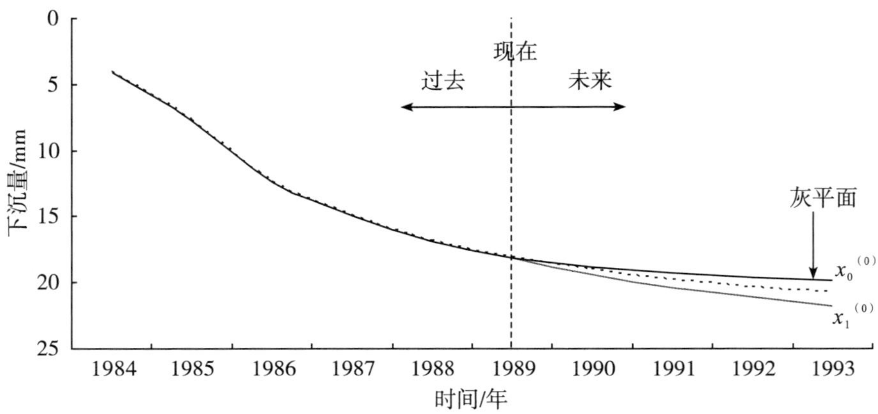

图 6.4-1　变形趋势的灰预测平面图

根据灰色平面的性质，还可得到用于变形趋势预测的模型最好是由序列 $x_2{}^{(0)}$ 建立的 GM(1,1)模型。若考虑 1984 年和 1985 年两年的沉降，则预测模型为：

$$\hat{x}_2{}^{(1)}(k+1)=-8.959961\mathrm{e}^{-0.336472k}+13.589961+x^{(1)}(2)$$

将 $x^{(1)}(2)=x^{(0)}(1)+x^{(0)}(2)=7.77$ 代入有：

$$\hat{x}_2{}^{(1)}(k+1)=-8.959961\mathrm{e}^{-0.336472k}+21.360$$

6.5　变形新息模型灰预测

6.5.1　概述

一般情况下，对原始序列 $x^{(0)}$ ：

$$x^{(0)}=[x^{(0)}(1),x^{(0)}(2),\cdots,x^{(0)}(n)]$$

无特殊的数据处理及信息补充，直接建立的 GM(1,1)模型，称为全数据 GM(1,1)模型。由于 GM(1,1)模型是连续的时间函数，因此从理论上讲，该模型可以从初值 $x^{(0)}(1)$ 一直延伸到未来任何一个时刻，实际却难以做到。这是因为有时监测数据较少

(只有4～5个),而被监测的变形体变形又较大,在未取得新息(新的监测数据)时,将难以建立长期预测模型;当监测数据变化很小且精度较低时,模型所建立的灰预测平面也较大,而失去灰平面的意义;此外,随着时间的推移,变形体明显受到环境动力因素的控制与干扰时,用GM(1,1)模型预测不易得到令人十分满意的结果。

例如,对于工程建筑物,在施工期及建成初期,一般变形较大,随着时间的推移将逐步收敛趋于平衡。某高层建筑物的月沉降量观测值见表6.5-1。

表6.5-1　　某高层建筑物的月沉降观测值

观测月次 k	1	2	3	4	5	6	7
月沉降量 $x^{(0)}(k)$ /mm	26.6	27.8	9.3	9.4	8.3	7.3	5.1

表6.5-1说明,该楼房在观测初期一两个月沉降量较大。在短短的几个月时间里,月沉降量仅差别5倍多,把它们按不同长度组合后,直接建立GM(1,1)模型,并进行预测(表6.5-2)。

表6.5-2　　不同维数的GM(1,1)灰预测结果

序列维数 \ 月	8	9	10	11	12	13	月递减率/%
4维(4～7)	4.32	3.45	2.76	2.26	1.76	1.41	25.16
5维(3～7)	4.72	3.95	3.30	2.76	2.31	1.94	19.52
6维(2～7)	5.33	4.70	4.15	3.66	3.23	2.85	13.34
7维(1～7)	2.23	1.51	1.02	0.69	0.46	0.31	47.99

显然上述预测结果不能尽如人意。可见,在这种情况下直接套用GM(1,1)模型是行不通的。其主要原因是变形体变化较快,而表征变形体变化的模型灰参数又没有考虑用新的信息加以修正,因此,难以进行长期预测。解决的措施是,在预测过程中不断补充信息对参数进行修正,并尽可能做到每预测一步,对灰参数作一个修正。这时,灰参数的估计不是静止的,而是始终处于动态修正之中。这显然是可行的或具有实际意义的。那么,如何获得新息和用新息来动态修正模型灰参数呢?下面再分析GM(1,1)模型预测机理和方法。

GM(1,1)模型建立在AGO序列之上,而AGO序列又是表征变形体的变形趋势。所以当直接用AGO模型预测时,预测的上界和下界即构成灰预测平面。前一节已述及,灰平面成一喇叭型展开,数据原点 $x^{(0)}(n)$ 为喇叭口,即未来时刻离 n 愈远,预测值灰区间愈大。可见,提高预测精度就是缩小灰平面,而缩小灰平面就应充分利用已知的信息和不断补充新的信息,提高灰平面的白色度。对于一个变形体而言,随着时间的推移,未来的一些扰动或因素将不断对变形体产生影响。因此,GM(1,1)模型虽然可作为

长期预测模型，但从灰预测平面来看，真正有意义、精度较高的预测值，仅仅是最近一两个数据，而其他更远的数据只能反映趋势值。要想提高灰预测精度，一条重要途径是充分挖掘已知信息和不断补充新息。

为了考虑未来干扰因素对变形体的影响，一旦灰预测的结果已经发生而成为实测，应不断地将每一个或几个新测得的数据（或称新息、白数）送入 $x^{(0)}$ 中重新建立GM(1,1)模型进行灰预测，这便是增维新息GM(1,1)模型。随着变形体的发展，原来的监测数据愈来愈不适用于新的情况，这时，可根据实际情况，选择一个合适的维数（数据个数），每补充一个或几个新息，便相应去掉一个或几个老息（最老的观测数据），以维持建模的数据个数不变，对这类序列建立的模型称为等维新息GM(1,1)模型。而等维灰新息GM(1,1)模型，则是在未能得到新的监测数据又要进行中长期预测时提出的。其基本方法是利用已知序列建立GM(1,1)模型并进行预测，把最近一个或几个预测值作为灰新息，然后用等维新息模型方法建模和预测。下面依次介绍这三种新息模型。

6.5.2 增维新息GM(1,1)模型

6.5.2.1 基本算法

设原始序列为 $x_n^{(0)}$ ：

$$x_n^{(0)}=[x^{(0)}(1),x^{(0)}(2),\cdots,x^{(0)}(n)]$$

当得到一组新息后，即可构成新息序列 $x_{n+1}^{(0)}$：

$$x_{n+1}^{(0)}=[x^{(0)}(n+1),x^{(0)}(n+2),\cdots,x^{(0)}(n+n')]$$

常取 $2n'\leqslant n$ ，由 $x_n{}^{(0)}$ 和 $x_{n+1}{}^{(0)}$ 组成增维新息序列 $x^{(0)}$ ：

$$\begin{aligned}x^{(0)}&=[x^{(0)}(1),x^{(0)}(2),\cdots,x^{(0)}(n),x^{(0)}(n+1),x^{(0)}(n+2),\cdots,x^{(0)}(n+n')]\\&=[x_n^{(0)}\mid x_{n+1}^{(0)}]\end{aligned}$$

对 $x^{(0)}$ 按下式：

$$\hat{\boldsymbol{a}}_{n+1}=\begin{bmatrix}a_{n+1}\\b_{n+1}\end{bmatrix}=(\boldsymbol{B}^{\mathrm{T}}\boldsymbol{B})^{-1}\boldsymbol{B}^{\mathrm{T}}\boldsymbol{Y}_n$$

重新计算模型参数，建立相应的增维新息GM(1,1)模型并进行预测。

[例6.8]取表6.5-1数据，前6次观测的月沉降量为 $x_n^{(0)}$ ：

$$x_n^{(0)}=(26.6,27.8,9.3,9.4,8.3,7.3)$$

对 $x_n^{(0)}$ 建立GM(1,1)模型，有参序列：

$$\hat{\boldsymbol{a}}_n=\begin{bmatrix}a_n\\b_n\end{bmatrix}=\begin{bmatrix}0.436970\\41.281896\end{bmatrix}$$

累加和还原预测模型分别为：

$$\hat{x}_n^{(1)}(k+1)=-67.872976e^{-0.436970k}+94.472976$$

$$\hat{x}_n^{(0)}(k+1)=37.195089e^{-0.436970k}$$

该模型残差检验结果见表6.5-3。其相对残差平均值$\bar{q}_n=30.36\%$，原点相对残差$q_n^{(0)}(6)=42.74\%$。

表6.5-3　　还原模型计算残差、相对残差

k	$x^{(0)}(k)$ /mm	$\hat{x}_n^{(0)}(k)$ /mm	$\varepsilon_n^{(0)}(k)$ /mm	$q_n^{(0)}(k)$ /%
1	26.6	26.60	0.00	0.00
2	27.8	24.03	3.77	13.56
3	9.3	15.52	−6.22	66.88
4	9.4	10.03	−0.63	6.70
5	8.3	6.48	1.82	21.93
6	7.3	4.18	3.12	42.74

现假定获得一个新息，记为$x_{n+1}^{(0)}$：

$$x_{n+1}^{(0)}=[x^{(0)}(7)]=(5.1)$$

则增维新息序列，为$x^{(0)}$：

$$x^{(0)}=(26.6,27.8,9.3,9.4,8.3,7.3,5.1)$$

$x^{(0)}$的GM(1,1)模型参序列为$\hat{a}_{n+1}$：

$$\hat{\boldsymbol{a}}_{n+1}=\begin{bmatrix}a_{n+1}\\b_{n+1}\end{bmatrix}=(\boldsymbol{B}^{\mathrm{T}}\boldsymbol{B})^{-1}\boldsymbol{B}^{\mathrm{T}}\boldsymbol{Y}_n=\begin{bmatrix}0.391975\\38.736276\end{bmatrix}$$

组成累加和还原增维新息模型：

$$\hat{x}_{n+1}^{(1)}(k+1)=-72.223217e^{-0.391975k}+98.823217$$

$$\hat{x}_{n+1}^{(0)}(k+1)=34.660022e^{-0.391975k}$$

该模型残差检验结果见表6.5-4。相对残差之平均值$\bar{q}_{n+1}=30.15\%$，原序列原点相对残差$q_{n+1}^{(0)}(6)=33.15\%$。

表6.5-4　　还原模型计算残差、相对残差

k	$x^{(0)}(k)$ /mm	$\hat{x}_{n+1}^{(0)}(k)$ /mm	$\varepsilon_{n+1}^{(0)}(k)$ /mm	$q_{n+1}^{(0)}(k)$ /%
1	26.6	26.60	0.00	0.00
2	27.8	23.42	4.38	15.76
3	9.3	15.82	−6.52	70.11
4	9.4	10.69	−1.29	13.72

续表

k	$x^{(0)}(k)$ /mm	$\hat{x}_{n+1}^{(0)}(k)$ /mm	$\varepsilon_{n+1}^{(0)}(k)$ /mm	$q_{n+1}^{(0)}(k)$ /%
5	8.3	7.23	1.07	12.89
6	7.3	4.88	2.42	33.15
7	5.1	3.30	1.80	35.29

从表 6.5-3 和表 6.5-4 可知，增维新息模型的精度略优于原模型，从而说明该模型参数仍需用新息继续加以修正。

6.5.2.2 递推算法

由以上可见，每构造一次新的增维新息模型，就需要进行一次模型参数的再估计，相应要进行一次 $(\boldsymbol{B}^{\mathrm{T}}\boldsymbol{B})^{-1}$ 的矩阵求逆运算。若新息不断提供，反复求矩阵 $(\boldsymbol{B}^{\mathrm{T}}\boldsymbol{B})$ 的逆，这是很麻烦的，除此之外，这种算法还必须保留全部观测数据，不利于节省存储容量。这里给出一种不需要求逆，而是简单的刷新原模型的参数就能算出增维新息模型参数的递推算法。

假设对某变形体进行了 n 次观测，记为：

$$x_n^{(0)}=[x^{(0)}(1),x^{(0)}(2),\cdots,x^{(0)}(n)]$$

模型参序列记为：

$$\hat{\boldsymbol{a}}_n=\begin{bmatrix}a_n\\b_n\end{bmatrix}=(\boldsymbol{B}_n{}^{\mathrm{T}}\boldsymbol{B}_n)^{-1}\boldsymbol{B}_n{}^{\mathrm{T}}\boldsymbol{Y}_n=\boldsymbol{Q}_{nn}\boldsymbol{B}_n{}^{\mathrm{T}}\boldsymbol{Y}_n$$

$$\boldsymbol{Q}_{nn}=(\boldsymbol{B}_n{}^{\mathrm{T}}\boldsymbol{B}_n)^{-1}$$

式中

$$\boldsymbol{B}_n=\begin{bmatrix}-0.5[x^{(1)}(2)+x^{(1)}(1)] & 1\\ -0.5[x^{(1)}(3)+x^{(1)}(2)] & 1\\ \cdots & \cdots\\ -0.5[x^{(1)}(n)+x^{(1)}(n-1)] & 1\end{bmatrix};\boldsymbol{Y}_n=\begin{bmatrix}x^{(0)}(2)\\x^{(0)}(3)\\\cdots\\x^{(0)}(n)\end{bmatrix}$$

现假定又得到一组新息 $x_{n+1}^{(0)}$，即又观测到 n' 个数据。构成增维新息序列，记为 $x^{(0)}$：

$$\begin{aligned}x^{(0)}&=[x^{(0)}(1),x^{(0)}(2),\cdots,x^{(0)}(n)\,|\,x^{(0)}(n+1),\cdots,x^{(0)}(n+n')]\\&=(x_n{}^{(0)}\,|\,x_{n+1}{}^{(0)})\end{aligned}$$

其累加矩阵 $\boldsymbol{B}$ 与常数矩阵 $\boldsymbol{Y}$ 为：

$$\boldsymbol{B}=\begin{bmatrix} -0.5[x^{(1)}(2)+x^{(1)}(1)] & 1 \\ -0.5[x^{(1)}(3)+x^{(1)}(2)] & 1 \\ \cdots & \cdots \\ -0.5[x^{(1)}(n)+x^{(1)}(n-1)] & 1 \\ \cdots & \cdots \\ -0.5[x^{(1)}(n+1)+x^{(1)}(n)] & 1 \\ \cdots & \cdots \\ -0.5[x^{(1)}(n+n')+x^{(1)}(n+n'-1)] & 1 \end{bmatrix}=\begin{bmatrix} \boldsymbol{B}_n \\ \cdots \\ \boldsymbol{B}_{n+1} \end{bmatrix};$$

$$\boldsymbol{Y}=\begin{bmatrix} x^{(0)}(2) \\ x^{(0)}(3) \\ \cdots \\ x^{(0)}(n) \\ \cdots \\ x^{(0)}(n+1) \\ \cdots \\ x^{(0)}(n+n') \end{bmatrix}=\begin{bmatrix} \boldsymbol{Y}_n \\ \cdots \\ \boldsymbol{Y}_{n+1} \end{bmatrix}$$

其参序列记为 $\hat{\boldsymbol{a}}_{n+1}$：

$$\hat{\boldsymbol{a}}_{n+1}=\begin{bmatrix} a_{n+1} \\ b_{n+1} \end{bmatrix}=(\boldsymbol{B}^{\mathrm{T}}\boldsymbol{B})^{-1}\boldsymbol{B}^{\mathrm{T}}\boldsymbol{Y}$$

将 $\boldsymbol{B}$ 与 $\boldsymbol{Y}$ 代入上式有：

$$\begin{aligned}\hat{\boldsymbol{a}}_{n+1} &=\left\{\begin{bmatrix} \boldsymbol{B}_n \\ \cdots \\ \boldsymbol{B}_{n+1} \end{bmatrix}^{\mathrm{T}}\begin{bmatrix} \boldsymbol{B}_n \\ \cdots \\ \boldsymbol{B}_{n+1} \end{bmatrix}\right\}^{-1}\begin{bmatrix} \boldsymbol{B}_n \\ \cdots \\ \boldsymbol{B}_{n+1} \end{bmatrix}^{\mathrm{T}}\begin{bmatrix} \boldsymbol{Y}_n \\ \cdots \\ \boldsymbol{Y}_{n+1} \end{bmatrix} \\ &=(\boldsymbol{B}_n^{\mathrm{T}}\boldsymbol{B}_n+\boldsymbol{B}_{n+1}^{\mathrm{T}}\boldsymbol{B}_{n+1})^{-1}(\boldsymbol{B}_n^{\mathrm{T}}\boldsymbol{Y}_n+\boldsymbol{B}_{n+1}^{\mathrm{T}}\boldsymbol{Y}_{n+1}) \\ &=\boldsymbol{Q}_{n+1,n+1}(\boldsymbol{B}_n^{\mathrm{T}}\boldsymbol{Y}_n+\boldsymbol{B}_{n+1}^{\mathrm{T}}\boldsymbol{Y}_{n+1})\end{aligned}$$

式中

$$\boldsymbol{Q}_{n+1,n+1}=(\boldsymbol{B}_n^{\mathrm{T}}\boldsymbol{B}_n+\boldsymbol{B}_{n+1}^{\mathrm{T}}\boldsymbol{B}_{n+1})^{-1}=(\boldsymbol{Q}_{nn}^{-1}+\boldsymbol{B}_{n+1}^{\mathrm{T}}\boldsymbol{B}_{n+1})^{-1}$$

按分块矩阵求逆公式：

$$(\boldsymbol{S}+\boldsymbol{VW})^{-1}=\boldsymbol{S}^{-1}-\boldsymbol{S}^{-1}\boldsymbol{V}(\boldsymbol{I}+\boldsymbol{WS}^{-1}\boldsymbol{V})^{-1}\boldsymbol{WS}^{-1}$$

有 $\boldsymbol{Q}_{n+1,n+1}$ 的展开式：

$$\boldsymbol{Q}_{n+1,n+1}=(\boldsymbol{Q}_{nn}+\boldsymbol{Q}_{nn}\boldsymbol{B}_{n+1}^{\mathrm{T}}(\boldsymbol{I}+\boldsymbol{B}_{n+1}\boldsymbol{Q}_{nn}\boldsymbol{B}_{n+1}^{\mathrm{T}})^{-1}\boldsymbol{B}_{n+1}\boldsymbol{Q}_{nn}$$

此时，参数 $\hat{\boldsymbol{a}}_{n+1}$ 为：

$$\hat{\boldsymbol{a}}_{n+1}=\boldsymbol{Q}_{nn}\boldsymbol{B}_n^{\mathrm{T}}\boldsymbol{Y}_n-\boldsymbol{Q}_{nn}\boldsymbol{B}_{n+1}^{\mathrm{T}}(\boldsymbol{I}+\boldsymbol{B}_{n+1}\boldsymbol{Q}_{nn}\boldsymbol{B}_{n+1}^{\mathrm{T}})^{-1}\boldsymbol{B}_{n+1}\boldsymbol{Q}_{nn}\boldsymbol{B}_n^{\mathrm{T}}\boldsymbol{Y}_n+\boldsymbol{Q}_{nn}\boldsymbol{B}_{n+1}^{\mathrm{T}}\boldsymbol{Y}_{n+1}-\boldsymbol{Q}_{nn}\boldsymbol{B}_{n+1}^{\mathrm{T}}(\boldsymbol{I}+\boldsymbol{B}_{n+1}\boldsymbol{Q}_{nn}\boldsymbol{B}_{n+1}^{\mathrm{T}})^{-1}\boldsymbol{B}_{n+1}\boldsymbol{Q}_{nn}\boldsymbol{B}_{n+1}^{\mathrm{T}}\boldsymbol{Y}_{n+1})$$

最后整理合并上式为：

$$\hat{\boldsymbol{a}}_{n+1}=\hat{\boldsymbol{a}}_n+\boldsymbol{Q}_{nn}\boldsymbol{B}_{n+1}^{\mathrm{T}}\boldsymbol{R}(\boldsymbol{Y}_{n+1}-\boldsymbol{B}_{n+1}\hat{\boldsymbol{a}}_n)=\hat{\boldsymbol{a}}_n+\Delta a_n$$

$$\boldsymbol{Q}_{n+1,n+1}=\boldsymbol{Q}_{nn}-\boldsymbol{Q}_{nn}\boldsymbol{B}_{n+1}^{\mathrm{T}}\boldsymbol{R}\boldsymbol{B}_{n+1}\boldsymbol{Q}_{nn}$$

式中，$\boldsymbol{R}=(\boldsymbol{I}+\boldsymbol{B}_{n+1}\boldsymbol{Q}_{nn}\boldsymbol{B}_{n+1}^{\mathrm{T}})^{-1}$；$\boldsymbol{Q}_{nn}=(\boldsymbol{B}_n^{\mathrm{T}}\boldsymbol{B}_n)^{-1}$；$\boldsymbol{I}$ 为单位矩阵。以上式即为增维新息 GM(1,1)模型递推算法的基本公式。

上述增加一组新息的递推算法，亦可通过每次只增加一个新息逐次递推得到，其结果一致。当增加一个新息时，递推公式可由上面的基本公式简化得到：

$$\hat{\boldsymbol{a}}_{n+1}=\hat{\boldsymbol{a}}_n+r_{n+1}\boldsymbol{Q}_{nn}\boldsymbol{B}_{n+1}^{\mathrm{T}}(\boldsymbol{Y}_{n+1}-\boldsymbol{B}_{n+1}\hat{\boldsymbol{a}}_n)$$

$$\boldsymbol{Q}_{n+1,n+1}=\boldsymbol{Q}_{nn}-r_{n+1}\boldsymbol{Q}_{nn}\boldsymbol{B}_{n+1}^{\mathrm{T}}\boldsymbol{B}_{n+1}\boldsymbol{Q}_{nn}$$

式中，$r_{n+1}=\dfrac{1}{1+\boldsymbol{B}_{n+1}\boldsymbol{Q}_{nn}\boldsymbol{B}_{n+1}^{\mathrm{T}}}$；$\boldsymbol{Q}_{nn}=(\boldsymbol{B}_n^{\mathrm{T}}\boldsymbol{B}_n)^{-1}$，由参数 $\hat{\boldsymbol{a}}_{n+1}$ 的估计式右边可看出增维新息模型参数可由原模型参数 $\hat{a}_n$ 加上一个校正项构成，校正项中的 $\boldsymbol{Q}_{nn}$ 阵可在 $\boldsymbol{Q}_{n+1,n+1}$ 式中递推进行刷新。整个校正项又与新息 $\boldsymbol{Y}_{n+1}$（或为 $x_{n+1}^{(0)}$）和模型计算值 $\boldsymbol{B}_{n+1}\hat{\boldsymbol{a}}_n$ 之差成正比。而 $\boldsymbol{Y}_{n+1}-\boldsymbol{B}_{n+1}\hat{\boldsymbol{a}}_n$ 又表示原估计 $\hat{\boldsymbol{a}}_n$ 与新息 $\boldsymbol{Y}_{n+1}$ 和 $\boldsymbol{B}_{n+1}$ 拟合误差，$\boldsymbol{r}_{n+1}\boldsymbol{Q}_{nn}\boldsymbol{B}_{n+1}^{\mathrm{T}}$ 决定了在校正 $\hat{\boldsymbol{a}}_n$ 时，拟合误差要加多大的权，这样就相当于具有反馈修正性质，当新息与计算值不符时，就进行校正，组成递推关系式。因此，当原序列 GM(1,1)模型一经建立，前 n 次观测可不用保留或者贮存于计算外围设备，这样可节省计算内存单，也利于计算速度的提高。这是因为，在所有增维新息模型计算过程中，只通过简单的递推计算，估计当前新息序列下的模型参数，进而建立相应的增维新息 GM(1,1)模型。此外，上述推导和分析，还从理论上证明了增维新息 GM(1,1)模型要优于原序列 GM(1,1)模型。

[例 6.9]仍用[例 6.8]作为原始序列：

$$x_n^{(0)}=(26.6,27.8,9.3,9.4,8.3,7.3)$$

现获得的新息：

$$x_{n+1}^{(0)}=[x^{(0)}(7)]=(5.1)$$

组成增维新息序列 $x^{(0)}$：

$$x^{(0)}=(26.6,27.8,9.3,9.4,8.3,7.3,5.1)$$

由前例知，对 $x_n^{(0)}$ 建模后，有：

$$\hat{\boldsymbol{a}}_n=\begin{bmatrix}a_n\\b_n\end{bmatrix}=\begin{bmatrix}0.436970\\41.281896\end{bmatrix}$$

$$\boldsymbol{Q}_{nn}=\begin{bmatrix}0.0008377 & 0.0553291\\0.0553291 & 3.8544900\end{bmatrix}$$

首先计算 $\boldsymbol{B}_{n+1}$ 与 $\boldsymbol{Y}_{n+1}$：

$$\boldsymbol{B}_{n+1}=[-0.5[x^{(1)}(7)+x^{(1)}(6)]\quad 1]=[-0.5[x^{(1)}(6)+x^{(0)}(7)+x^{(1)}(6)]\quad 1]$$

$$=[-91.25\quad 1]$$

$$\boldsymbol{Y}_{n+1}=[x^{(0)}(7)]=[5.1]$$

于是 r_{n+1} 为：

$$r_{n+1}=\frac{1}{1+\boldsymbol{B}_{n+1}\boldsymbol{Q}_{nn}\boldsymbol{B}_{n+1}^{\mathrm{T}}}=\frac{1}{1+[-91.25\quad 1]\begin{bmatrix}0.0008377 & 0.0553291\\0.0553291 & 3.8544900\end{bmatrix}\begin{bmatrix}-91.25\\1\end{bmatrix}}=0.577376$$

最后有增维新息模型参序列 $\hat{\boldsymbol{a}}_{n+1}$：

$$\hat{\boldsymbol{a}}_{n+1}=\begin{bmatrix}a_{n+1}\\b_{n+1}\end{bmatrix}=\hat{\boldsymbol{a}}_n+r_{n+1}\boldsymbol{Q}_{nn}\boldsymbol{B}_{n+1}^{\mathrm{T}}(\boldsymbol{Y}_{n+1}-\boldsymbol{B}_{n+1}\hat{\boldsymbol{a}}_n)$$

$$=\begin{bmatrix}0.436970\\41.281896\end{bmatrix}+0.577376\begin{bmatrix}0.0008377 & 0.0553291\\0.0553291 & 3.8544900\end{bmatrix}\begin{bmatrix}-91.25\\1\end{bmatrix}\left\{5.1-[-91.25\quad 1]\begin{bmatrix}0.436970\\41.281896\end{bmatrix}\right\}$$

$$=\begin{bmatrix}0.391976\\38.736325\end{bmatrix}$$

相应 $\boldsymbol{Q}_{n+1,n+1}$ 为：

$$\boldsymbol{Q}_{n+1,n+1}=\boldsymbol{Q}_{nn}-r_{n+1}\boldsymbol{Q}_{nn}\boldsymbol{B}_{n+1}^{\mathrm{T}}\boldsymbol{B}_{n+1}\boldsymbol{Q}_{nn}$$

$$=\begin{bmatrix}0.0008377 & 0.0553291\\0.0553291 & 3.8544900\end{bmatrix}-0.577376\begin{bmatrix}0.0008377 & 0.0553291\\0.0553291 & 3.8544900\end{bmatrix}\begin{bmatrix}-91.25\\1\end{bmatrix}[-91.25\quad 1]$$

$$\begin{bmatrix}0.0008377 & 0.0553291\\0.0553291 & 3.8544900\end{bmatrix}=\begin{bmatrix}0.0005804 & 0.0407728\\0.0407728 & 3.0309620\end{bmatrix}$$

上述计算结果显然同前例一致。从计算过程来看，计算较简捷，若用计算机编程计算，则更加方便，这主要是因为 $\boldsymbol{Q}_{n+1,n+1}$ 在模型参数估计时已附带求出，且许多信息已存储于计算机中，因而也无需占用计算机存储单元。

6.5.3 等维新息 GM(1,1)模型

假定我们选定一个 n 维原始序列 $x^{(0)}$：

$$x^{(0)}=[x^{(0)}(1),x^{(0)}(2),\cdots,x^{(0)}(n)]$$

作为等维新息模型的基本维数序列。当补充一个或 n' 个新息后，相应去掉一个或 n' 个老息，即可得到等维新息序列 $x^{(0)}$：

$$x^{(0)}=[x^{(0)}(n'+1),x^{(0)}(n'+2),\cdots,x^{(0)}(n),x^{(0)}(n+1),\cdots,x^{(0)}(n+n')]$$

一般 $2n' \leqslant n$，这时对 $x^{(0)}$ 建立的 GM(1,1)模型，即为等维新息 GM(1,1)模型。

[例 6.10]将[例 6.8]中的 6 维原始序列作为等维基本序列 $x^{(0)}$：

$$x^{(0)} = (26.6, 27.8, 9.3, 9.4, 8.3, 7.3)$$

假定补充一个新息 $x^{(0)}(7) = 5.1$，同去掉老息 $x^{(0)}(1) = 26.6$；得到等维新息序列 $x^{(0)}$：

$$x^{(0)} = (27.8, 9.3, 9.4, 8.3, 7.3, 5.1)$$

对 $x^{(0)}$ 进行模型参数估计有：

$$\hat{\boldsymbol{a}} = \begin{bmatrix} a \\ b \end{bmatrix} = (\boldsymbol{B}^{\mathrm{T}}\boldsymbol{B})^{-1}\boldsymbol{B}^{\mathrm{T}}\boldsymbol{Y}_n = \begin{bmatrix} 0.125194 \\ 14.089662 \end{bmatrix}$$

最后得到等维新息 GM(1,1)模型：

$$\hat{x}^{(1)}(k+1) = -84.741904\mathrm{e}^{-0.125194k} + 112.541904$$

$$\hat{x}^{(0)}(k+1) = 11.301962\mathrm{e}^{-0.125194k}$$

将上述模型的残差检验结果见表 6.5-5。其中相对残差之均值 $\bar{q} = 8.94\%$，原序列原点相对残差 $q^{(0)}(5) = 6.16\%$。显然，与原序列模型和增维新息模型相比，等维新息模型精度最高。

表 6.5-5　还原模型计算残差、相对残差

k	$x^{(0)}(k)$ /mm	$\hat{x}^{(0)}(k)$ /mm	$\varepsilon^{(0)}(k)$ /mm	$q^{(0)}(k)$ /%
1	27.8	27.80	0.00	0.00
2	9.3	9.97	−0.67	7.20
3	9.4	8.80	0.60	6.38
4	8.3	7.76	0.54	6.5[illegible]
5	7.3	6.85	0.45	6.16
6	5.1	6.04	−0.94	18.43

6.5.4　等维灰新息 GM(1,1)模型

设对原始序列 $x^{(0)}$：

$$x^{(0)} = [x^{(0)}(1), x^{(0)}(2), \cdots, x^{(0)}(n)]$$

建立了 GM(1,1)模型，并作外延预测有 $x_n^{(0)\prime}$：

$$x_n^{(0)\prime} = [x^{(0)}(n+1), x^{(0)}(n+2), \cdots, x^{(0)}(n+n')]$$

式中 $n' = 1 \sim 3$。在未取得实际观测值之前，为提高预测精度，将预测序列 $x_n^{(0)\prime}$ 作为灰新息（灰数），递补在原序列之后，并相应去掉首部 n' 个老息，有等维灰新息序列 $x_n^{(0)\prime}$：

$$x_n^{(0)'}=[x^{(0)}(n'+1),x^{(0)}(n'+2),\cdots,x^{(0)}(n),x^{(0)}(n+1),x^{(0)}(n+2),\cdots,x^{(0)}(n+n')]$$

对 $x_n^{(0)'}$ 建立 GM(1,1)模型，即为等维灰新息 GM(1,1)模型。可重复应用上述预测方法，直至满足要求为止。

[例 6.11]用[例 6.8]中对以下序列 $x^{(0)}$：

$$x^{(0)}=(26.6,27.8,9.3,9.4,8.3,7.3)$$

建立的 GM(1,1)模型进行预测有：

$$\hat{x}^{(0)}(71)=37.195089e^{-0.436970\times 6}=2.70$$

构造等维灰新息序列 $x_n^{(0)'}$：

$$x_n^{(0)'}=(27.8,9.3,9.4,8.3,7.3,2.7)$$

对 $x_n^{(0)'}$ 建立 GM(1,1)模型有：

$$\hat{\boldsymbol{a}}_n'=\begin{bmatrix}a_n'\\b_n'\end{bmatrix}=\begin{bmatrix}0.180898\\16.327920\end{bmatrix}$$

$$\hat{x}_n^{(1)'}(k+1)=-62.460368e^{-0.180898k}+90.260368$$

$$\hat{x}_n^{(0)'}(k+1)=12.385450e^{-0.180898k}$$

其残差检验结果见表 6.5-6，其平均相对残差值 $\bar{q}_n=27.17\%$，原点相对残差 $q_n^{(0)}(5)=17.67\%$。

表 6.5-6　还原模型计算残差、相对残差

k	$x^{(0)}(k)$ /mm	$\hat{x}_n^{(0)'}(k)$ /mm	$\varepsilon_n^{(0)'}(k)$ /mm	$q_n^{(0)'}(k)$ /%
1	27.8	27.80	0.00	0.00
2	9.3	10.34	−1.04	11.18
3	9.4	8.63	0.77	8.19
4	8.3	7.20	1.10	13.25
5	7.3	6.01	1.29	17.67
6	2.7	5.01	−2.31	85.56

从表 6.5-6 可以看出，等维灰新息模型比原始序列模型、增维新息精度高，较等维新息模型精度低。这显然符合事物的辩证规律。这是因为等维灰新息模型建模时，递补在原序列之后的数是一组预测灰数，即灰新息。它是从原序列中挖掘出来的。而等维新息模型建模时，补充的新息是一组实际观测值，在某种意义上讲，可称这组实际观测值为白新息。另外，即使灰新息和白新息相差近 2 倍，其模型计算值与白新息也非常接近，相对误差仅为 1.76%；与灰新息相差较大，相对误差达 85.56%，这说明灰新息误差较大，此时，可再用该模型计算值作为灰新息，重新建立等维灰息 GM(1,1)模型并预测。最后，按相同的方法逐次预测下去，直至满足要求为止。那么，为什么等维灰新信息模型精

度要高于增维新息模型呢？从 $x^{(0)}$ 来看，最初两个观测值沉降量较大，已不符合该建筑物的后期沉降规律，显然其存在于预测模型是不适合的，甚至是错误的。这就是建立等维模型的一个重要特点。

为同表 6.5-2 的原预测结果进行比较，这里用不同维数的序列建立了等维灰新息模型并预测，其结果见表 6.5-7。

表 6.5-7　　不同维数等维灰新息模型预测结果

维数 k	8	9	10	11	12	13	月平均递减率/%
4 维(4～7)	4.32	3.10	2.56	1.87	1.51	1.12	28.87
5 维(3～7)	4.72	3.70	2.88	2.55	1.91	1.61	22.39
6 维(2～7)	5.33	4.25	3.51	2.98	2.74	2.13	17.05
7 维(1～7)	2.23	4.93	3.51	2.91	2.51	2.39	17.33

由表 6.5-7 可知，等维灰新息 GM(1,1)预测结果，较一般 GM(1,1)模型预测结果的高离散度小，且月平均递减率比较接近，从而进一步说明用等维灰新息序列建模是可行的和具有实际意义的。

7 变形状态灰色评估

7.1 概述

灰评估是一种对事物按灰色系统理论进行分类的评估方法，一般有灰关联评估、灰统计评估和灰聚类评估等。灰关联评估主要用于同类因素的归并，以使复杂系统简化；灰统计评估和灰聚类评估主要用于检查评估对象是否属于事先设定的不同类别，以区别对待。

在对变形体进行监测时，通常在变形体上布设数十至数百个监测点，用来监视变形体系统的变形工况。为了分析这些点的变形情况，需要根据监测数据的时间序列来建立模型进行系统分析。利用灰评估可以解决以下问题。

①对变形体系统输入原因量序列进行灰评估，找出许多因素中若干个关系十分密切的因素，既能够用这些因素的综合平均指标或其中的某一个因素来代表这几个因素，又可以使信息不受到严重损失。

②将变形体系统输出效应量序列进行聚类，对每个子类取一定数量的效应量序列进行建模分析，将大大减少计算量，提高工作效率。

③灰评估还可将变形体（如滑坡体等）的输出效应量序列的大小、发展态势等进行分类，确定稳定的和非稳定的区域，以便为分析预报和工程治理措施等决策提供依据，亦对变形体的整体变形情况进行评估。

7.2 灰关联评估

设变形体上有 m 个监测点，每个监测点有 n 个观测数据，得到以下变形效应量序列：

$$Y_1=[y_1(1),y_1(2)\cdots,y_1(n)]$$

$$Y_2=[y_2(1),y_2(2)\cdots,y_2(n)]$$

$$\cdots$$

$$Y_m=[y_m(1),y_m(2)\cdots,y_m(n)]$$

分别计算以 $Y_i(i=1,2,\cdots,m)$ 母序列，$Y_j(j=1,2,\cdots,m)$ 为子序列时的灰绝对关联度 $\varepsilon_{ij}(i,j=1,2,\cdots,m)$，并构造灰绝对关联矩阵为：

$$\boldsymbol{\Gamma}_{\varepsilon}=[\varepsilon_{ij}]=\begin{bmatrix}\varepsilon_{11} & \varepsilon_{12} & \cdots & \varepsilon_{1m}\\ \varepsilon_{21} & \varepsilon_{22} & \cdots & \varepsilon_{2m}\\ \cdots & \cdots & \cdots & \cdots\\ \varepsilon_{s1} & \varepsilon_{s2} & \cdots & \varepsilon_{sm}\end{bmatrix} \tag{7.1}$$

其中，$\varepsilon_{ii}=1$；$\varepsilon_{ij}=\varepsilon_{ji}(i,j=1,2,\cdots,m)$，又称矩阵 Γ_{ε} 为对角线元素为 1 的上三角矩阵。因此，实际计算时只需计算 $j\geqslant i$ 时的 ε_{ij} 。

给定临界值 $r\in[0,1]$，当 $\varepsilon_{ij}\geqslant r(i\neq j)$ 时，则视 Y_j 与 Y_i 为同类因素，这种根据灰绝对关联矩阵在临界值 r 下的分类方法，称为灰关联聚类。实际应用时，r 可根据需要确定，一般 $r>0.5$。r 越接近 1，分类越细，相应的组中同类因素就越少；当 $r=1$ 时，m 个因素序列各自为一类；当 r 越小，分类越粗，相应的组中同类因素就越多；当 $r=0$ 时，m 个因素序列均为一类。

同理，当利用变形原因量灰关联矩阵进行灰评估时，可对变形原因量之间进行分类。

[例 7.1]某滑坡 17 个监测点(布置见图 7.2-1)的累计水平位移观测数据见表 7.2-1，试对各点水平位移情况进行灰关联评估，为便于分析绘制了监测点水平位移过程线图(图 7.2-2)。

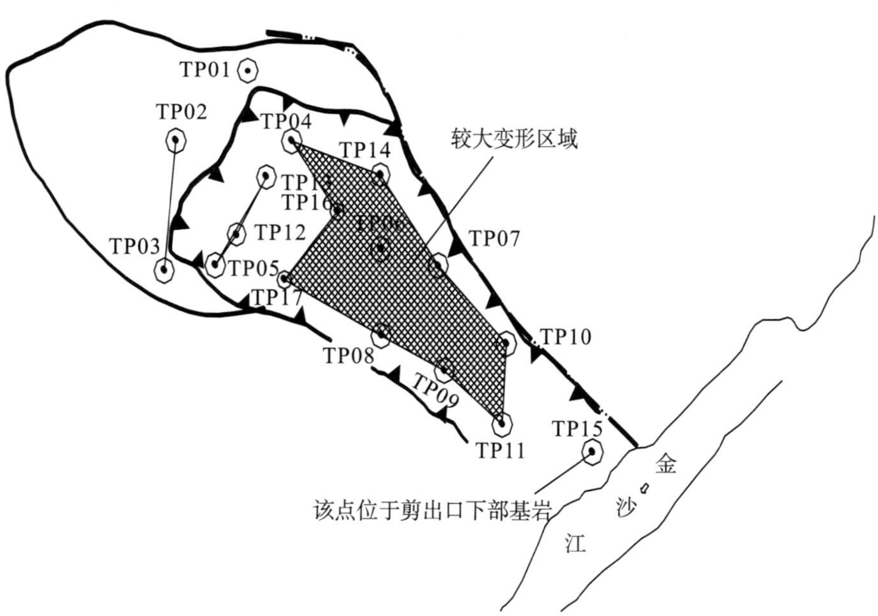

图 7.2-1　某滑坡监测点布置及变形分区

表 7.2-1　　某滑坡 17 个监测点累计水平位移观测数据　　(单位:mm)

点号	观测时间	2005 年 8 月	2005 年 11 月	2006 年 2 月	2006 年 5 月	2006 年 8 月	2006 年 11 月
	k	1	2	3	4	5	6
TP01	Y_1	4.05	4.70	9.48	5.16	18.28	17.41
TP02	Y_2	−1.99	9.68	16.83	16.33	28.24	29.79
TP03	Y_3	2.05	10.19	21.23	23.59	33.02	32.74
TP04	Y_4	44.25	127.43	193.52	229.36	270.86	292.19
TP05	Y_5	16.44	53.08	83.42	98.03	117.57	126.74
TP06	Y_6	65.22	187.13	279.34	327.54	381.20	411.40
TP07	Y_7	56.10	155.76	232.10	267.40	310.89	334.65
TP08	Y_8	57.59	166.65	252.34	292.45	341.46	367.04
TP09	Y_9	76.87	211.08	310.65	355.46	413.32	444.68
TP10	Y_{10}	63.74	168.92	241.71	273.44	318.76	340.01
TP11	Y_{11}	75.40	200.29	284.36	322.06	374.31	399.52
TP12	Y_{12}	0.00	11.13	40.36	55.37	77.48	84.58
TP13	Y_{13}	0.00	12.65	47.57	62.40	89.17	99.25
TP14	Y_{14}	0.00	37.51	130.59	183.44	239.64	268.35
TP15	Y_{15}	0.00	−2.35	0.02	7.53	6.79	1.36
TP16	Y_{16}	82.55	163.25	214.35	240.97	273.55	289.36
TP17	Y_{17}	37.15	108.65	165.73	192.96	230.30	246.62

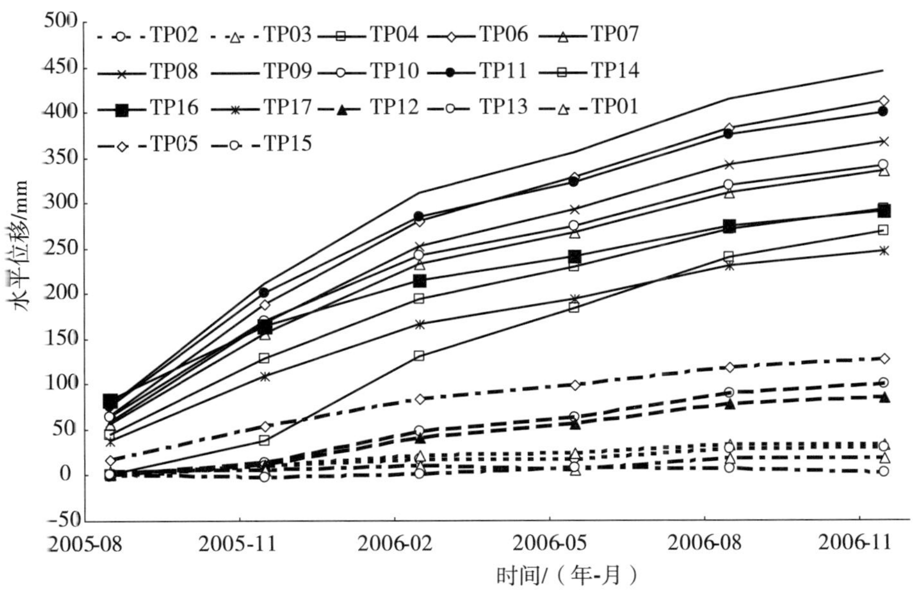

图 7.2-2　监测点水平位移过程线

分别计算以 $Y_i\,(i=1,2,\cdots,17)$ 母序列，$Y_j\,(j=i,i+1,i+2,\cdots,17)$ 为子序列时的灰绝对关联度 ε_{ij}，并构造灰绝对关联矩阵，见表 7.2-2。

根据表 7.2-2 即可对监测点的变形过程进行分类。

表 7.2-2　　　　灰绝对关联度矩阵

	Y_1	Y_2	Y_3	Y_4	Y_5	Y_6	Y_7	Y_8	Y_9	Y_{10}	Y_{11}	Y_{12}	Y_{13}	Y_{14}	Y_{15}	Y_{16}	Y_{17}
Y_1	1.00	0.65	0.65	0.52	0.54	0.51	0.52	0.51	0.51	0.52	0.51	0.56	0.55	0.52	0.73	0.52	0.52
Y_2		1.00	0.99	0.56	0.64	0.54	0.55	0.55	0.54	0.55	0.55	0.71	0.68	0.57	0.57	0.57	0.57
Y_3			1.00	0.56	0.64	0.54	0.55	0.55	0.54	0.55	0.55	0.71	0.68	0.57	0.57	0.57	0.57
Y_4				1.00	0.72	0.85	0.94	0.89	0.83	0.93	0.87	0.65	0.67	0.97	0.51	0.93	0.93
Y_5					1.00	0.66	0.69	0.67	0.65	0.69	0.66	0.83	0.88	0.74	0.52	0.76	0.76
Y_6						1.00	0.91	0.95	0.97	0.91	0.98	0.60	0.62	0.83	0.51	0.81	0.80
Y_7							1.00	0.95	0.88	0.99	0.92	0.63	0.65	0.91	0.51	0.88	0.87
Y_8								1.00	0.92	0.95	0.97	0.62	0.63	0.87	0.51	0.84	0.83
Y_9									1.00	0.88	0.95	0.60	0.61	0.81	0.51	0.79	0.78
Y_{10}										1.00	0.93	0.63	0.65	0.91	0.51	0.88	0.87
Y_{11}											1.00	0.61	0.63	0.85	0.51	0.82	0.81
Y_{12}												1.00	0.93	0.66	0.53	0.67	0.67
Y_{13}													1.00	0.68	0.53	0.70	0.70
Y_{14}														1.00	0.51	0.96	0.95
Y_{15}															1.00	0.51	0.51
Y_{16}																1.00	0.99
Y_{17}																	1.00

取临界值 $r=0.90$，从第一行开始，找出大于等于 0.90 的 $\varepsilon_{ij}=\varepsilon(Y_i,Y_j)(i<j)$，有：

$\varepsilon(Y_2,Y_3)=0.99$；

$\varepsilon(Y_4,Y_7)=0.94$，$\varepsilon(Y_4,Y_{10})=0.93$，$\varepsilon(Y_4,Y_{14})=0.97$，$\varepsilon(Y_4,Y_{16})=0.93$，$\varepsilon(Y_4,Y_{17})=0.94$；

$\varepsilon(Y_6,Y_7)=0.91$，$\varepsilon(Y_6,Y_8)=0.95$，$\varepsilon(Y_6,Y_9)=0.97$，$\varepsilon(Y_6,Y_{10})=0.91$，$\varepsilon(Y_6,Y_{11})=0.98$；

$\varepsilon(Y_7,Y_8)=0.95$，$\varepsilon(Y_7,Y_{10})=0.99$，$\varepsilon(Y_7,Y_{11})=0.92$，$\varepsilon(Y_7,Y_{14})=0.91$；

$\varepsilon(Y_8,Y_9)=0.92$，$\varepsilon(Y_8,Y_{10})=0.95$，$\varepsilon(Y_8,Y_{11})=0.97$；

$\varepsilon(Y_9,Y_{11})=0.95$；

$\varepsilon(Y_{10},Y_{11})=0.93$，$\varepsilon(Y_{10},Y_{14})=0.91$；

$\varepsilon(Y_{12},Y_{13})=0.93$；

$\varepsilon(Y_{14},Y_{16})=0.96$，$\varepsilon(Y_{14},Y_{17})=0.95$；

$\varepsilon(Y_{16},Y_{17})=0.99$。

从而有初步分类：

Y_2 与 Y_3 为同一类；

Y_4 与 Y_7、Y_{10}、Y_{14}、Y_{16} 和 Y_{17} 为同一类；

Y_6 与 Y_7、Y_8、Y_9、Y_{10} 和 Y_{11} 为同一类；

Y_7 与 Y_8、Y_{10}、Y_{11} 和 Y_{14} 为同一类；

Y_8 与 Y_9、Y_{10} 和 Y_{11} 为同一类；

Y_9 与 Y_{11} 为同一类；

Y_{10} 与 Y_{11} 和 Y_{14} 为同一类；

Y_{12} 与 Y_{13} 为同一类；

Y_{14} 与 Y_{16} 和 Y_{17} 为同一类；

Y_{16} 与 Y_{17} 为同一类。

如果将具有交集的归一类、未被选入的 Y_1、Y_5 和 Y_{15} 单独各视作一类，就得到 17 个监测点的 6 个聚类为：

1 类：$\{Y_2,Y_3\}$；

2 类：$\{Y_4,Y_6,Y_7,Y_8,Y_9,Y_{10},Y_{11},Y_{14},Y_{16},Y_{17}\}$；

3 类：$\{Y_{12},Y_{13}\}$；

4 类：$\{Y_1\}$；

5 类：$\{Y_5\}$；

6 类：$\{Y_{15}\}$。

如果再用 6 类最小点号作代表，构成关联矩阵（表 7.2-3）。

表 7.2-3　灰绝对关联度矩阵

	Y_1	Y_2	Y_4	Y_5	Y_{12}	Y_{15}
Y_1	1.00	0.65	0.52	0.54	0.56	0.73
Y_2		1.00	0.56	0.64	0.71	0.57
Y_4			1.00	0.72	0.65	0.51
Y_5				1.00	0.83	0.52
Y_{12}					1.00	0.53
Y_{15}						1.00

取临界值 $r=0.80$，从第一行开始，找出大于等于 0.80 的 $\varepsilon_{ij}=\varepsilon(Y_i,Y_j)(i<j)$，有

$$\varepsilon(Y_5,Y_{12})=0.83$$

此时，5′类可并入 3′类。最后得到 17 个监测点的 5 个聚类为：

1 类：$\{Y_2, Y_3\}$；

2 类：$\{Y_4, Y_6, Y_7, Y_8, Y_9, Y_{10}, Y_{11}, Y_{14}, Y_{16}, Y_{17}\}$；

3 类：$\{Y_5, Y_{12}, Y_{13}\}$；

4 类：$\{Y_1\}$；

5 类：$\{Y_{15}\}$。

从表 7.2-1 和图 7.2-1、图 7.2-2 看出，用灰绝对关联矩阵构造变形体特征向量进行灰评估分析结果与实际是吻合的，即 2 类为较大变形区；3 类为变形区；1 类为小变形区；4 类和 5 类为基本稳定区。

7.3 灰统计评估

设变形体上有 $n(i=1,2,\cdots,n)$ 个监测点，每个监测点有 $m(j=1,2,\cdots,m)$ 个单位时间内观测的变形效应量，于是有变形效应量样本矩阵：

$$\boldsymbol{D}=(d_{ij})=\begin{bmatrix} d_{11} & d_{12} & \cdots & d_{1m} \\ d_{21} & d_{22} & \cdots & d_{2m} \\ \cdots & \cdots & \cdots & \cdots \\ d_{n1} & d_{n2} & \cdots & d_{nm} \end{bmatrix} \tag{7.2}$$

式中，$d_{1j}, d_{2j}, \cdots, d_{nj}$ ——第 j 次观测的 n 个监测点的空间位移样本列，视 $d_{ij}(i=1,2,\cdots,n; j=1,2,\cdots,m)$ 为第 j 个统计单元对于第 i 个位移统计样本值。

现假设把变形体变形分成大变形、中变形、变形、小变形、未变形(稳定)几个灰类，即设有 $s(k=1,2,\cdots,s)$ 个灰类，通过变换使 j 样本值转化为项目 j 对各灰类 $s(k=1,2,\cdots,s)$ 的评估值，称为 j 项目所属灰类的灰统计评估。

将 j 样本 k 灰类的白化值函数记为 $f_j^k(x)\in[0,1]$，其标准白化值函数形式见图 7.3-1。

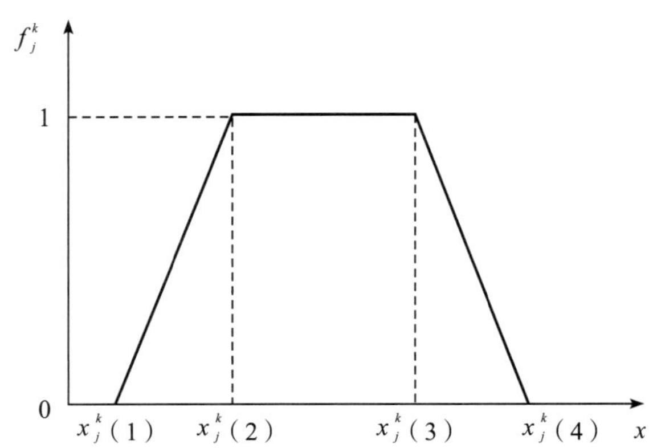

图 7.3-1 标准白化值函数形式

标准白化值函数的数学模型为：

$$f_j^k(x)=f_j^k[x_j^k(1),x_j^k(2),x_j^k(3),x_j^k(4)] \tag{7.3}$$

式中，$x_j^k(1),x_j^k(2),x_j^k(3),x_j^k(4)$ —— $f_j^k(x)$ 的转折点。

由图 7.3-1 可知，标准白化值函数表达式为：

$$f_j^k(x)=\begin{cases}0 & (x\notin[x_j^k(1),x_j^k(4)])\\ \dfrac{x-x_j^k(1)}{x_j^k(2)-x_j^k(1)} & (x\in[x_j^k(1),x_j^k(2)])\\ 1 & (x\in[x_j^k(2),x_j^k(3)])\\ \dfrac{x_j^k(4)-x}{x_j^k(4)-x_j^k(3)} & (x\in[x_j^k(3),x_j^k(4)])\end{cases} \tag{7.4}$$

设 j 样本 k 灰类的标准白化值函数的临界值 λ_j^k 为：

$$\lambda_j^k=\frac{[x_j^k(2)+x_j^k(3)]}{2} \tag{7.5}$$

实际应用时，一般标准的白化值函数退化为三种基本类型。

(一)上限测度白化值函数

假设单位时间内变形量大于某一数值(变形量达到或超出预警值)，称监测对象为大变形。这时灰类的白化值函数 $f_j^k(x)$ 无第 3 和第 4 个转折点，其形式见图 7.3-2。

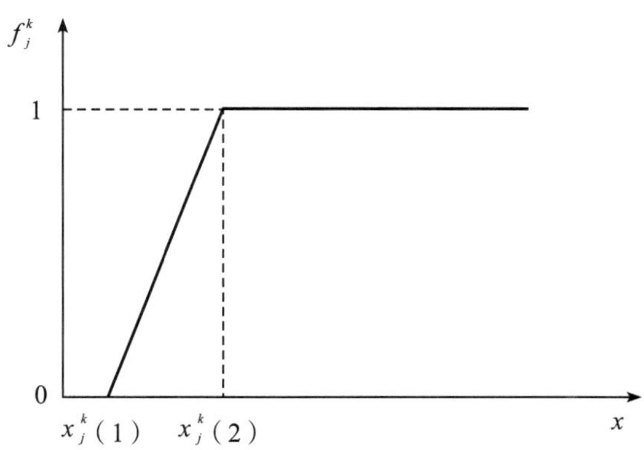

图 7.3-2　上限测度白化权函数形式

上限测度白化值函数表达式为：

$$f_j^k(x)=\begin{cases}0 & (x<x_j^k(1))\\ \dfrac{x-x_j^k(1)}{x_j^k(2)-x_j^k(1)} & (x\in[x_j^k(1),x_j^k(2)])\\ 1 & (x\geqslant x_j^k(2))\end{cases} \tag{7.6}$$

此时 j 样本 k 灰类的上限测度白化值函数的临界值 λ_j^k 为：

$$\lambda_j^k=x_j^k(2) \tag{7.7}$$

(2)适中测度白化值函数

假设单位时间内变形量在某一数值(3 倍中误差)左右波动,称监测对象存在变形。这时灰类的白化值函数 $f_j^k(x)$ 第 3 个和第 4 个转折点重合,其形式见图 7.3-3。

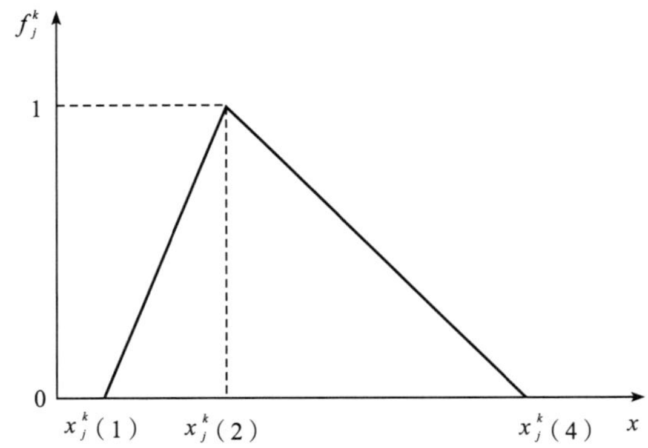

图 7.3-3 适中测度白化权函数形式

适中测度白化值函数表达式为:

$$f_j^k(x)=\begin{cases}0 & (x\notin[x_j^k(1),x_j^k(4)])\\ \dfrac{x-x_j^k(1)}{x_j^k(2)-x_j^k(1)} & (x\in[x_j^k(1),x_j^k(2)])\\ \dfrac{x_j^k(4)-x}{x_j^k(4)-x_j^k(2)} & (x\in[x_j^k(2),x_j^k(4)])\end{cases} \tag{7.8}$$

此时 j 样本 k 灰类的适中测度白化值函数的临界值 λ_j^k 为:

$$\lambda_j^k=x_j^k(2) \tag{7.9}$$

(3)下限测度白化值函数

假设单位时间内变形量小于某一数值时(小于 2 倍中误差),或者当最后 10 d 的沉降速率小于 0.04mm/d 时,可认为已进入稳定阶段,称监测对象未变形或者稳定。这时灰类的白化值函数 $f_j^k(x)$ 无第 1 个和第 2 个转折点,其形式见图 7.3-4。

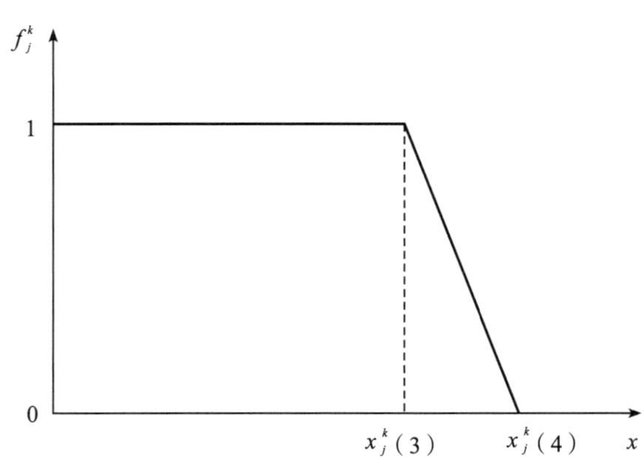

图 7.3-4 下限测度白化权函数形式

下限测度白化值函数表达式为：

$$f_j^k(x)=\begin{cases}0 & (x\notin[0,x_j^k(4)])\\ 1 & (x\in[0,x_j^k(3)])\\ \dfrac{x_j^k(4)-x}{x_j^k(4)-x_j^k(3)} & (x\in[x_j^k(3),x_j^k(4)])\end{cases} \tag{7.10}$$

此时 j 样本 k 灰类的下限测度白化值函数的临界值 λ_j^k 为：

$$\lambda_j^k=x_j^k(3) \tag{7.11}$$

λ_j^k 有客观临界值和相对临界值两种，客观临界值一般根据经验或专家的建议来确定，而相对临界值则可以根据样本矩阵来确定。

设 j 样本列 $d_{1j},d_{2j},\cdots,d_{nj}$ 对 k 灰类白化值的单元全局和为 η_j^k：

$$\eta_j^k=\sum_{i=1}^{n}f_j^k(d_{ij}) \tag{7.12}$$

再对 η_j^k 求和，得到 j 样本列的单元灰类全局和为 η_j：

$$\eta_j=\sum_{k=1}^{s}\eta_j^k=\sum_{k=1}^{s}\sum_{i=1}^{n}f_j^k(d_{ij}) \tag{7.13}$$

于是，有 j 项目对 k 灰类的灰评估值 σ_j^k：

$$\sigma_j^k=\frac{\eta_j^k}{\eta_j}=\frac{\sum\limits_{i=1}^{n}f_j^k(d_{ij})}{\sum\limits_{k=1}^{s}\sum\limits_{i=1}^{n}f_j^k(d_{ij})} \tag{7.14}$$

考虑到有 $s(k=1,2,\cdots,s)$ 个灰类，便有 j 项目的灰评估序列 σ_j：

$$\sigma_j=[\sigma_j^k]=[\sigma_j^1,\sigma_j^2,\cdots,\sigma_j^s] \tag{7.15}$$

若有：

$$\sigma_j^{k^*}=\max\{\sigma_j^1,\sigma_j^2,\cdots,\sigma_j^s\} \tag{7.16}$$

则称 j 项目属于 k^* 灰类，记为 $j\in k^*$。

[例 7.2]将[例 7.1]中的累计水平位移观测数据，换算成单位时间内的变形绝对值，得到样本矩阵 $\boldsymbol{D}$（表 7.3-1），试通过滑坡体每期的位移观测值来对滑坡体整体变形情况进行评估。

表 7.3-1　每季度观测的水平位移样本矩阵　（单位：mm）

点号	2005 年 11 月	2006 年 2 月	2006 年 5 月	2006 年 8 月	2006 年 11 月
TP-1	0.65	4.78	4.32	13.12	0.87
TP-2	11.67	7.15	0.50	11.91	1.55
TP-3	8.14	11.04	2.36	9.43	0.28
TP-4	83.19	66.09	35.84	41.50	21.32

续表

点号	2005 年 11 月	2006 年 2 月	2006 年 5 月	2006 年 8 月	2006 年 11 月
TP05	36.64	30.34	14.62	19.54	9.[illegible]6
TP06	121.91	92.21	48.20	53.66	30.20
TP07	99.67	76.33	35.30	43.49	23.76
TP08	109.05	85.69	40.11	49.02	25.58
TP09	134.21	99.57	44.81	57.86	31.36
TP10	105.18	72.79	31.73	45.32	21.25
TP11	124.89	84.07	37.70	52.25	25.21
TP12	11.13	29.23	15.01	22.11	7.10
TP13	12.65	34.92	14.83	26.77	10.08
TP14	37.51	93.08	52.85	56.20	28.71
TP15	2.35	2.37	7.51	0.74	5.43
TP16	80.70	51.10	26.62	32.58	15.81
TP17	71.50	57.08	27.24	37.33	16.33

(1)确定灰类及白化值函数形式

假定将滑坡变形分为大变形、变形和未变形(稳定)3 个灰类,其临界值分别为 40mm、20mm 和 10mm,则灰类白化函数见以下描述。

大变形灰类(大于 40mm)为上限测度白化值函数 f_j^1 :

$$f_j^1(d_{ij})=\begin{cases}\dfrac{d_{ij}}{40} & (d_{ij}\in[0,40)) \\ 1 & (d_{ij}\geqslant 40)\end{cases}$$

变形灰类(20mm 左右)为适中测度白化值函数 f_j^2 :

$$f_j^2(d_{ij})=\begin{cases}\dfrac{d_{ij}}{20} & (d_{ij}\in[0,20]) \\ 2-\dfrac{d_{ij}}{20} & (d_{ij}\in(20,30)) \\ 0 & (d_{ij}\geqslant 30)\end{cases}$$

变形灰类(不大于 10mm)为下限测度白化值函数 f_j^3 :

$$f_j^3(d_{ij})=\begin{cases}1 & (d_{ij}\in[0,10]) \\ 2-\dfrac{d_{ij}}{10} & (d_{ij}\in(10,30)) \\ 0 & (d_{ij}\geqslant 30)\end{cases}$$

(2)计算白化值的单元全局和 η_j^k

$$\eta_j^k = \sum_{i=1}^{17} f_j^k(d_{ij})$$

按上式分别计算第 $j(j=1,2,\cdots,5)$ 个统计样本属于第 $k(k=1,2,3)$ 个灰类的白化值的单元全局和 η_j^k(表 7.3-2)。

表 7.3-2　　白化值的单元全局

白化值	1	2	3	4	5
η_j^1	12.0185	12.9957	10.3395	12.3382	6.8500
η_j^2	2.6220	2.5425	5.2360	4.7975	8.9610
η_j^3	5.4550	3.8960	5.5540	3.5430	7.7780

(3)计算 j 样本列的单元灰类全局和 η_j

$$\eta_1 = \sum_{k=1}^{3} \eta_j^k = \sum_{k=1}^{3}\sum_{i=1}^{5} f_j^k(d_{ij}) = 12.0185 + 2.6220 + 5.4550 = 20.0955$$

$$\eta_2 = 19.4342$$

$$\eta_3 = 21.1295$$

$$\eta_4 = 20.6788$$

$$\eta_5 = 23.5890$$

(4)计算 j 项目对 k 灰类的灰评估值 σ_j^k

$$\sigma_j^k = \frac{\eta_j^k}{\eta_j} = \frac{\sum_{i=1}^{5} f_j^k(d_{ij})}{\sum_{k=1}^{3}\sum_{i=1}^{5} f_j^k(d_{ij})}$$

按上式计算 j 项目对 k 灰类的灰评估值 σ_j^k 结果(表 7.3-3)。

表 7.3-3　　j 项目对 k 灰类的灰评估值

灰评估值	1	2	3	4	5
σ_j^1	0.5981	0.6687	0.4893	0.5967	0.2904
σ_j^2	0.1305	0.1308	0.2478	0.2320	0.3799
σ_j^3	0.2715	0.2005	0.2629	0.1713	0.3297

(5)确定 j 项目的灰评估序列 σ_j,并判断灰类

$$\sigma_1 = [\sigma_1^k] = [\sigma_1^1 \quad \sigma_1^2 \quad \sigma_1^3] = [0.5981, 0.1305, 0.2715]$$

$$\sigma_1^{k^*} = \max\{\sigma_1^1 \quad \sigma_1^2 \quad \sigma_1^3\} = \{0.5981, 0.1305, 0.2715\}$$

$$\sigma_1^{k^*} = 0.5981 = \sigma_1^1$$

即 $k^*=1,(j=1)\in(k^*=1)$，表明2005年11月相对于2005年8月滑坡体的整体变形属于“大变形”。

同理分析，得到：

$$\sigma_2^{k^*}=\max\{0.6687,0.1308,0.2005\}=0.6687=\sigma_2^1$$

即 $k^*=1,(j=2)\in(k^*=1)$，表明2006年2月相对于2005年11月滑坡体的整体变形属于“大变形”。

$$\sigma_3^{k^*}=\max\{0.4893,0.2478,0.2629\}=0.4893=\sigma_3^1$$

即 $k^*=1,(j=3)\in(k^*=1)$，表明2006年5月相对于2006年2月滑坡体的整体变形属于“大变形”。

$$\sigma_4^{k^*}=\max\{0.5967,0.2320,0.1713\}=0.5967=\sigma_4^1$$

即 $k^*=1,(j=4)\in(k^*=1)$，表明2006年8月相对于2006年5月滑坡体的整体变形属于“大变形”。

$$\sigma_5^{k^*}=\max\{0.2904,0.3799,0.3297\}=0.3799=\sigma_5^2$$

即 $k^*=2,(j=5)\in(k^*=2)$，表明2006年11月相对于2006年8月滑坡体的整体变形属于“变形”。

从 j 项目对 k 灰类的灰评估值看，随着时间的推移，“大变形”灰类的灰评估逐渐递减，而“变形”和“未变形”灰类的灰评估逐渐递增，也表明滑坡体在2005年11月至2006年11月的整体变形规律是由大变小的。

如果按传统的方法，取每次各监测点的位移平均值来分析判断，有以下结果。

2005年11月相对于2005年8月滑坡体的位移平均值为61.83mm>40mm，整体变形属于“大变形”。

2006年2月相对于2005年11月滑坡体的位移平均值为52.81mm>40mm，整体变形属于“大变形”。

2006年5月相对于2006年2月滑坡体的位移平均值为25.86mm(20mm<25.86mm<40mm)，整体变形属于“大变形”和“变形”之间。

2006年8月相对于2006年5月滑坡体的位移平均值为33.70mm(20mm<33.70mm<40mm)，整体变形属于“大变形”和“变形”之间。

2006年11月相对于2006年8月滑坡体的位移平均值为16.12mm(10mm<16.12mm<20mm)，整体变形属于“变形”。

7.4 灰聚类评估

设变形体上有 $n(i=1,2,\cdots,n)$ 个监测点，每个监测点有 $m(j=1,2,\cdots,m)$ 个单位时间内观测的变形效应量，构成变形效应量样本矩阵为：

$$\boldsymbol{D}=(d_{ij})=\begin{bmatrix} d_{11} & d_{12} & \cdots & d_{1m} \\ d_{21} & d_{22} & \cdots & d_{2m} \\ \cdots & \cdots & \cdots & \cdots \\ d_{n1} & d_{n2} & \cdots & d_{nm} \end{bmatrix} \tag{7.17}$$

式中，$d_{i1},d_{i2},\cdots,d_{im}$ ——第 i 个监测点为单元的位移时间序列样本行。视 $d_{ij}(i=1,2,\cdots,n;j=1,2,\cdots,m)$ 为第 i 个聚类单元对于第 j 个位移聚类样本值。现假设把变形体变形分成大变形、中变形、变形、小变形、不变形（稳定）几个灰类，即设有 $s(k=1,2,\cdots,s)$ 个灰类。通过变换使 i 样本值转化为单元 i 对各灰类 $s(k=1,2,\cdots,s)$ 的评估值，称为 i 单元所属灰类的灰聚类评估。

在样本矩阵中，灰统计按列综合，灰聚类按行综合，并取灰聚类的灰类白化值函数与灰统计的灰类白化值函数相同。于是，有灰类白化值的临界值全局和为 c^k ：

$$c^k=\sum_{j=1}^{m}c_j^k \tag{7.18}$$

灰类白化值函数 f_j^k 的折算系数为 η_j^k ：

$$\eta_j^k=\frac{c_j^k}{c^k}=\frac{c_j^k}{\sum_{j=1}^{m}c_j^k} \tag{7.19}$$

折算白化值的全局和为 σ_i^k ：

$$\sigma_i^k=\sum_{j=1}^{m}f_j^k(d_{ij})\eta_j^k \tag{7.20}$$

又称上式为单元 i 属于灰类 k 的评估值。考虑 $k=1,2,\cdots,s$ ，则有单元 i 的灰聚类评估序列 σ_i ：

$$\sigma_i=[\sigma_i^k]=[\sigma_i^1,\sigma_i^2,\cdots,\sigma_i^s] \tag{7.21}$$

若有单元 i 所属灰类为 k^* ，满足：

$$\sigma_i^{k^*}=\max\{\sigma_i^1,\sigma_i^2,\cdots,\sigma_i^s\} \tag{7.22}$$

则在灰聚类评估序列 σ_i 中找出最大聚类系数，该最大聚类系数所属灰类即为聚类对象 i 所属灰类。

［例 7.3］试通过［例 7.2］中的样本矩阵 $\boldsymbol{D}$（表 7.3-1），对滑坡体各监测点的变形情况进行灰聚类评估。

①确定灰类及白化值函数形式：假定将滑坡变形分为大变形、变形和未变形（稳定）3

个灰类，其临界值分别为 40mm、20mm 和 10mm，并且第 j 个位移聚类样本值的 3 个灰类临界值相同。取灰类白化值函数与[例 7.2]相同。

②求折算系数：由于 j 个位移聚类样本值的 3 个灰类临界值相同，于是 5 期观测的灰类白化值函数 f_j^k 的折算系数为 $\eta_j^k=0.2$。

③灰类白化值函数 f_j^k 计算结果分别见表 7.4-1、表 7.4-2 和表 7.4-3。

表 7.4-1　　大变形灰类白化值计算结果

测点编号	序号	2005 年 11 月	2006 年 2 月	2006 年 5 月	2006 年 8 月	2006 年 11 月
TP01	$k=1$	0.0162	0.1195	0.1080	0.3280	0.0218
TP02	$k=2$	0.2918	0.1787	0.0125	0.2977	0.0387
TP03	$k=3$	0.2035	0.2760	0.0590	0.2358	0.0070
TP04	$k=4$	1.0000	1.0000	0.8960	1.0000	0.5[illegible]30
TP05	$k=5$	0.9160	0.7585	0.3655	0.4885	0.2[illegible]90
TP06	$k=6$	1.0000	1.0000	1.0000	1.0000	0.7[illegible]50
TP07	$k=7$	1.0000	1.0000	0.8825	1.0000	0.5[illegible]40
TP08	$k=8$	1.0000	1.0000	1.0000	1.0000	0.6395
TP09	$k=9$	1.0000	1.0000	1.0000	1.0000	0.7340
TP10	$k=10$	1.0000	1.0000	0.7932	1.0000	0.5313
TP11	$k=11$	1.0000	1.0000	0.9425	1.0000	0.6303
TP12	$k=12$	0.2783	0.7307	0.3753	0.5527	0.1775
TP13	$k=13$	0.3163	0.8730	0.3708	0.6692	0.2520
TP14	$k=14$	0.9378	1.0000	1.0000	1.0000	0.7178
TP15	$k=15$	0.0588	0.0593	0.1878	0.0185	0.1357
TP16	$k=16$	1.0000	1.0000	0.6655	0.8145	0.3953
TP17	$k=17$	1.0000	1.0000	0.6810	0.9333	0.4082

表 7.4-2　　变形灰类白化值计算结果

测点编号	序号	2005 年 11 月	2006 年 2 月	2006 年 5 月	2006 年 8 月	2006 年 11 月
TP01	$k=1$	0.0325	0.2390	0.2160	0.6560	0.0435
TP02	$k=2$	0.5835	0.3575	0.0250	0.5955	0.0775
TP03	$k=3$	0.4070	0.5520	0.1180	0.4715	0.0140
TP04	$k=4$	0.0000	0.0000	0.2080	0.0000	0.[illegible]340
TP05	$k=5$	0.1680	0.4830	0.7310	0.9770	0.[illegible]580
TP06	$k=6$	0.0000	0.0000	0.0000	0.0000	0.[illegible]900
TP07	$k=7$	0.0000	0.0000	0.2350	0.0000	0.3120

续表

测点编号	序号	2005 年 11 月	2006 年 2 月	2006 年 5 月	2006 年 8 月	2006 年 11 月
TP08	$k=8$	0.0000	0.0000	0.0000	0.0000	0.7210
TP09	$k=9$	0.0000	0.0000	0.0000	0.0000	0.4320
TP10	$k=10$	0.0000	0.0000	0.4135	0.0000	0.9375
TP11	$k=11$	0.0000	0.0000	0.1150	0.0000	0.7395
TP12	$k=12$	0.5565	0.5385	0.7505	0.8945	0.3550
TP13	$k=13$	0.6325	0.2540	0.7415	0.6615	0.5040
TP14	$k=14$	0.1245	0.0000	0.0000	0.0000	0.5645
TP15	$k=15$	0.1175	0.1185	0.3755	0.0370	0.2715
TP16	$k=16$	0.0000	0.0000	0.6690	0.3710	0.7905
TP17	$k=17$	0.0000	0.0000	0.6380	0.1335	0.8165

表 7.4-3　　未变形灰类白化值计算结果

测点编号	序号	2005 年 11 月	2006 年 2 月	2006 年 5 月	2006 年 8 月	2006 年 11 月
TP01	$k=1$	1.0000	1.0000	1.0000	0.6880	1.0000
TP02	$k=2$	0.8330	1.0000	1.0000	0.8090	1.0000
TP03	$k=3$	1.0000	0.8960	1.0000	1.0000	1.0000
TP04	$k=4$	0.0000	0.0000	0.0000	0.0000	0.0000
TP05	$k=5$	0.0000	0.0000	0.5380	0.0460	1.0000
TP06	$k=6$	0.0000	0.0000	0.0000	0.0000	0.0000
TP07	$k=7$	0.0000	0.0000	0.0000	0.0000	0.0000
TP08	$k=8$	0.0000	0.0000	0.0000	0.0000	0.0000
TP09	$k=9$	0.0000	0.0000	0.0000	0.0000	0.0000
TP10	$k=10$	0.0000	0.0000	0.0000	0.0000	0.0000
TP11	$k=11$	0.0000	0.0000	0.0000	0.0000	0.0000
TP12	$k=12$	0.8870	0.0000	0.4990	0.0000	1.0000
TP13	$k=13$	0.7350	0.0000	0.5170	0.0000	0.9920
TP14	$k=14$	0.0000	0.0000	0.0000	0.0000	0.0000
TP15	$k=15$	1.0000	1.0000	1.0000	1.0000	1.0000
TP16	$k=16$	0.0000	0.0000	0.0000	0.0000	0.4190
TP17	$k=17$	0.0000	0.0000	0.0000	0.0000	0.3670

④计算折算白化值的全局和为 σ_i^k：

$$\sigma_i^k = \sum_{j=1}^{5} f_j^k(d_{ij})\eta_j^k$$

⑤构成单元 i 的灰聚类评估序列(表 7.4-4)。

⑥灰聚类评估结果见表 7.4-4。

表 7.4-4　　单元 i 的灰聚类评估值及评估结果

测点编号	序号	$k=1$	$k=2$	$k=3$	k^*	灰类
TP01	$i=1$	0.1187	0.2374	0.9376	3	未变形
TP02	$i=2$	0.1639	0.3278	0.9284	3	未变形
TP03	$i=3$	0.1563	0.3125	0.9792	3	未变形
TP04	$i=4$	0.8858	0.2284	0.0000	1	大变形
TP05	$i=5$	0.5515	0.5634	0.3168	2	变形
TP06	$i=6$	0.9510	0.0980	0.0000	1	大变形
TP07	$i=7$	0.8953	0.2094	0.0000	1	大变形
TP08	$i=8$	0.9279	0.1442	0.0000	1	大变形
TP09	$i=9$	0.9568	0.0864	0.0000	1	大变形
TP10	$i=10$	0.8649	0.2702	0.0000	1	大变形
TP11	$i=11$	0.9145	0.1709	0.0000	1	大变形
TP12	$i=12$	0.4229	0.6190	0.4772	2	变形
TP13	$i=13$	0.4962	0.5587	0.4488	2	变形
TP14	$i=14$	0.9311	0.1378	0.0000	1	大变形
TP15	$i=15$	0.0920	0.1840	1.0000	3	未变形
TP16	$i=16$	0.7751	0.3661	0.0838	1	大变形
TP17	$i=17$	0.8045	0.3176	0.0734	1	大变形

⑦灰聚类评估结果与灰关联评估结果基本一致。即“大变形”为 2 类：

$$\{Y_4, Y_6, Y_7, Y_8, Y_9, Y_{10}, Y_{11}, Y_{14}, Y_{16}, Y_{17}\}$$

“变形”为 3 类：

$$\{Y_5, Y_{12}, Y_{13}\}$$

其余为“小变形”和“未变形”类：

1 类：$\{Y_2, Y_3\}$；

4 类：$\{Y_1\}$；

5 类：$\{Y_1\}$。

8 变形灰色模型应用

8.1 概述

灰色系统模型理论通过灰序列生成—灰关联分析—灰模型—灰预测—灰评估等初步形成了体系。

对较少或不精确的表示灰色系统行为特征的原始数据序列进行分析，经序列算子与灰序列生成(类似于数据预处理)，以描述灰色系统中事物的连续变化过程。

根据监测数据时间序列曲线几何形状的相似程度来判断其联系是否紧密，曲线越接近，相应序列之间关联度就越大，反之就越小，灰关联分析用于系统因子间相关性分析。

利用差分方程与微分方程之间的变换，实现利用离散的数据序列推导构建连续的动态微分模型的理论突破，是灰模型的理论基础。

灰预测是基于灰模型对系统行为特征数据的发展趋势进行预测，是对行为特征的数据中异常数据发生的时刻进行估计，由于灰模型是微分方程模型，因此，它可以提示和描述动态系统时间连续过程的本质特征，而动态是变形监测数据分析所揭示的监测对象的基本特征。

对变形体系统输入原因量序列进行灰评估，找出许多因素中若干个关系十分密切的因素。灰评估通过对变形体的输出效应量数据序列的大小、发展态势等进行分类，实现对变形体的整体变形情况进行评估。

8.2 大坝变形影响因子主分量分析与灰色关联分析

8.2.1 主分量分析与模型因子选择

设 $\boldsymbol{x}$ 为 m 维随机向量，$\boldsymbol{x}'$ 为 $\boldsymbol{x}$ 中心化后的向量，其协方差阵为 $\sum \geqslant 0$，这里假定 $\sum$ 已知。设 $\lambda_1 \geqslant \lambda_2 \geqslant \cdots \geqslant \lambda_n$ 为 $\sum$ 的由大到小顺序排列的特征值，$\boldsymbol{u}_1$、$\boldsymbol{u}_2$、…、$\boldsymbol{u}_m$ 为对

应的标准正交化特征向量，即$\boldsymbol{U}=(\boldsymbol{u}_1,\boldsymbol{u}_2,\cdots,\boldsymbol{u}_m)$为正交矩阵，且使：

$$\boldsymbol{U}^{\mathrm{T}}\sum\boldsymbol{U}=\Lambda=\mathrm{diag}(\lambda_1,\lambda_2,\cdots,\lambda_m) \tag{8.1}$$

称：

$$\boldsymbol{Z}=[Z_1 \quad Z_2 \quad \cdots \quad Z_m]^T=\boldsymbol{U}^{\mathrm{T}}\boldsymbol{x}' \tag{8.2}$$

为随机向量$\boldsymbol{x}$的主分量；$\boldsymbol{Z}_i=\boldsymbol{u}_i^{\mathrm{T}}\boldsymbol{x}'$为第$i$个主分量，$i=1,2\cdots,m$，有以下性质：

①$\mathrm{Cov}(Z)=\Lambda$，即任意2个主分量都不相关，且第i个主分量的方差为λ_1。

②$\sum_{i=1}^{m}\mathrm{Var}(Z_i)=\sum_{i=1}^{m}\mathrm{Var}(x_i)=\mathrm{tr}(\sum)$，即主分量的方差之和与原随机向量的方差和相等。

③$\overline{Z}_i=\frac{1}{n}\sum_{j=1}^{n}z_{ij}=0,i=1,2,\cdots,m,j=1,2,\cdots,n$，即主分量的均值为0。

④对于任意向量$\boldsymbol{\alpha}$有：

$$\max_{\boldsymbol{\alpha}^{\mathrm{T}}\boldsymbol{a}=1}\mathrm{Var}(\boldsymbol{a}^{\mathrm{T}}\boldsymbol{x}')=\mathrm{Var}(\boldsymbol{Z}_1)=\lambda_1 \tag{8.3}$$

$$\max_{\boldsymbol{u}_j^{\mathrm{T}}\boldsymbol{a}=0;\ j=1(1)(i-1);\boldsymbol{a}^{\mathrm{T}}\boldsymbol{a}=1}\mathrm{Var}(a^Tx')=\mathrm{Var}(\boldsymbol{Z}_i)=\lambda_i,i=2,3,\cdots,m \tag{8.4}$$

上式表明，在随机向量的一切线性组合中，对标准化系数向量，第1主分量$\boldsymbol{Z}_1=\boldsymbol{u}_1^{\mathrm{T}}\boldsymbol{x}'$的方差最大；而在与$Z_1$不相关的任意线性组合中，第2主分量$\boldsymbol{Z}_2=\boldsymbol{u}_2^{\mathrm{T}}\boldsymbol{x}'$的方差最大。以此类推，在与前$i-1$个主分量不相关的任意线性组合中，第$i$个主分量$\boldsymbol{Z}_i=\boldsymbol{u}_i^{\mathrm{T}}\boldsymbol{x}'$的方差最大。

由于建模时，通常用因子矩阵$\boldsymbol{X}$的$\boldsymbol{X}^{\mathrm{T}}\boldsymbol{X}/n$来估计$\sum$，因此，第$i$个主分量$\boldsymbol{Z}_i=\boldsymbol{u}_i^{\mathrm{T}}\boldsymbol{x}'$的方差$\lambda_i$大小直接反映了该主分量对模型参数最小二乘法估计的影响。显然，当最小的$\lambda_i\to0$时，表明因子间存在密切相关的因子。此时，观测效应量的微小变化，都会对模型参数产生较大波动。因此，我们应把$\lambda_i\to0$的主分量舍去，以保证模型参数的稳定性。考虑特征值λ_i所对应的特征向量元素是每个原始因子对主分量的贡献，即可以认为在该特征向量中，权数最大的因子对主分量的贡献最大。因此，可以得到筛选因子的原则：每次在$\min(\lambda_i)$所对应的特征向量中，删除权数最大的因子，直至$\min(\lambda_i)$不是很小时为止。根据经验，应使

$$\frac{\min(\lambda_i)}{\sum\lambda_i}\times100\%\geqslant10\% \tag{8.5}$$

成立。然后，对剩下因子再作组合，分别进行模型参数估计，最后用AIC信息量准则从中优选模型。

8.2.2 灰色关联度分析与模型因子选择

设有m个子序列(原因量)与母序列(效应量)有一定关联作用的n个同期动态观测

值，其原始序列简记为：

母序列：$\{X_0(i)\}, i=1,2,\cdots n$。

子序列：$\{X_k(i)\}, i=1,2,\cdots,n, k=1,2,\cdots,m$。

为便于比较，将它们进行标幺化处理。令：

$$\hat{x}_0=\frac{1}{n}\sum_{i=1}^{n}X_0(i);\hat{x}_k=\frac{1}{n}\sum_{i=1}^{n}X_k(i)\quad(k=1,2,\cdots,m)\tag{8.6}$$

于是有标幺化新序列：

母序列：$\{x_0(i)\}=\{x_0(i)\}/\hat{x}, i=1,2,\cdots,n$。

子序列：$\{x_k(i)\}=\{x_k(i)\}/\hat{x}_k, i=1,2,\cdots,n, k=1,2,\cdots,m$。

这时在以序列为纵轴、时间为横轴的 tox 坐标系中，有 $m+1$ 条折线；$x_k=\{x_k(i)\}$，$k=0,1,\cdots,m$。直观上，我们认为凡是子序列几何形状与母序列比较接近的，关联度就较大。根据这一基本观点，可得到描述关联度的量化模型。

第 k 条子线 x_k 与母线 x_0 的关联度，记为 r_{0k}：

$$r_{0k}=\frac{1}{n}\sum_{i=1}^{n}\xi_{0k}(i)\tag{8.7}$$

式中，$\xi_{0k}(i)$为 x_k 与 x_0 在 i 时刻的关联系数，其值为

$$\xi_{ok}(i)=(\Delta\min+\xi\cdot\Delta\max)/(\Delta_{0k}(i)+\xi\cdot\Delta\max)\tag{8.8}$$

式中，$\Delta\min=\min\{\Delta_{0k}(\min)\}$，$m$ 条子线在区间$[1,N]$的距离最小值：$\Delta_{0k}(\min)=\min\{|x_0(i)-x_k(i)|\}$；$\Delta\max=\max\{\Delta_{0k}(\max)\}$，$m$ 条子线在区间$[1,N]$的距离最大值：$\Delta_{0k}(\max)=\max\{|x_0(i)-x_k(i)|\}$；$\xi$ 为分辨系数，一般取 $\xi\in[0,1]$的正实数，其值大小影响 $\xi_{0k}(i)$的值，但不影响各时刻$[1,N]$关联数的序，实际应用时通常取 $\xi\leqslant0.5$，随着 ξ 的减小，关联度的区间增大，关联度的分辨率提高，分辨效果明显。

由于关联度 $r_{0k}\in[0,1]$，其值大小反映了 x_k 与 x_0 关联程度的高低，r_{0k} 愈接近于1，关联度愈高，因此我们可用关联度来选择模型因子，即将较大关联度所对应的因子子序列选入模型。为避免密切相关的因子同时选入模型，还应首先分析因子子序之间的关联 $r_{kj}(k,j=1,2,\cdots,m)$，并根据关联度矩阵 $r=(r_{kj})$的元素大小，将因子分成若干独立或近似独立的组。然后再计算母序列与子序列之间的关联度 $r_{0k}(k=1,2,\cdots,m)$。选择因子组中最大关联度所对应的因子进入模型。若一个因子组中没有较大的关联度，可删除该因子组，由经验知，当分辨系数 $\xi=0.5$，关联度 $r_{0k}\geqslant0.6$ 时，则认为子序列 x_k 与母序列 x_0 关系密切，否则相反。入选因子组合后，分别进行回归分析，并用 AIC 信息量准则来选择最佳因子子集合，从而获得最优统计模型。

8.2.3 实例分析

选取某大坝基础 1981—1983 年的水平位移观测值，以及相应时刻的上下游水深观

测值。初选 8 个因子，其中水深因子按物理意义转化为上下游水深的二次方和三次方因子；另选 2 个气温因子，分别用正弦、余弦函数拟合。其基本数据列于表 8.2-1。

表 8.2-1　　母序列 y 与子序列 x_i 数据

序号	观测时间	上游水深 $H_U/20$	$(H_U/20)^2$	$(H_U/20)^3$	下游水深 $H_D/20$	$(H_D/20)^2$	$(H_D/20)^3$	$\sin\frac{\pi}{6}t$	$\cos\frac{\pi}{6}t$	位移观测值 y(mm)
		x_1	x_2	x_3	x_4	x_5	x_6	x_7	x_8	
1	810105	0.2410	0.0581	0.0140	0.1345	0.0181	0.0024	0.500	0.866	−0.08
2	810205	0.24110	0.0445	0.0094	0.1130	0.0128	0.0014	0.866	0.500	−0.57
⋮	⋮	⋮	⋮	⋮	⋮	⋮	⋮	⋮	⋮	⋮
36	831215	1.3031	1.6978	2.2122	0.1915	0.0366	0.0070	0	1.000	3.79

8.2.3.1　用主分量分析法选择因子

首先用表 8.2-1 中子序列 x_i 计算样本相关系数矩阵 $\boldsymbol{R}$，应用迭代法求 $\boldsymbol{R}$ 的特征值及相应的特征向量，其结果列于表 8.2-2。由于 $\min(\lambda_i)=0$，从而说明因子间存在严重复共线性或相关关系。按上述原则，先删除 λ_8 所对应的特征向量权数（绝对值）最大的元素对应的因子 x_6，然后对剩下的 7 个因子再进行主分量分析，同理，依次删除 x_2、x_4、x_3、和 x_7 后，对剩下 3 个因子 x_1、x_5 和 x_8 进行主分量分析。其特征值分别为 1.5479、0.9835、0.4685，又 $\min(\lambda_i)=0.4685$ 占总数 $\sum\lambda_i$ 的 16%较大，所以停止删除因子，故 x_1、x_5 和 x_8 为模型初选因子。

表 8.2-2　　主分量分析结果

主分量	因子								特征值
	x_1	x_2	x_3	x_4	x_5	x_6	x_7	x_8	λ_i
Z_1	0.3528	0.3655	0.3718	0.4129	0.3895	0.3603	−0.3705	−0.1200	4.3688
Z_2	0.4181	0.4095	0.3906	−0.2857	−0.3464	−0.3758	0.0157	0.4023	1.9233
Z_3	0.2070	0.1709	0.1346	−0.0529	−0.1220	−0.1585	0.4273	−0.8273	0.8573
Z_4	0.1300	0.0837	0.0268	−0.0876	0.2402	0.4852	0.7557	0.3218	0.3028
Z_5	0.6842	−0.0196	−0.7211	0.0738	−0.0251	−0.0246	−0.0659	0.0194	0.0328
Z_6	0.0572	0.0154	−0.0151	−0.7682	−0.0781	0.5102	−0.3230	−0.1881	0.0132
Z_7	0.1072	−0.3534	0.1570	0.3574	−0.7638	0.35073	0.0097	0.0089	0.0004
Z_8	0.1796	0.0833	0.1427	−0.4502	0.2505	−0.7885	0.2223	0.0625	0

8.2.3.2　用关联度分析法选择因子

按上述方法计算因子子序列关联度矩阵 $\boldsymbol{r}=(r_{kj})$，这里取 $\xi=0.5$。根据矩阵元素

r_{kj}，将因子分成$\{x_1,x_2,x_3\}$、$\{x_4,x_5\}$、$\{x_5,x_6\}$、$\{x_7\}$、$\{x_8\}$5组。计算母序列同子序列的关联度。

母因素：$y=1.0$

子因素：$x_1=0.800$；$x_2=0.784$；$x_3=0.760$；$x_4=0.659$；$x_5=0.600$；$x_6=0.504$；$x_7=0.563$；$x_8=0.637$

在前2组中，由于x_1、x_4关联度最大，因此作为代表因子进入模型，在第3组中，x_5又具有最大关联度，若选x_5进入模型，此时x_5与入选的x_4又具有一定的关联度，这对模型不利，所以，在因子$\{x_4,x_5\}$、$\{x_5,x_6\}$中选x_5作为这2组的代表因子进入模型较合适。由于x_7与y关联度不足60%而舍去，最后将x_8选入模型，这样x_1、x_5和x_8被选入模型，这同用主分量分析法所得结果基本一致。

8.2.2.3 用AIC信息量准则选择最优统计模型

对入选因子x_1、x_5和x_8组合成3种情况，分别进行回归分析，并按下式计算AIC值：

$$\mathrm{AIC}=n\cdot\ln R_{SS}+2m \tag{8.9}$$

式中，R_{SS}——残差平方和；

n——观测值个数；

m——因子数。

计算结果见表8.2-3。

表8.2-3　回归分析结果

序号	α	x_1	x_5	x_8	S	R	AIC
1	−1.2042	3.0977	−0.4479		0.7241	0.8226	107.7049
2	−1.1829	2.9944		0.1764	0.7188	0.8255	107.1720
3	−1.1966	3.0511	−0.2360	0.1486	0.7281	0.8263	109.0304

注　表中α为常数项；x_1、x_5、x_8为因子x_1、x_5、x_8对应的参数估值；S为剩余标准差；R为复相关系数。

AIC信息量准则是选择AIC值达到极小的因子组合，即最优统计模型。根据上述分析结果表明x_1、x_5和x_8构成的组合为较佳因子组合。其中尤以因子x_1和x_8所构成的二维因子组合为最佳因子组合，这样构成的模型为一个最佳稳健统计模型。

为了说明按上述方法选择因子的有效性，任选一因子x_7进入模型，然后用4个因子进行回归分析，得到统计模型：

$$\hat{y}=-1.2133+3.0597x_1-0.1988x_5+0.0162x_7+0.1532x_8 \tag{8.10}$$

其剩余标准差$S=0.7394$；复相关系数$R=0.8263$；AIC$=111.0269$。显然其AIC

值最大于表8.2-3中的3种情况，从而说明按上述两种方法选择因子是有效的。

8.2.3.4 与逐步回归分析法的比较

对表8.2-2数据进行逐步回归分析。首先取置信度 $\alpha=0.05$ 时，F 界限值为4.17，逐步回归结果只有 x_1 被选入模型。当取 $\alpha=0.1$ 时，F 界限值为2.88，逐步回归分析结果是 x_1 和 x_8 同时选入模型，与上述分析结果一致。综上所述，用主分量分析法选择因子的理论依据比关联度分析法更严谨，且易编制计算程序来自动处理计算全过程。关联度分析法则是一种半定量方法，它具有计算简单、计算结果不易偏离实际情况等优点。因此，在实际建模过程中，应将上述两种方法结合逐步回归分析方法来综合取舍模型因子，以达到选择最佳因子子集合来建立稳健的统计模型的目的。

8.3 基于灰关联分析渠道膨胀土边坡含水率和大气降雨综合分析

8.3.1 概述

(1)工程概况

南水北调工程是迄今为止世界上最大的调水工程，全长1432km的总干渠中有387km的渠道穿越膨胀土地区。膨胀土具有特殊的工程特性，具有吸水膨胀、失水收缩和反复胀缩变形等特征，易造成渠坡失稳，对工程的安全运行影响很大。而膨胀土含水率变化又是反映膨胀土胀缩变形的重要指标，因此，长期监测渠坡膨胀土含水率变化，对于研究渠坡膨胀土胀缩变形和渠道安全运行具有重要意义。

目前，进行膨胀土含水率与力学特征的相互关系研究较多，大多是室内试验得出一些研究成果再用于指导实际工程。近年来开展了膨胀土含水率的现场监测工作，多以人工量测为主要手段，实现了膨胀土含水率的自动采集和数据传输，为研究现场膨胀土含水率的变化规律奠定了基础。

对现场采集的渠坡膨胀土含水率及其吸力、降雨量、蒸发量、土温和气温等进行了分析，并利用灰关联理论方法分析了膨胀土含水率与大气降雨、温度等影响因素之间的关系。

(2)渠坡膨胀土(岩)含水率监测

1)含水率监测布置

在淅川段左岸渠顶的4个钻孔内，布设1组含水率监测点，4支水分传感器测点分布在渠顶地面以下1.6m、2.5m、3.7m和6.1m，对应测点编号为CW01、CW02、CW03和CW04。在鲁山段左岸一级马道的4个钻孔内，布设1组含水率监测点，4支水分传感器测点分布在一级马道以下1.4m、2.6m、3.6m和5.1m，对应测点编号为CW05、

CW06、CW07 和 CW08。分别监测渠坡强膨胀土(岩)不同深部的含水率变化情况。

2)含水率传感器埋设

采用地质钻机按孔径 ϕ110mm 钻孔,孔深按布置要求的传感器埋设深度确定。传感器用纱布包裹原土下入钻孔后,孔内用原土填实,每个孔内只埋设 1 支传感器,传感器电缆牵引至渠顶自动观测站内。含水率传感器埋设见图 8.3-1。

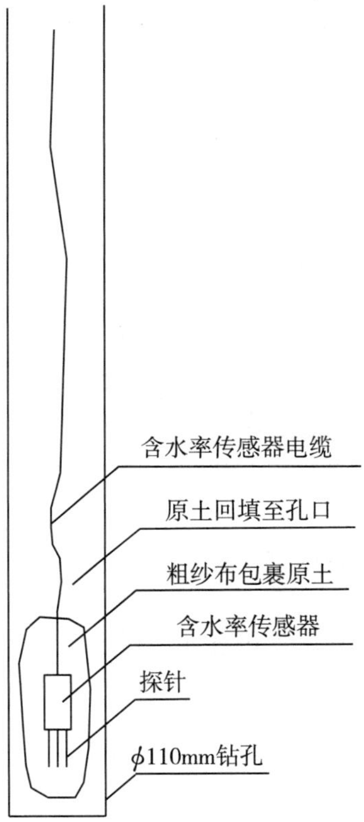

图 8.3-1 含水率传感器埋设

3)含水率观测

在淅川段和鲁山段对应地方,均建有自动化观测站。除采集土体含水率外,每处分别设有土体吸力传感器、土体温度传感器、大气降雨和气温等传感器,可以同时采集这些相关信息,并及时通过无线 GPRS 方式传输至软件管理平台。由于含水率传感器获得是体积含水率,用于现场监测的传感器还必须利用现场膨胀土样进行率定。

(3)含水率传感器率定

含水率传感器率定的目的是得到含水率传感器在膨胀土(岩)不同含水量情况下电压曲线。建立现场测试土壤含水率传感器的标定模型,以获得更接近实际的膨胀土(岩)水分变化情况。

依据《土壤墒情监测规范》(SL 364—2015)采用质量含水量方法进行测试。

数据回归分析是以土壤含水率传感器输出电压的平均值为自变量，以对应的土壤含水量 ω 为因变量，用最小二乘法拟合成三次多项式 $\omega = a_1V_3 + a_2V_2 + a_3V + a_0$。求出的系数 a_0、a_1、a_2、a_3，可以在数据采集器中进行设定现场的修正值。

测试结果表明，强膨胀土与膨胀岩相比，强膨胀岩质地较硬，两者的含水量与电压曲线也不一致，在 10%含水量以下两者曲线接近，含水量大于 10%后，强膨胀岩电压曲线斜率略大，差值在 10%～20%（图 8.3-2）。

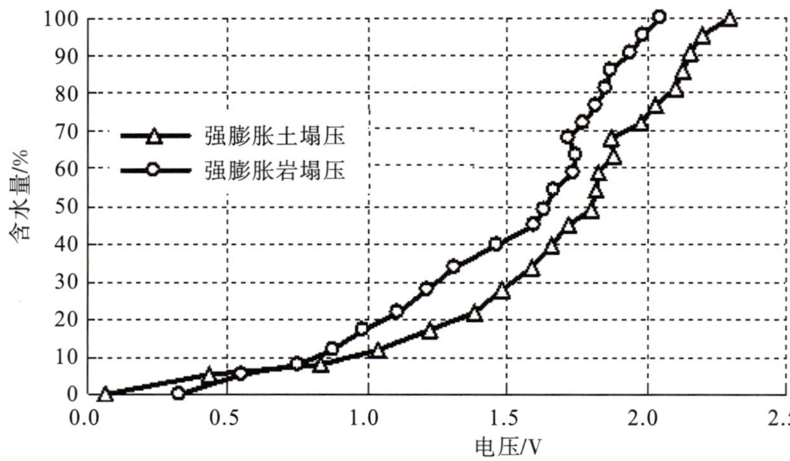

图 8.3-2　室内测试的强膨胀土(岩)土壤含水量与电压曲线

经过多项式回归计算得到现场体积含水率测试计算公式如下。

强膨胀土：$\omega = 7.1293V_3 + 5.4846V_2 - 4.5763V + 2.1774, R_2 = 0.9895$

强膨胀岩：$\omega = 19.3980V_3 - 31.2100V_2 + 38.8190V - 10.2680, R_2 = 0.9865$

8.3.2　强膨胀土(岩)含水率分析

(1)强膨胀土含水率

根据获取的有效监测数据对淅川段渠坡强膨胀土含水率实测结果绘制了图 8.3-3，分析如下：

位于强膨胀土内的 3 个测点 CW01、CW02 和 CW03 含水率明显与大气降雨相关，在每年的雨季，含水率均有明显的增加，受降雨入渗影响均有一定滞后。此外，强膨胀土内含水率的变化与土温显正相关变化，即含水率高的时段，一般土温和气温也高。而测点 CW04 埋设在中膨胀岩内，其含水率变化平稳，与大气降雨和温度无关。

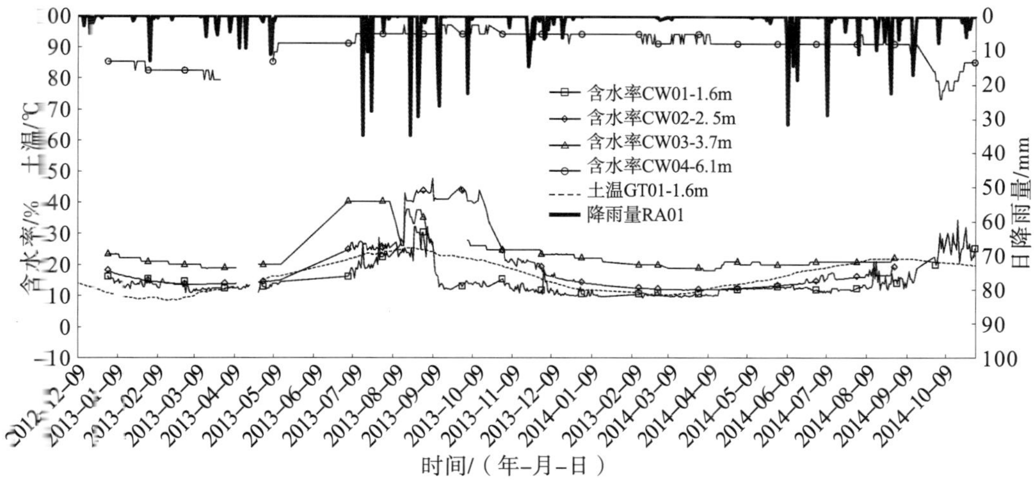

图 8.3-3 强膨胀土含水率与土温和降雨量过程线

(2)强膨胀岩含水率

根据获取的 CW05、CW06 和 CW08 有效监测数据对鲁山段渠坡强膨胀岩含水率实测结果绘制了图 8.3-4，分析如下：

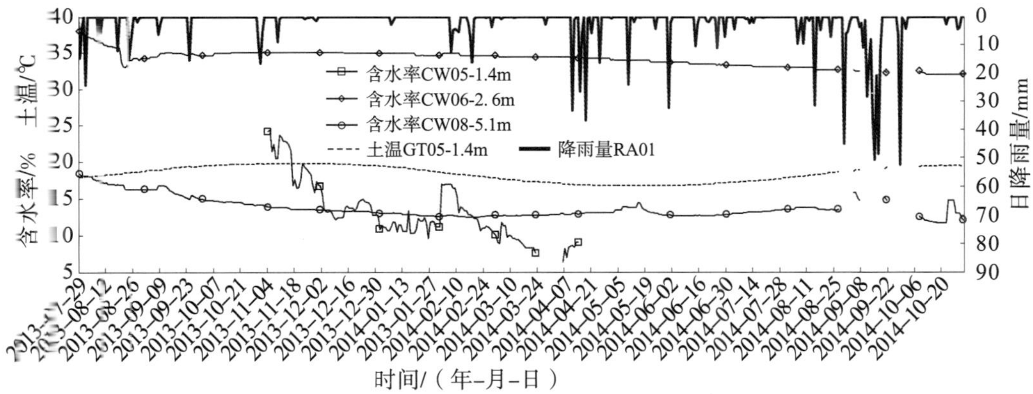

图 8.3-4 强膨胀岩含水率与土温和降雨量过程线

从左岸一级马道部位强膨胀岩不同深度的含水率比较分析看，最接近地表面测点 CW05 含水率波动较大，埋深 2.6m 的测点 CW06 和埋深 5.1m 的测点 CW08 含水率变化平稳。由于监测部位位于渠坡中上部，且观测期间渠道未通水，岩体含水率主要受大气降雨影响，而测点 CW06 含水率较大的原因是该传感器埋设高程位于水泥改性土换填层与膨胀岩的结合面部位，该界面部位若施工处理不好，可能形成的薄弱含水层会导致含水率偏高。

8.3.3 基于灰关联分析的含水率和大气降雨综合分析

(1)灰关联分析模型方法

灰关联度理论的基本思想是根据序列曲线几何形状的相似程度来判断其联系是否紧密。曲线越接近,相应序列之间关联度就越大,反之就越小。在关联分析中,衡量两个系统或系统中两个因子间随时间而变化的关联性大小的量度,称为关联度。它定量地描述了系统发展过程中,因子之间相对变化的情况。

根据邓聚龙教授的灰关联度理论的基本思想,刘思峰等提出了更加接近实际的灰综合关联度计算模型。其基本方法是首先计算系列之间的灰绝对关联度和灰相对关联度,然后计算它们的线性组合后得到灰综合关联度。

设含水率观测序列 X_0 与原因量系列 X_i 长度相同,且初值皆不等于 0,ε_{0i} 和 r_{0i} 分别为 X_0 与 X_i 的灰绝对关联度和灰相对关联度,取其加权平均值为灰综合关联度,即

$$\rho_{0i}=\theta\varepsilon_{0i}+(1-\theta)r_{0i} \tag{8.11}$$

式中,$\theta\in[0,1]$——综合权系数。

灰综合关联度既体现了折线 X_0 与 X_i 的相似程度,又反映了 X_0 与 X_i 相对于始点的变化率的接近程度,是较为全面地表征序列之间联系是否紧密的一个数量指标。若更看重绝对关联度,可取 $\theta>0.5$;若更看重相对变化率关系,则取 $\theta<0.5$。

因为灰关联分析是在相同的关联度模型下,计算出母序列与各子序列的关联度,然后通过关联度的大小进行排序,找出与母序列最相关的子序列,所以灰关联分析的核心是注重关联序,而不是关联度数值的大小。灰关联序就是将若干个子序列相对于同一个母序列的关联度,按从大到小的顺序排列起来的一组序列。它直观地反映了各个子序列相对于同一母序列的关联程度。

(2)含水率与吸力等影响因子间关联分析

用上述方法计算的淅川段渠坡强膨胀土含水率(月平均)与降雨量(月累计)、蒸发量(月累计)、气温(月平均)、土温(月平均)和吸力(月平均)因子之间的灰综合关联度矩阵见表 8.3-1。

由表 8.3-1 知,影响强膨胀土含水率变化的主要因素依次为温度、降雨量、蒸发量和吸力。影响因子之间土温与气温关联度最高为 0.909;其次是降雨量和蒸发量关联度为 0.876;第三是降雨量与土温和气温关联度为 0.797 和 0.790;最后是蒸发量与气温和土温关联度为 0.730 和 0.723。计算结果符合实际情况。

表 8.3-1 土体含水率与各影响因子之间的灰关联度矩阵

关联度	含水率 CW01	降雨量 RA01	蒸发量 EV	气温 AT01	土温 GT01	吸力 MS01
含水率 W01	1	0.721	0.677	0.879	0.873	0.573
降雨量 A01	0.721	1	0.876	0.790	0.797	0.701
蒸发量 EV	0.677	0.876	1	0.730	0.723	0.673
气温 AT01	0.879	0.790	0.730	1	0.909	0.597
土温 GT01	0.873	0.797	0.723	0.909	1	0.624
吸力 MS01	0.573	0.701	0.673	0.597	0.624	1

8.3.4 大气降雨入渗时间和影响深度分析

从理论上来讲，大气降雨是影响土体含水率变化的重要因子，但是强膨胀土的入渗过程会有一个滞后期，所以直接计算它们之间的关联度是不合理的。为探求大气降雨渗入强膨胀土一定深度的时间或者大气降雨影响的深度，有必要对大气降雨和含水率之间进行定量分析。

依据关联度理论，将降雨量序列固定，依次移动 1 个单位的含水率序列，然后计算它们之间的关联度，反复计算，直至计算的关联度序列出现峰值，此时，峰值对应的时间就是降雨入渗的滞后时间。

(二)强膨胀土渠坡

选取淅川段 2012 年 8 月 9 日至 2013 年 4 月 10 日，某间经历了雨季和低温季节，具有一定代表性，而且自动化采集的数据完整，通过计算绘制了日大气降雨与日土体含水率滞后天数关联度图(图 8.3-5)，结果分析如下：

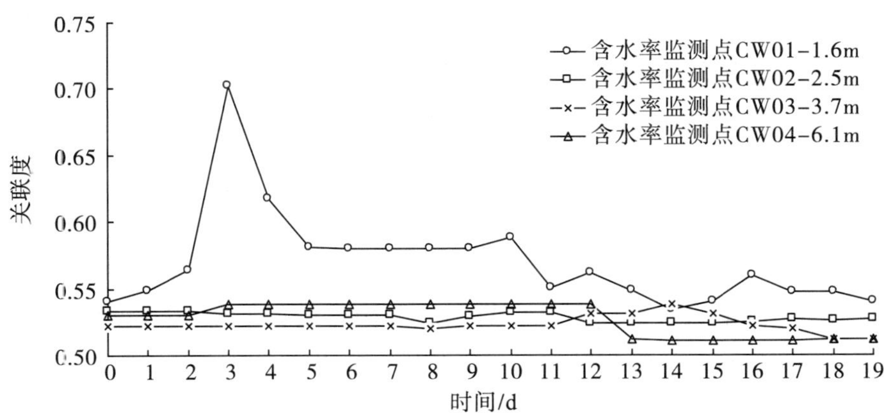

图 8.3-5 大气降雨与强膨胀土含水率滞后天数关联度

①地面以下 1.6m 的含水率监测点 CW01，在滞后的 3 天关联度出现了明显的峰值，

说明在大气降雨 3 天后，才能渗入 1.6m 深的强膨胀土中。

②地面以下 2.5m 的含水率监测点 CW02，在滞后的第 10～11 天关联度出现的微弱峰值，表明在大气降雨的第 10～11 天，才能渗入 2.5m 深的强膨胀土中，也说明降雨量影响较弱。

③地面以下 3.7m 的含水率监测点 CW03，在滞后的第 14 天关联度出现的微弱峰值，也就是说在大气降雨的第 14 天，才能渗入 3.7m 深的强膨胀土中。

④埋深在 6.1m 的含水率监测点 CW04，其关联度变化为台阶似的变动，说明与大气降雨关联不大，主要是由地下水的变化引起的。

(2)强膨胀岩渠坡

选取鲁山段左岸一级马道 2013 年 10 月 29 日至 2014 年 4 月 14 日，其间经历了中雨 5 天，小雨和阵雨 36 天，具有一定代表性，而且自动化采集的数据完整，通过计算绘制了大气日降雨与日土体含水率滞后天数关联度图(图 8.3-6)，结果分析如下：

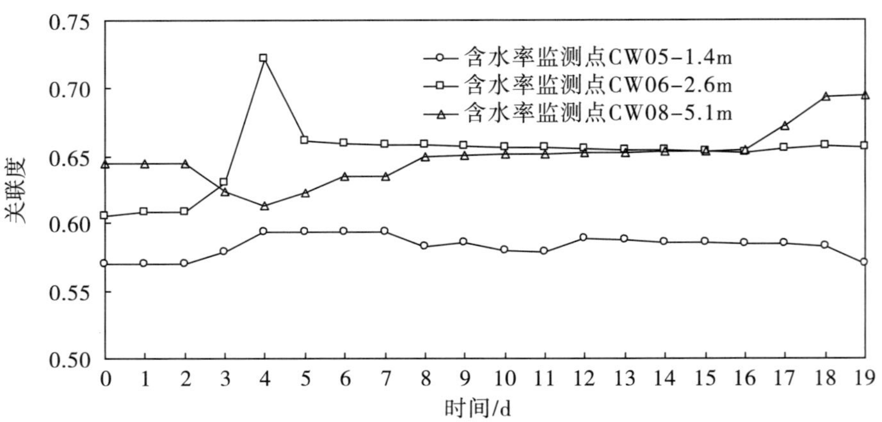

图 8.3-6　大气降雨与强膨胀岩含水率滞后天数关联度

①地面以下 1.4m 的含水率监测点 CW05，在降雨后的第 4～7 天里，关联度出现了一个高点，也就是说在大气降雨渗入 1.4m 深的强膨胀岩中需要 4～7 天。

②地面以下 2.6m 的含水率监测点 CW06，在滞后的第 4 天关联度出现了明显的峰值，也就是说在大气降雨后的第 4 天，就能渗入 2.6m 深的强膨胀岩中，比含水率监测点 CW05 入渗时间短。这可能是由于监测点 CW06 埋设高程在 132.8m，而该高程区域在换填层底部与强膨胀岩交界处，大气降雨可以通过该界面，减少了入渗时间。

③埋深在 5.1m 的含水率监测点 CW08，在降雨后的第 4 天，关联度出现了一个低峰值点，之后关联度变化为台阶似的变动，说明与大气降雨关联不大，主要是由地下水的变化引起的。

(3)影响深度分析

①在淅川段，由于埋深 6.1m 的监测点含水率序列和大气降雨没有出现关联变峰

值，说明大气降雨对强膨胀土影响深度小于6.1m。在鲁山段，埋深5.1m的监测点含水率序列和大气降雨没有出现关联度峰值，说明大气降雨对强膨胀岩影响深度小于5.1m。

②在1.4～1.6m深度范围，大气降雨渗入强膨胀土的时间比渗入强膨胀岩所需要的时间短1～3天。在2.5～2.6m深度范围，由于CW06测点附近可能存在含水层，比较无实际意义。

8.3.5 小结

土壤含水率是决定土壤介电常数的主要因素。测量土壤的介电常数，能直接稳定地反映各种土壤的真实水分含量，与土壤本身的机理无关，是目前国际上最流行的土壤含水率测量方法。由于含水率传感器是测量在围绕中央探针的直径为3cm、长为6cm的圆柱体内的体积含水率，因此，在用于膨胀土（特别是强膨胀土）含水率监测时，由于土壤的高胀缩特性，在土壤含水率极低时，存在膨胀土与中央探针脱空现象，导致测量精度降低。

强膨胀土（岩）表层一定深度的含水率明显与大气降雨相关。在每年的雨季，含水率均有明显的增加，受降雨入渗过程影响均有一定滞后。此外，强膨胀土内含水率的变化与土温显正相关变化，即含水率高的时段，一般土温和气温也高。

大气降雨是影响土体表层含水率变化的重要因子，依据大气降雨和现场实测土体含水率时间系列，利用灰关联度理论方法，定量分析了土壤含水率及其影响因子以及大气降雨入渗滞后时间和大气降雨影响深度。

南水北调中线工程渠坡膨胀土含水率监测及分析，对推动渠坡膨胀土现场自动化测试土壤含水率有一定的工程意义。

8.4 大坝变形灰色季节模型

8.4.1 概述

大坝安全监测的主要目的在于评估大坝安全、监控大坝运行、验证设计参数和提高设计水平等方面。为努力实现上述目的，坝工及观测界学者正致力于监测资料分析方法的研究。

在大坝安全监测中，变形观测一般具有空间离散和时间离散两大特性。空间离散性是指在大坝或某一坝块上只布设一点或两点等少数有限几个监测点，然后用这些离散点的变形来分析大坝或坝块的变形；时间离散性则是以一定周期观测布设在大坝或坝块上离散点的变形，而不是连续观测，即使是自动化观测点，在正常情况下，也没有必要连续观测。在这种情况下，加之观测误差的影响，观测得到的变形过程线不是一条光滑的曲线。对于这类变化幅度较大、波形起伏且又具有一定规律性的曲线，传统的预测方法很难实现曲线的外延预测。为此，本节在灰色系统预测理论的基础上，提出大坝变形灰色季节预测新方法。

在大坝施工和运行过程中，总可认以为大坝是一个连续的动态系统；同时它也是一个复杂的开放系统；更准确地说它应该是一个灰色动态系统。这是因为表征大坝运动的各种参数或要素是在某一特定时空上的综合反映，是一个多要素互相作用、协调平衡发展的复杂系统的综合反映。以大坝变形观测值为例，可以认为它是系统的综合反映，或者说是某些激励下的效应量（响应），它必然受到系统各个因素的制约和影响，如大坝基础的地质条件、坝区气象条件、上下游水位变化以及大坝的结构形式等。无法去描述各个因素互相作用的定量关系，但某一时刻大坝的变形观测值本身恰是这些影响因素综合作用的结果。因此，完全可以用灰色系统理论来处理大坝效应量观测值序列。

8.4.2 大坝变形灰色季节模型预测

灰色系统预测理论方法十分丰富，从功用和特征可分为序列预测、灾变预测、季节灾变预测、拓扑预测、系统预测和激励预测。这些预测方法已广泛用于各个科学领域。本节在灰色系统预测理论基础上，提出了一种适用于大坝变形预测的灰色季节预测法。

图 8.4-1 中实线是某坝坝顶水平位移过程曲线。可以看出，该坝段处于弹性变形状态，年变幅在 6mm 左右，其峰值和谷值均在每年 2 月和 8 月出现。该曲线虽变幅较大、波形起伏，但其较强的规律性是显而易见的。那就是在每年相同的季节，由于外界条件大致相同，其变形效应亦大致相同，其差值可理解为不可逆变形或者测量误差。显然，用每年相同季节或时间的变形观测序列建立预测模型，对未来相同季节或时间的变形量进行预测是可行的。然后，将预测值按时序连接起来，即得到大坝变形预测曲线，这就是灰色季节预测的基本思路。

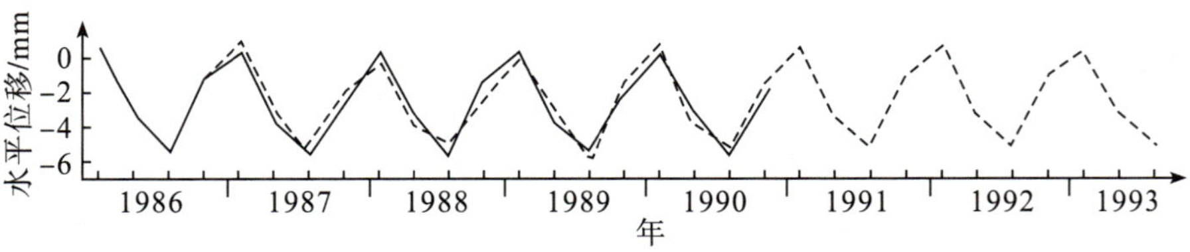

图 8.4-1　某坝坝顶水平位移过程曲线(实线)和拟合曲线(虚线)

对图 8.4-1 按前文方法建立了 4 个灰模型，其结果见表 8.4-1。由表 8.4-1 可知，4 个模型拟合精度均较高。下面用夏季的观测序列，简要说明灰模型的拟合过程。

表 8.4-1　灰模型参数拟合结果

季节/月	$\hat{X}^{(0)}(k+1)=(1-e^{a})[X^{(0)}(1)-\frac{u}{a}e^{-ak}]$			模型平均拟合相对误差/%
	a	u	$(1-e^{a})[X^{(0)}(1)-\frac{u}{a}]$	
冬(2)	0.106686	0.468790	0.444047	9.2
春(5)	0.038470	3.827590	3.777841	4.2
夏(8)	−0.001438	5.586197	5.589856	2.1
秋(11)	0.184884	2.865477	2.867227	9.5

原始序列：$x^{(0)}(k)=\{-5.34,-5.60,-5.72,-5.38,-5.74\}$

非负处理后序列：$x^{(0)}(k)=\{5.34,5.60,5.72,5.38,5.74\}$

(1)累加生成序列

$$x^{(1)}(k)=\{5.34,10.94,16.66,22.04,27.78\}$$

(2)构造数据矩阵

$$\boldsymbol{B}=\begin{bmatrix}-8.14 & 1\\ -13.80 & 1\\ -19.35 & 1\\ -24.91 & 1\end{bmatrix};\boldsymbol{Y}_N=\begin{bmatrix}5.60\\ 5.72\\ 5.38\\ 5.74\end{bmatrix}$$

(3)计算 $\boldsymbol{B}^{\mathrm{T}}\boldsymbol{B}$、$\boldsymbol{B}^{\mathrm{T}}\boldsymbol{Y}_N$

$$\boldsymbol{B}^{\mathrm{T}}\boldsymbol{B}=\begin{bmatrix}1251.6302 & -66.2000\\ -66.2000 & 4.0000\end{bmatrix};\boldsymbol{B}^{\mathrm{T}}\boldsymbol{Y}_N=\begin{bmatrix}-371.6064\\ 22.4400\end{bmatrix}$$

(4)求参序列

$$\hat{\boldsymbol{a}}=\begin{bmatrix}a\\ u\end{bmatrix}=(\boldsymbol{B}^{\mathrm{T}}\boldsymbol{B})^{-1}\boldsymbol{B}^{\mathrm{T}}\boldsymbol{Y}_N=\begin{bmatrix}0.006409429 & 0.106076008\\ 0.106076008 & 2.005557930\end{bmatrix}\begin{bmatrix}-371.6064\\ 22.4400\end{bmatrix}\begin{bmatrix}-0.001438\\ 5.586197\end{bmatrix}$$

(5)确定模型

$$\frac{\mathrm{d}x^{(1)}}{\mathrm{d}t}-0.001438x^{(1)}=5.586197$$

(6)时间响应

$$\hat{x}_{(t)}^{(1)}=3889.498323e^{0.001438t}-3884.158323$$

(7)离散响应

$$\hat{x}^{(1)}(k+1)=3889.498323e^{0.001438k}-3884.158323$$

(8)还原预测模型

$$\hat{x}^{(0)}(k+1)=5.589856\mathrm{e}^{0.001438k}$$

(9)精度检验

灰模型精度检验见表 8.4-2。

表 8.4-2　　灰模型精度检验

观测值	模型计算值	误差	相对误差/%
$X^{(0)}(2)=-5.60$	$\hat{x}^{(0)}(2)=-5.597$	-0.002	0.037
$X^{(0)}(3)=-5.72$	$\hat{x}^{(0)}(3)=-5.605$	-0.115	1.993
$X^{(0)}(4)=-5.38$	$\hat{x}^{(0)}(4)=-5.614$	0.234	4.349
$X^{(0)}(5)=-5.78$	$\hat{x}^{(0)}(5)=-5.622$	-0.117	2.053

(10)预测

$$\hat{x}^{(0)}(6)=-5.630;\hat{x}^{(0)}(7)=-5.638;\hat{x}^{(0)}(8)=-5.646$$

同理,将另外 3 个模型预测值按时序连接起来得到预测曲线(图 8.4-1 中虚线),其中拟合部分虚线绘制时夸大了其偏离程度。预测结果表明,该坝段变形幅度在逐渐减小。

8.4.3　小结

本节根据大坝变形特征,在灰色系统预测理论的基础上,提出了大坝变形灰色季节预测法。通过实例计算取得了令人满意的结果,进一步拓宽了灰预测的应用领域。

灰色系统理论方法与传统的回归分析、时间序列等预测方法相比,有如下优点:所需样本数较少,观测序列可不服从典型分布和具有零均值的平稳序列等要求。此外,它还具有计算简明、精度较高等优点。

8.5　大坝变形状态灰色模型

从现有大量 GM(n,h)模型应用研究来看,GM(n,h)模型较适合于呈指数变化的数据序列的预测,用于动态分析时也不直观,有时甚至偏离实际情况,因此,该模型不宜直接用来分析滑坡监测数据序列。

本节定义了中心累减生成、均值生成,借此导出了一种新的动态系统灰模型,简记为 DGM(n,h)模型。在导出新模型之前,先分析 GM(n,h)模型。

8.5.1　GM(n,h)模型机理及应用问题

一个 n 阶 h 个变量的 GM(n,h)的建模机理见以下描述。

①假定原始序列为等间距采样，即

$$\Delta t=(t+1)-t=1 \tag{8.12}$$

②用累减生成近似 $x_1^{(1)}$ 的导数信号：

$$\frac{\mathrm{d}^n x_1^{(1)}(k)}{\mathrm{d}t^n}=\Delta^n x_1^{(1)}(k)=a^{(n)}x_1^{(1)}(k)=a^{(n-1)}[x_1^{(1)}(k)-a^{(n-1)}x_1^{(1)}(k-1)] \tag{8.13}$$

③用均值生成近似 $x_1^{(1)}$ 的零导数信号：

$$\frac{\mathrm{d}^{\circ} x_1^{(1)}(k)}{\mathrm{d}t^{\circ}}=x_1^{(1)}(k)=0.5[x_1^{(1)}(k)+x_1^{(1)}(k-1)] \tag{8.14}$$

由于 GM(n,h)模型在变形监测资料分析中常取 $n=1$，微分方程为：

$$\frac{\mathrm{d}x_1^{(1)}}{\mathrm{d}t}+ax_1^{(1)}=\sum_{i=2}^{h}b_i x_i^{(1)} \tag{8.15}$$

从前文建模过程看，GM(1,h)模型在变形监测资料分析中应用尚存在以下问题：

①GM(n,h)模型用累减生成近似导数信号时，其时间难以统一。

②GM(n,h)模型为累加生成建模，因而比较适合呈指数增长的输出序列。而变形监测数据序列有时为周期性变动的时间序列。

③在 GM(1,h)模型中，除 $x_1^{(0)}(k)[\frac{\mathrm{d}x_1^1(k)}{\mathrm{d}t}\doteq\Delta x_1^{(0)}(k)=\alpha^{(1)}(x_1^{(1)}(k)]=x_1^{(0)}(k)$ 为原始数据外，其余量均为累加生成量。因此，它不便直接对系统进行分析。此外，$x_1^{(0)}(k)$ 在 $\sum_{k=1}^{n}b_1x_1^{(1)}$ 的驱使下，其发展变化的数量特征、动态关系也不够明确。

④在滑坡监测分析的各个因素中，大多为非负时间序列，经过累加生成后，行为因子间相关性将大大提高，有的因子间原不相关或相关不显著，经过累加生成后也会变成相关显著的因子。这时用最小二乘法估计模型参数易偏离实际，从而将降低变形分析的作用。

8.5.2 DGM(n,h)模型的建立

令 $x_1=\{x_1(k)\mid k=1,2,\cdots,N\}$ 为原始输出序列，定义如下 n 次生成：

$$\Delta^1 x_1(\tau_1)=x_1(k+1)-x_1(k)$$

$$\Delta^2 x_1(\tau_2)=\Delta^1(\tau_1)-\Delta^1 x_1(\tau_1-1)$$

$$\cdots$$

$$\Delta^n x_n(\tau_n)=\Delta^{n-1}x_1(\tau_{n-1})-\Delta^{n-1}x_1(\tau_{n-1}-1)$$

①当 n 为奇数时，取 $\tau_n=k+1/2$；当 n 为偶数时，取 $\tau_n=k$，称为中心累减生成。

②当取 $\tau_n=k+1$ 时，称为邻累减生成，即灰色系统理论定义的累减生成。

令 $x=\{x_i(k)\mid k=1,2,\cdots,N;i=1,2,\cdots,h\}$ 为原始序列，记 τ 时刻的生成为：

$$x_i(\tau)=0.5x_i(k+1)+0.5x_i(k) \tag{8.16}$$

①当取 $\tau=k+1/2$ 时，称为中心均值生成。

②当取 $\tau=k+1$ 时，称为邻均生成，即灰色系统理论定义的均值生成。

给定原始数据序列 $\{x_i(k)\mid k=1,2,\cdots,N;i=1,2,\cdots,h\}$，可直接建立如下 n 阶 h 个变量的微分方程，记为 DGM(n,h)模型：

$$\frac{\mathrm{d}^n x_1}{\mathrm{d}t^n}+\sum_{i=1}^{n}a_i\frac{\mathrm{d}^{n-1}x_1}{\mathrm{d}t^{n-1}}=\sum_{i=2}^{h}b_ix_i \tag{8.17}$$

其参序列 $\hat{\boldsymbol{a}}=[a_1,a_2\cdots,a_{i-1}\vdots a_n,b_2,b_3,\cdots b_n]^{\mathrm{T}}$ 用下式辨识：

$$\hat{\boldsymbol{a}}=[\boldsymbol{A}\vdots\boldsymbol{B})^{T}(\boldsymbol{A}\vdots\boldsymbol{B})]^{-1}(\boldsymbol{A}\vdots\boldsymbol{B})^{\mathrm{T}}\boldsymbol{Y}_N \tag{8.18}$$

其中，中心累减生成矩阵 $\boldsymbol{A}$、均值生成矩阵 $\boldsymbol{B}$ 和常数向量 $\boldsymbol{Y}_n$ 分别为：

$$\boldsymbol{A}=\begin{bmatrix}-\Delta^{n-1}x_1(n/2+1) & -\Delta^{n-2}x_1(n/2+1)\cdots & -\Delta x_1(n/2+1)\\ -\Delta^{n-1}x_1(n/2+1) & -\Delta^{n-2}x_1(n/2+2)\cdots & -\Delta x_1(n/2+2)\\ -\Delta^{n-1}x_1(N-n/2) & -\Delta^{n-2}x_1(N-n/2)\cdots & -\Delta x_1(N-n/2)\end{bmatrix}$$

$$\boldsymbol{B}=\begin{bmatrix}-x_1(n/2+1)x_2(n/2+1)\cdots x_h(n/2+1)\\ -x_1(n/2+2)x_2(n/2+2)\cdots x_h(n/2+2)\\ \cdots\qquad\qquad\cdots\\ -x_1(N-n/2)x_2(N-n/2)\cdots x_h(N-n/2)\end{bmatrix}$$

$$\boldsymbol{Y}_n=[\Delta^n x_1(n/2+1)\Delta^n x_1(n/2+2),\cdots,\Delta^n x_1(N-n/2)]^{\mathrm{T}}$$

对于 DGM(n,h)微分方程，如果：

①原始序列等间距采样，即 $\Delta t=(t+1)-1=1$。

②用中心累减生成近似 x_1 的导数信号：

$$\frac{\mathrm{d}^n x_1(\tau)}{\mathrm{d}t^n}=\Delta^n[x_1(\tau)] \tag{8.19}$$

③相应对序列 $x_i,i=1,2,\cdots,h$，作中心均值生成：

$$x_i(\tau)=0.5x_i(k+1)+0.5x_i(k) \tag{8.20}$$

则在 τ 时刻，DGM(n,h)微分方程可变为如下等效增量模型：

$$\Delta^n x_1(\tau)+\sum_{i=1}^{n}a_i\Delta^{n-i}x_1(\tau)=\sum_{i=2}^{h}b_ix_i(\tau)+\varepsilon(\tau) \tag{8.21}$$

式中，$\varepsilon(\tau)$——误差项，取 $\tau=(n/2+1,n/2+2,\cdots,N-n/2)$，用最小二乘法可求得使 $\boldsymbol{\varepsilon}^{\mathrm{T}}\varepsilon$ 最小的参序列 $\hat{\boldsymbol{a}}$。

用 DGM(n,h)模型分析处理变形监测资料时，仍取 $n=1$，这时 DGM(n,h)微分方程变为：

$$\frac{\mathrm{d}x_1}{\mathrm{d}t}+ax_1=\sum_{i=2}^{h}b_ix_i \tag{8.22}$$

参序列 $\hat{a}$ 退化为：

$$\hat{\boldsymbol{a}}=[a,b_2,b_3,\cdots,b_h]^{\mathrm{T}}=(\boldsymbol{B}^{\mathrm{T}}\boldsymbol{B})^{-1}\boldsymbol{B}^{\mathrm{T}}\boldsymbol{Y}_N \tag{8.23}$$

离散解为：

$$\hat{a}_1(k)=[x_1^{(1)}-\frac{1}{a}\sum_{i=2}^{h}b_ix_i(k)]\mathrm{e}^{-a(k-1)}+\frac{1}{a}\sum_{i=2}^{h}b_ix_i(k) \tag{8.24}$$

模型精度仍用残差、关联度和后验差检验法综合检验。当精度不满足要求时，可采用残差辨识模型来修正离散解。实际应用时还可采用广义最小二乘法、M-稳健估计法、递推最小二乘法。

8.5.3 应用及结果分析

经初步分析，某坝基础水平位移序列 x_1，主要受观测当天上游水深因子 x_2，当天至前6天的上下游水位差梯度因子 x_3 和时效因子 x_4 影响。原始数据见表 8.5-1。

首先数据建立 DGM(1,4)模型：

$$\mathrm{d}x_1/\mathrm{d}t+1.457460x_1=-0.360741x_2+2.532692x_3-2.285787x_4 \tag{8.25}$$

离散响应解为：

$$\begin{aligned}\hat{x}_1(k)=&[2.09+0.247513x_2(k)-1.737743x_3(k)+1.568335x_4(k)]\mathrm{e}^{-1.457460(k-1)}\\&-0.247513x_2(k)+1.737743x_3(k)-1.568335x_4(k)\end{aligned} \tag{8.26}$$

然后建立 GM(1,4)模型：

$$\mathrm{d}t_1^{(1)}/\mathrm{d}t+1.135107x_1^{(1)}=-0.523280x_2^{(1)}+1.185365x_3^{(1)}+0.266480x_4^{(1)} \tag{8.27}$$

离散响应解为：

$$\begin{aligned}\hat{x}_1^{(1)}(k)=&[2.09+0.460996x_2^{(1)}(k)-1.044276x_3^{(1)}(k)-0.234762x_4^{(1)}W(k)]\mathrm{e}^{-1.135107(k-1)}-\\&0.460996x_2^{(1)}(k)+1.044276x_3^{(1)}(k)+0.234762x_4^{(1)}(k)\end{aligned} \tag{8.28}$$

DGM(1,4)模型与 GM(1,4)模型拟合误差见表 8.5-2，模型精度检验结果见表 8.5-3。

表 8.5-1　原始数据序列

时间(年-月)	k	x_1	x_2	x_3	x_4
1985-02	1	2.09	0.899	2.3653	0.957
1985-05	2	1.68	1.564	1.6666	0.9588
1985-08	3	0.39	1.854	1.3573	0.9601
1985-11	4	1.59	1.449	1.7612	0.9615

续表

时间/(年-月)	k	x_1	x_2	x_3	x_4
1986-02	5	1.69	0.968	2.2003	0.96[illegible]8
1986-05	6	1.57	1.167	1.7645	0.96[illegible]4
1986-08	7	0.70	1.605	1.7707	0.96[illegible]2
1986-11	8	2.01	1.246	1.9862	0.96[illegible]2
1987-02	9	2.45	0.889	2.4986	0.96[illegible]2
1987-05	10	2.23	1.038	2.3544	0.96[illegible]2
1987-08	11	1.02	1.762	1.6711	0.9[illegible]9
1987-11	12	1.7	1.109	2.4528	0.[illegible]
1988-02	13	2.54	0.857	2.6105	0.9[illegible]9
1988-05	14	2.74	1.321	2.269	0.9[illegible]16
1988-08	15	1.71	1.644	1.9226	0.9[illegible]23
1988-11	16	1.76	1.145	2.3738	0.9[illegible]29

表 8.5-2　　两种模型拟合误差

k	DGM(1,4)		GM(1,4)	
	残差	相对残差%	残差	相对残差%
1	0.00	0	0.00	0
2	0.42	25	0.71	42
3	−0.1	25	−0.63	161
4	0.38	24	0.08	5
5	−0.38	23	−0.45	26
6	0.30	19	0.01	0.2
7	−0.47	67	−0.65	93
8	0.38	19	0.28	14
9	−0.15	6	0.02	1
10	−0.09	4	0.02	1
11	−0.07	7	−0.14	14
12	−0.77	45	−0.58	34
13	−0.26	10	−0.02	1
14	0.65	24	0.75	27
15	0.30	18	0.23	13
16	−0.56	31	0.42	24

以上计算结果表明：

①DGM(1,4)模型拟合相对残差比较均匀，而 GM(1,4)模型最初几个数据的相对残差较大。有参考文献则建议删去首部几个拟合数据来进行模型精度检验，当观测序列较短时，这显然不合理。由表 8.5-3 可知，DGM(1,4)模型建模精度明显高于 GM(1,4)模型。

表 8.5-3 模型精度检验结果

检验指示	DGM(1,4)	GM(1,4)
平均相对残差 $\bar{q}/\%$	23<25	30>25
拟合差联度 R	0.77<0.80	0.75<0.80
后验差比值 C	0.34<0.35	0.45>0.35
小误差概率 P	1.00>0.95	1.00>0.95
综合检验结果	好	合格

②DGM(1,4)模型反映了原始变量之间的动态关系，而 GM(1,4)模型则表现为累加生成量之间的动态关系。显然前者用了动态分析更为合适。

③DGM(1,4)模型建模前对 x 采用中心累减生成，实质上反映了 $t=1$ 时 x_1 的变化率，从而同微分方程的本质结合起来，故微分方程参数具有接近实际的物理意义。而 GM(1,4)模型系数则难以描述系统的物理意义。

④在 GM(1,4)模型中，时效序列 $x_4^{(1)}$ 前系数为正，与实际不符，因为时效因子是由小缓慢增加，而大坝实际时效变形则是逐步递减的。导致这种错误的主要原因是因子 $x_2^{(1)}$ 与 $x_4^{(1)}$ 之间的高相关系数 $\gamma_{24}^{(1)}=0.9986$，而累加生成前原始序列 $x_2^{(0)}$ 与 $x_4^{(0)}$ 之间的相关系数 $\gamma_{24}^{(0)}=-0.1029$。

8.6 大坝变形性态的灰色评估方法

8.6.1 概述

变形监测数据作为一个行为特征量本身，它是所有环境动力因素作用的结果，而作为一串监测序列则表征了变形体变形发展的变化，即数据序列蕴含着各种因子在同时间内各种作用，或者说，序列中各个数据的大小，就体现了这些因子作用的不同。显然，影响因子构成了一个无限集，这是因为影响的因子集太多，且因子之间的关系也不明确，所以因子集又是一个灰集。因此，用变形监测序列本身建立 GM(1,1)模型来对变形体变形性态进行评估是具有实际意义的。

变形性态的灰评估基本内容有着重描述变形模式；建立灰预测平面选择变形趋势的预测模型；分析变形机制的稳定性；评估其发展态势和变形增长率；预测行为特征

量增长极值(变形终值)及其出现时间。实现上述目标的基本模型是 GM(1,1)模型,即以下三种形式。

①形式一:

$$\frac{\mathrm{d}x^{(1)}}{\mathrm{d}t}+ax^{(1)}=b$$

②形式二:

$$\hat{x}^{(1)}(k+1)=\left[x^{(0)}(1)-\frac{b}{a}\right]\mathrm{e}^{-a(k)}+\frac{b}{a}$$

③形式三:

$$\hat{x}^{(0)}(k+1)=(1-\mathrm{e}^{a})\left[x^{(0)}(1)-\frac{b}{a}\right]\mathrm{e}^{-ak}$$

形式一为变形趋势的灰微分方程型模型;形式二为变形趋势的预测模型;形式三为单位时间内变形量(变形速率)的预测模型。因为 GM(1,1)模型本身可作为变形体在一定时区内抽象上的变形模式,所以形式一中,灰作用量 b 对于变形监测序列来说,可看作整体灰因子集的数字表现,即是外部加入的,因为 GM(1,1)模型是单序列建模,只有变形量序列(输出序列),而无外作用序列。然而,通过辨识,从数据的变化中找到了一个数字 b,它的大小反映数据的变化关系,由于其内涵与确切内容是灰的,因此称作用量 b 为灰作用量。形式二、三中,a 为 $x^{(1)}$ 和 $x^{(0)}$ 的发展系数,它集中反映了 $\hat{x}^{(1)}$ 和 $\hat{x}^{(0)}$ 的发展态势。利用 a 还可以判断变形体变形趋势的本质特征,即变形体的变形是收敛的(逐步趋于稳定的)或是趋于发散的(变形增大趋于破坏)。根据 GM(1,1)模型的几何意义可知,当 $a>0$ 时,变形监测序列表现为递减特性,表明变形体做收敛运动,这时 a 值越大,收敛(递减)越快;当 $a<0$ 时,序列表现为递增特性,即变形体做发散运动,此时 a 值越小,发散(递增)越快。

8.6.2 变形性态的灰评估方法

这里通过一个实例来说明变形体变形性态的灰评估方法。

[例 8.1]本例数据取自[例 3.11],具体见表 8.6-1,表中 $x^{(0)}$ 为土坝年沉降序列;$x^{(1)}$ 为累计沉降序列,其单位均为 mm。

表 8.6-1　　原始数据

年(k)	1984(1)	1985(2)	1986(3)	1987(4)	1988(5)	1989(6)
$x^{(0)}(k)$	4.07	3.70	4.63	2.55	1.92	.25
$x^{(1)}(k)$	4.07	7.77	12.40	14.95	16.87	18.12

表 8.6-1 中 $x^{(0)}(k)$ 的 3 个可能的包含原点在内的子序列为:

$$x_0^{(0)} = (4.07, 3.70, 4.63, 2.55, 1.92, 1.25)$$

$$x_1^{(0)} = (3.70, 4.63, 2.55, 1.92, 1.25)$$

$$x_2^{(0)} = (4.63, 2.55, 1.92, 1.25)$$

对 $x_i^{(0)}$ $(i=0,1,2)$分别建立 GM(1,1)$_i$ 模型，其计算结果和检验情况见表 8.6-2。

表 8.6-2　　GM(1,1)$_i$ 模型及参数

参数 模型	a_i	b_i	模型后验差检验		预测精度等级
			c_i	P_i	
GM(1,1)$_0$	0.245740	5.910511	0.345	1.000	一级(好)
GM(1,1)$_1$	0.450102	7.188114	0.078	1.000	一级(好)
GM(1,1)$_2$	0.336472	4.572653	0.029	1.000	一级(好)

表 8.6-2 中 3 个模型精度均较高，故可用 GM(1,1)$_0$、GM(1,1)$_1$、GM(1,1)$_2$ 模型，对土坝沉降变形过程作以下评估。

8.6.2.1　变形模式描述

根据表 8.6-2 计算结果，可将土坝沉降变形模式列于表 8.6-3。表 8.6-3 中第 1 个模型是由 1984—1989 年全部数据建立的模型，它表明该土坝这一段时间的总变形模式。而第 2、3 个模型则代表了 1985 年和 1986—1989 年的变形模式，它们是分时区模型。

表 8.6-3　　土坝沉降变形模式

模式时区	变形模式
1984—1989 年	$\hat{x}_0^{(1)}(k+1) = -19.981813\mathrm{e}^{-0.245740k} + 24.05781$
1985—1989 年	$\hat{x}_1^{(1)}(k+1) = -12.769935\mathrm{e}^{-0.450102k} + 15.969935$
1986—1989 年	$\hat{x}_2^{(1)}(k+1) = -8.959961\mathrm{e}^{-0.336478k} + 13.589961$

8.6.2.2　变形趋势灰预测及预测灰平面

用表 8.6-3 中 3 种模型进行预测，并换算成同一原点(表 8.6-4)。

表 8.6-4　　GM(1,1)$_i$ 模型预测结果

年(k)	1989(6)	1990(7)	1991(8)	1992(9)	1993(10)
GM(1,1)$_0$ 变形轨迹 $\hat{x}_0^{(1)}$	18.12	19.39	20.39	21.17	21.78
GM(1,1)$_1$ 变形轨迹 $\hat{x}_1^{(1)} + x^{(1)}(1)$	18.12	18.85	19.32	19.62	19.81
GM(1,1)$_2$ 变形轨迹 $\hat{x}_2^{(1)} + x^{(1)}(2)$	18.12	19.05	19.72	20.20	20.54

表中数据反映了3种模型预测的未来几年的变形轨迹。根据灰预测平面的定义，轨迹 $\hat{x}_0^{(1)}$ 和 $\hat{x}_1^{(1)}+x^{(1)}(1)$ 所夹的平面即为预测灰色平面。再根据预测灰色平面的性质，得到用于变形趋势预测的模型只能是 GM(1,1)$_2$ 模型。在考虑1984年和1985年沉降量时，有预测模型：

$$\hat{x}_2^{(1)}(k+1)=-8.959961\mathrm{e}^{-0.336472k}+13.589961+x^{(1)}(2)$$

将 $x^{(1)}(2)=7.77$ 代入有：

$$\hat{x}_2^{(1)}(k+1)=-8.959961\mathrm{e}^{-0.336472k}+21.360$$

8.6.2.3 变形机制的稳定性分析

为了分析该土坝沉降变形机制的稳定性，需要知道不同时区的变形轨迹。由表8.6-4知，三个变形轨迹 $\hat{x}_0^{(1)}$、$\hat{x}_1^{(1)}+x^{(1)}(1)$ 和 $\hat{x}_2^{(1)}+x^{(1)}(2)$ 在1990年的预测值分别为19.39、18.85、19.05，其相对差值的平均数为1.88%；1991预测值的相对差值的平均数为3.60%；1992预测值的相对差值的平均数为5.08%；1993年预测值相对差值的平均数为6.34%。这说明变形轨迹间的相对差值的平均数离原点愈远其值愈大，符合灰预测平面的基本特性。最大值未超过10%，表明变形轨迹重合性好，即土坝沉降变形机制是稳定的。

8.6.2.4 变形发展态势分析

在分析上述土坝沉降变形的发展态势时，先分别列出 GM(1,1)$_0$、GM(1,1)$_1$、GM(1,1)$_2$ 模型的发展系数 a_i 和灰作用量 b_i：

$$\mathrm{GM}(1,1)_0: a_0=0.245740; b_0=5.910511$$

$$\mathrm{GM}(1,1)_1: a_1=0.450102; b_1=7.188114$$

$$\mathrm{GM}(1,1)_2: a_2=0.336472; b_2=4.572653$$

GM(1,1)$_0$ 的灰作用量 $b_0=5.910511$，而 GM(1,1)$_1$ 的 b_1 为7.188114。灰作用量是因子集的数字表现形式，这表明随着时间的推移灰因子集的作用增强了20%。不过灰因子集的加强，意味着外输入的加强，作为一个正常的变形体应该有发展系数的相应增大，事实上，$a_1=0.450102$ 相对于 $a_0=0.245740$ 增大了60%。但是，由 GM(1,1)$_2$ 的灰作量 $b_2=4.572653$ 可以看出，在时间继续推移到1986—1989年时，灰因子集的作用又减弱了44%，而此时发展系数 $a_2=0.336472$ 亦减弱了30%，从而说明土坝沉降变形过程是正常的。上述灰因子作用的加强是1986年上游蓄水位抬高作用的结果。抬高过后土坝沉降逐步趋于新的平衡，此时灰因子集的作用也逐步恢复，这表明分析结果与实例吻合。

8.6.2.5 变形发展增长率

衡量变形发展的一个重要指标是增长率 θ，下面导出用发展系数求增长率 θ 的基本关系式。

令 $\theta(k)$ 为 k 时刻的增长率，有：

$$\theta(k)=\frac{[\hat{x}^{(0)}(k+1)-\hat{x}^{(0)}(k)]}{\hat{x}^{(0)}(k+1)}=1-\frac{\hat{x}^{(0)}(k)}{\hat{x}^{(0)}(k+1)}$$

将 $\hat{x}^{(0)}(k+1)=(1-e^{a})[x^{(0)}(1)-\frac{b}{a}]e^{-ak}$ 代入上式，得到：

$$\theta(k)=1-\frac{(1-e^{a})[x^{(0)}(1)-\frac{b}{a}]e^{-a(k-1)}}{(1-e^{a})[x^{(0)}(1)-\frac{b}{a}]e^{-ak}}=1-e^{a}$$

上式说明增长率不随 k 变化而变化，于是变形发展增长率 θ 计算公式为：

$$\theta=\theta(k)=1-e^{a}$$

根据上式可求得 3 种模型 $GM(1,1)_0$、$GM(1,1)_1$ 和 $GM(1,1)_2$ 所代表的变形轨迹的增长率 θ_i 。

$GM(1,1)_0$：$\theta_0=1-e^{0.245740}=-28\%$

$GM(1,1)_1$：$\theta_1=1-e^{0.450102}=-56\%$

$GM(1,1)_2$：$\theta_2=1-e^{0.336472}=-40\%$

$a>0$ 导致 $\theta_i<0$，这表明变形是负增长的，即递减的，并表现出加速递减的总趋势，从而进一步说明该土坝沉降变形正趋于稳定。

8.6.2.6 变形终值及出现时间预测

上述分析表明，该土坝沉降过程是一个收敛过程，那么，其最终收敛值，即变形终值的大小及出现时间的预测将具有一定实际意义。

由于 GM(1,1)的 $\frac{dx^{(1)}}{dt}$ 表征变形体变形增长的灰速度，显然，当土坝沉降趋于 0 时，沉降终止。这时可求得满足 $\frac{dx^{(1)}}{dt}=0$ 的 3 个模型的解分别为：

$GM(1,1)_0$：$\bar{x}_0^{(1)}=\frac{b_0}{a_0}=24.05$

$GM(1,1)_1$：$\bar{x}_1^{(1)}=\frac{b_1}{a_1}+x^{(1)}(1)=15.97+4.07=20.04$

$GM(1,1)_2$：$\bar{x}_2^{(1)}=\frac{b_2}{a_2}+x^{(1)}(2)=13.59+7.77=21.36$

取其平均值作为土坝沉降值的白化预测值 $\bar{x}^{(1)}$ ：

$$\bar{x}^{(1)}=21.82(\text{mm})$$

以上预测了土坝沉降终值，该终值出现的时间即为土坝沉降终止时间。显然，对该时间的预测有助于我们了解变形体变形期的长短和指导变形监测工作。

在预测变形终止时间时，由于预测对象是时间，是指定变形量（或预测灰数）$\bar{x}^{(1)}$ 何时出现了预测。因此，将累计沉降序列看作建模的初始序列。下面以序列 $x_2^{(0)}$ 为例来说明建模与预测过程。

对 $x_2^{(0)}$ 进行一次 AGO，有 $x_2^{(1)}$：

$$x_2^{(1)}=(4.63,7.18,9.10,10.35)$$

再对 $x_2^{(1)}$ 进行一次 AGO 得 $x_2^{(2)}$：

$$x_2^{(2)}=(4.63,11.81,20.91,31.26)$$

对 $x_2^{(2)}$ 建立 GM(1,1)模型，有模型参数 $\hat{\boldsymbol{a}}$：

$$\hat{\boldsymbol{a}}=\begin{bmatrix}a\\b\end{bmatrix}=\begin{bmatrix}-0.175871\\5.906492\end{bmatrix}$$

其还原离散响应解为：

$$\hat{x}_{(02)}^{(1)}(k+1)=6.162955\mathrm{e}^{-0.175871k}$$

模型检验结果为：

平均相对拟合误差：$\bar{q}_2=2.33\%$；

拟合关联度：$r=0.83$；

后验差比值：$c=0.06$；

小误差概率：$P=1$。

故模型精度综合评定为一级（好），即该模型可用于预测。由于预测的对象是时间，因此必须从 GM(1,1)的时间响应解出发：

$$\hat{x}_2^{(2)}(t_2)=-38.214164\mathrm{e}^{-0.175871t_2}-33.584164$$

根据灰导数的性质，求导上式有：

$$\hat{x}_2^{(1)}(t_2)=6.720763\mathrm{e}^{-0.175871t_2}$$

再将用 $x_2^{(1)}$ 预测的终值 21.36，代入上式左边得：

$$21.36=6.720763\mathrm{e}^{-0.175871t_2}$$

于是

$$t_2=\frac{\ln\dfrac{21.36}{6.720763}}{-0.175871}=6.57(a)$$

上式结果说明，至 1989 年时，该土坝还将继续沉降 6.57 年后达到终值 21.36mm。同理，对序列 $x_0^{(1)}$ 和 $x_1^{(1)}$ 分别求得变形终止时间：

$$t_0=\frac{\ln\dfrac{24.05}{8.958081}}{-0.168679}=5.85(a)$$

$$t_1=\frac{\ln\dfrac{20.04}{8.1880923}}{-0.161145}=5.55(a)$$

取 t_0、t_1 和 t_2 之均值作为终止时间预测值：

$$t=\frac{5.85+5.55+6.57}{3}=5.99(a)\approx 6(a)$$

8.6.3 灰评估的几点说明

①以上仅仅介绍了建立在 GM(1,1)模型基础上的一维灰评估，还有建立在灰关联分析和 GM(1,1)模型基础上的多维灰评估，值得今后进行进一步研究。

②上述评估结果，是基于 1984—1989 年的沉降监测数据作出的。由于灰预测是从过去的原始数据列中挖掘有用的信息，因此它只包含了已有各种因素的影响，也就是该上述预测结果已经包含了一些环境因素等的干扰，从未来几年看，若不出现具有强烈干扰的新因素的作用，以上预测结果将不会改变。

③通常变形体上布设的监测点是很多的，在对变形体性态进行灰评估时，应选用尽可能多的包含变形体信息的特征点，这样才能准确地综合评估变形体的变形性态。

8.7 大坝变形 GM-BP-SVM 智能组合模型

由于实际大坝工作条件复杂，影响因素众多，还有许多未知或者不确定因素，因此原因量和效应量之间存在非常复杂的关系，各种分析模型往往有适用的情况，也有不理想的情况，很难有单一模型能够适用于所有问题。针对这一问题，本组合模型采用最优加权组合法，将灰色系统模型(GM)、神经网络模型(BP)和支持向量机模型(SVM)有机结合，取长补短，以获得更优的建模和预测效果。

8.7.1 基本理论

客观世界是物质的世界，也是信息的世界。既有大量已知信息，也有不少未知的或非确知的信息。未知或非确知信息称为黑色的；已知信息称为白色的。既含有已知信息又含有未知或不确定信息的系统称为灰色系统。对一个客体(如承受水压力、变温等荷载作用的大坝)可以用一组状态变量构成的系统来描述，此系统可视为“箱”。黑箱指的是输入和输出关系而不计内部结构与状态的系统，或指内部状态不可监测、不可控制的系统。相反，将内部结构完全可以监测和控制的系统称为白箱。而介于这两者之间的就是灰箱或灰色系统。研究灰色系统的理论就是灰色系统理论，简称 GS(Grey System)理论。

坝体和基础组成的大坝是一个灰色系统，通过监测得到的较少信息，建立所需微分方程的动态模型。在此基础上进行分析，进一步认识大坝原型结构特性及其稳定性。将大坝监测效应量当作一定范围内变化的灰色量，将其监测的资料视为一定时区变化的灰色过程，将无或弱规律变化的原始数列变为有较强规律变化的生成数据，并以此建立灰色模型，这种模型实际上是生成数据模型，简称 GM(Grey Model)模型。然后将模型的计算值还原为原始数据进行预测效应量的变化规律和演变趋势。根据以上思路，用灰色理论建模的基本原理概述如下。

设给定时间序列：

$$\{x_i^{(0)}(t_j)\} \quad (i=1,2\cdots,M(\text{因子数});j=1,2\cdots,N(\text{样本量})) \tag{8.29}$$

有相应的一阶累加序列：

$$\{x_i^{(1)}(t_j)\} \quad (i=1,2\cdots,M;j=1,2\cdots,N;x_i^{(1)}=\sum_{s=1}^{j}x_i^{(0)}(t_s)) \tag{8.30}$$

有相应的多次累差序列：

$$\begin{aligned}
&\{a^{(k)}(x_i,j)\} \quad (i=1,2\cdots,M;j=2,3\cdots,N;k=1,2\cdots,n)\\
&a^{(1)}(x_i,j)=x_i^{(0)}(t_j)\\
&a^{(2)}(x_i,j)=x_i^{(0)}(t_j)-x_i^{(0)}(t_{j-1})\\
&\cdots\\
&a^{(k)}(x_i,j)=a^{(k-1)}(x_i,j)-a^{(k-1)}(x_i,j-1) \quad (k=3,4\cdots,n)
\end{aligned} \tag{8.31}$$

则作如下数据处理，并采用等价记法 $x_i(t_j)=x_i(j)$。

$$\boldsymbol{A}=\begin{bmatrix}
-a^{(n-1)}[x_1^{(1)},2] & -a^{(n-2)}[x_1^{(1)},2] & \cdots & -a^{(1)}[x_1^{(1)},2]\\
-a^{(n-1)}[x_1^{(1)},3] & -a^{(n-2)}[x_1^{(1)},3] & \cdots & -a^{(1)}[x_1^{(1)},3]\\
\vdots & \vdots & & \vdots\\
-a^{(n-1)}[x_1^{(1)},N] & -a^{(n-2)}[x_1^{(1)},N] & \cdots & -a^{(1)}[x_1^{(1)},N]
\end{bmatrix}$$

$$\boldsymbol{B}=\begin{bmatrix}
-\frac{1}{2}[x_1^{(1)}(2)+x_1^{(1)}(1)] & x_2^{(1)}(2) & \cdots & x_M^{(1)}(2)\\
-\frac{1}{2}[x_1^{(1)}(3)+x_1^{(1)}(2)] & x_2^{(1)}(3) & \cdots & x_M^{(1)}(3)\\
\vdots & \vdots & & \vdots\\
-\frac{1}{2}[x_1^{(1)}(N)+x_1^{(1)}(N-1)] & x_2^{(1)}(N) & \cdots & x_M^{(1)}(N)
\end{bmatrix}$$

$$\hat{\boldsymbol{a}}=[a_1 \quad a_2 \quad \cdots \quad a_n \quad \vdots \quad b_1 \quad \cdots \quad b_{M-1}]^{\mathrm{T}}$$

$$\boldsymbol{Y}_N=[a^{(n)}[x_1^{(1)},2]\quad a^{(n)}[x_1^{(1)},3]\quad\cdots\quad a^{(n)}[x_1^{(1)},N]]^{\mathrm{T}}$$

在定义灰色导数的基础上，建立分析资料序列的变化趋势的微分方程为：

$$\sum_{i=0}^{n}a_i\frac{\mathrm{d}^{n-i}x_1^{(1)}}{\mathrm{d}t^{n-i}}=\sum_{i=1}^{M-1}b_ix_{i+1}^{(1)}\tag{8.32}$$

将上式化为差分方程后：

$$\sum_{i=0}^{n}a_i\frac{\Delta^{(n-i)}[x_1^{(1)}(t)]}{\Delta t^{n-i}}=\sum_{i=1}^{M-1}b_ix_{i+1}^{(1)}\tag{8.33}$$

对具有物理、力学等意义的灰色系统，为非负时间序列。可令 $\Delta t=1$，且 $a_0=1$，从而有：

$$\sum_{i=0}^{n}a_ia^{(n-i)}[x_1^{(1)},j]=\sum_{i=1}^{M-1}b_ix_{i+1}^{(1)}(t_j)\quad(j=2\cdots,N)$$

即
$$\begin{bmatrix}a^{(n)}(x_1^{(1)},2)\\ \vdots\\ a^{(n)}(x_1^{(1)},N)\end{bmatrix}=-\begin{pmatrix}-a^{(n-1)}[x_1^{(1)},2] & \cdots & a^{(1)}[x_1^{(1)},2]\\ \vdots & & \vdots\\ -a^{(n-1)}[x_1^{(1)},N] & \cdots & a^{(1)}[x_1^{(1)},N]\end{pmatrix}$$

$$\begin{pmatrix}a_1\\ \vdots\\ a_{n-1}\end{pmatrix}+\begin{pmatrix}-a^{(0)}[x_1^{(1)},2] & x_2^{(1)}(2) & \cdots & x_M^{(1)}(2)\\ \vdots & \vdots & & \vdots\\ -a^{(0)}[x_1^{(1)},N] & x_2^{(1)}(N) & \cdots & x_M^{(1)}(N)\end{pmatrix}\tag{8.34}$$

应用灰数生成理论按最小二乘法对 a 求解，可得：

$$\hat{a}=([\boldsymbol{A}:\boldsymbol{B}]^{\mathrm{T}}[\boldsymbol{A}:\boldsymbol{B}])^{-1}[\boldsymbol{A}:\boldsymbol{B}]^{\mathrm{T}}\boldsymbol{Y}_N\tag{8.35}$$

阶数 n 选择不同，建立微分方程的阶数也就不同，一般可取 $n=1$ 时的模型 GM(1,1)和 GM(1,N)。

8.7.2 神经网络基本理论

(一)BP 神经网络

人工神经网络是一种模仿动物神经网络行为特征，进行分布式并行信息处理的算法数学模型。这种网络依靠系统的复杂程度，通过调整内部大量节点之间相互连接的关系，从而达到处理信息的目的。神经元网络是机器学习学科中的一个重要部分，用来分类或者回归。思维学普遍认为，人类大脑的思维分为抽象(逻辑)思维、形象(直观)思维和灵感(顿悟)思维三种基本方式。逻辑性的思维是指根据逻辑规则进行推理的过程；它先将信息化成概念，并用符号表示，然后根据符号运算按串行模式进行逻辑推理；这一过程可以写成串行的指令，让计算机执行。然而，直观性的思维是将分布式存储的信息综合起来，结果是忽然间产生想法或解决问题的办法。这种思维方式的根本之点在于以下两点：①信息是通过神经元上的兴奋模式分布存储在网络上；②信息处理是通过神经元之间同时相互作用的动态过程来完成的。人工神经网络就是模拟人思维的第二种方式。这是一个非线性动力学系统，其特色在于信息的分布式存储和并行协同处理。虽然单个神经元的结构极其简单，功能有限，但大量神经元构成的网络系统所能实现的行为却是极其丰富多彩的。

1）BP 网络模型处理信息的基本原理

输入信号 X_i 通过中间节点（隐层点）作用于输出节点，经过非线性变换，产生输出信号 Y_k，网络训练的每个样本包括输入向量 $\boldsymbol{X}$ 和期望输出量 t，网络输出值 Y 与期望输出值 t 之间的偏差，通过调整输入节点与隐层节点的连接强度取值 W_{ij} 和隐层节点与输出节点之间的连接强度 T_{jk} 以及阈值，使误差沿梯度方向下降，经过反复学习训练，确定与最小误差相对应的网络参数（权值和阈值），训练即告停止。此时经过训练的神经网络能对类似样本的输入信息自行处理，输出误差最小的经过非线性转换的信息。

2）BP 神经网络的确定

系统分为输入层、隐含层和输出层。隐含层的节点数小于输入节点数，输入节点数与输出节点数相同。在工作过程中，输入信号通过隐含层点作用于输出点，经过非线性变换产生输出信号，通过调整输入节点和隐含层节点的连接强度，使输出模式尽可能地等于输入模式。输入模式将网络数据通过少量的隐含层单元映射到输出模式。当隐含层的单元数比输入模式少时，就意味着隐含层能更有效地表现输入模式，并把这种表现传送给输出层，输入层节点数和输出层节点数相同。单个隐含层的网络可以通过适当增加神经元节点的个数实现任意非线性映射，所以单个隐含层可以满足大部分的应用。当隐含层神经元的个数较少时，隐含层能用更少的数来表现输入模式。因此在三层 BP 神经网络技术中，要通过控制隐含层的数量来达到使输出层的个数与输入层的个数相同。

3）BP 神经网络模型创建

建立由输入层、输出层和隐含层构成的多层感知器的 BP 神经网络，确定网络的输入层节点数 n、隐含层节点数 l，隐含层激励函数 f、输出层节点数 m，将输入层与隐含层之间的连接权值 w_{ij} 及隐含层阈值 a_j 初始化，确定学习速率和激活函数等参数。将样本数据送入输入节点，经隐含层逐层处理后，由下式计算隐含层输出 H_j：

$$H_j = f\left(\sum_{i=1}^{n} w_{ij} x_i - a_j\right) \quad (j = 1, 2\cdots, l)$$

将隐含层与输出层之间的权值 w_{jk} 及输出层阈值 b_k 初始化，计算 BP 神经网络预测输出 O_k：

$$O_k = \sum_{j=1}^{l} H_j w_{jk} - b_k \quad (k = 1, 2\cdots, m)$$

根据网络预测输出 O_k 和期望输出 Y_k，按下式计算网络预测误差。计算每次输入样本数据的误差值，若两者误差相对较大，则误差开始反向传输，并调整神经网络参数，直到系统收敛。

$$e_k = Y_k - O_k \quad (k = 1,2\cdots,m)$$

1)BP 神经网络预测

通过网络训练，根据网络预测误差 e 更新权值 w_{ij}，w_{jk}：

$$w_{ij} = w_{ij} + \eta H_j(1 - H_j)x(i)\sum_{k=1}^{m} w_{jk}e_k \quad (i = 1,2\cdots,n; j = 1,2\cdots,l)$$

$$w_{jk} = w_{jk} + \eta H_j e_k \quad (j = 1,2\cdots,l; k = 1,2\cdots,m)$$

更新网络节点阈值 a_j 和 b_k：

$$a_j = a_j + \eta H_j(1 - H_j)x(x)\sum_{k=1}^{m} w_{jk}e_k \quad (j = 1,2\cdots,l)$$

$$b_k = b_k + e_k \quad (k = 1,2\cdots,m)$$

权值确定后，将数据输入模型中进行结果预测。

(2)遗传算法优化神经网络

①构建 BP 神经网络。

②遗传算法优化：遗传算法优化过程中，种群内包含了待解决问题所有潜在的解集，每个种群都由经过编码后的一定数量的个体组成，且每个个体均含有 BP 神经网络所有初始权值和阈值。采用实数编码，将每个个体看作一个实数串，将问题的解映射为生物进化中的染色体形式，进而生成初始群体。使用适应度值用来评价染色体的优劣，定义个体适应度值 F 为 BP 神经网络经训练后系统的预测输出和期望输出之间的误差绝对值和。

$$F = k\left[\sum_{i=1}^{m} \mathrm{abs}(y_i - O_k)\right]$$

式中，y_i ——网络第 i 个节点的期望输出；

O_k ——其预测输出；

k——系数。

进化过程中，采用轮盘赌选择方法，选出适应值度高的个体。由于采用实数编码方式，因此交叉操作中采用实数交叉法，循环多次利用交叉算子，设置合适的交叉及变异概率，最终得到包含网络初始权值和阈值的最优解。

③使用优化完初始权值和阈值的 BP 神经网络进行训练和预测。

8.7.3 SVM 支持向量机基本理论

(1)支持向量机理论

支持向量机多用于分类问题，也可以用于回归，此时通常称为支持向量回归模型

(SVR)。该模型最终的模型函数表示为：

$$f(x)=\boldsymbol{w}^{\mathrm{T}}x+b$$

式中，$\boldsymbol{w}$，b——模型要求解的主要系数。对于给定的训练样本 $D=\{(x_1,y_1),(x_2,y_2)\cdots,(x_m,y_m)\}$，传统回归模型往往直接基于模型输出和真实值之间的差别来计算损失，而 SVR 仅当 $f(x)$ 与 y 之间的差别大于 ε 时才计算损失，参数 ε 由用户指定。于是，根据支持向量机模型的其他理论，SVR 问题的优化目标写为：

$$\min_{w,b}\frac{1}{2}||\boldsymbol{w}||^2+C\sum_{i=1}^{m}l[f(x_i)-y_i]$$

式中，C——损失系数，可由用户指定或通过遗传算法优化得到；

l——ε 不敏感损失函数，仅当 $f(x)$ 与 y 之间的差别大于 ε 时才计算损失：

$$l(z)=\begin{cases}0 & (|z|\leqslant\varepsilon)\\ |z|-\varepsilon & (|z|>\varepsilon)\end{cases}$$

引入松弛变量 ξ_i，$\hat{\xi}_i$，则上式可重写为：

$$\min_{w,b,\xi_i,\hat{\xi}_i}\frac{1}{2}||w||^2+C\sum_{i=1}^{m}(\xi_i+\hat{\xi}_i)$$

式中

$$\begin{cases}\xi_i=y_i-(f[(x_i)+\varepsilon] & (y_i>f(x_i)+\varepsilon)\\ \xi_i=0 & (y_i\leqslant f(x_i)-\varepsilon)\end{cases}$$

$$\begin{cases}\hat{\xi}_i=(f(x_i)-\varepsilon)-y_i & (y_i<f(x_i)-\varepsilon)\\ \hat{\xi}_i=0 & (y_i\geqslant f(x_i)-\varepsilon)\end{cases}$$

针对上述问题，首先引入拉格朗日乘子：

$$u_i\geqslant 0,u_i^*\geqslant 0,\alpha_i\geqslant 0,\alpha_i^*\geqslant 0$$

构建拉格朗日函数：

$$L(w,b,\xi,\hat{\xi},\alpha,\alpha^*,u,u^*)=\frac{1}{2}||w||^2+C\sum_{i=1}^{m}(\xi_i+\hat{\xi}_i)+\sum_{i=1}^{m}\alpha_i[f(x_i)-y_i-\varepsilon-\xi_i]+\sum_{i=1}^{m}\alpha_i^*[y_i-f(x_i)-\varepsilon-\hat{\xi}_i]+\sum_{i=1}^{m}u_i(0-\xi_i)+\sum_{i=1}^{m}u_i^*(0-\hat{\xi}_i)$$

为求该函数对于 $w,b,\xi,\hat{\xi}$ 的极小值，分别对 $w,b,\xi,\hat{\xi}$ 求偏导，并令偏导为 0，可得

$$w=\sum_{i=1}^{m}(\alpha_i^*-\alpha_i)x_i$$

$$0=\sum_{i=1}^{m}(\alpha_i^*-\alpha_i)$$

$$C=\alpha_i+u_i$$

$$C=\alpha_i^*+u_i^*$$

则 SVR 对应的偶问题是：

$$\max_{\alpha,\alpha^*,u,u^*} L(w,b,\xi,\hat{\xi},\alpha,\alpha^*,u,u^*)$$

该对偶问题有解的充要条件是满足 KKT 条件，其 KKT 条件如下：

$$\begin{cases}\alpha_i[f(x_i)-y_i-\varepsilon-\xi_i]=0\\ \alpha_i^*[y_i-f(x_i)-\varepsilon-\hat{\xi}_i]=0\\ \alpha_i\alpha_i^*=0\\ \xi_i\hat{\xi}_i=0\\ (C-\alpha_i)\xi_i=0\\ (C-\alpha_i^*)\hat{\xi}_i=0\end{cases}$$

将求偏导后所得各式带入对偶式，并进行化简，可得化简后的对偶式：

$$\max_{\alpha,\alpha^*}\sum_{i=1}^{m}y_i(\alpha_i^*-\alpha_i)-\varepsilon(\alpha_i^*+\alpha_i)-\frac{1}{2}\left[\sum_{i=1}^{m}\sum_{j=1}^{m}(\alpha_i^*-\alpha_i)(\alpha_i^*-\alpha_j)x_i^{\mathrm{T}}x_j\right]$$

然后可 SMO 算法求解该问题，求解之前，先要将 a^* 与 a_i 化成一个系数，因为 SMO 算法针对的是样本 x_i 仅有一个参数 a_i 的情况。对此，从 KKT 条件的前两个式子中可以推断，a_i 和 a_i^* 至少有一个为 0，不妨设 $\lambda_i=\alpha_i-\alpha_i^*$，则 $|\lambda_i|=\alpha_i+\alpha_i^*$，则原式继续化简为只有一个变量 λ 的形式，从而可以使用 SMO 算法求解 λ，并进一步可以得到 $\alpha-\alpha^*$ 的值，进而得到 w 的值。

由 KKT 条件第五式可以看出，若 $0<\alpha_i<C$，且由 $\alpha_i[f(x_i)-y_i-\varepsilon-\xi_i]=0$，则必有 $\varepsilon_i=0$，进而有：

$$b=y_i+\varepsilon-\boldsymbol{w}^{\mathrm{T}}x_i$$

在具体实现时可计算所有满足 $0<\alpha_i<C$ 条件的样本求解 b 后取平均值。

(2)遗传算法优化支持向量机

使用遗传算法优化支持向量机也就是优化支持向量机的各种可调参数。遗传算法优化过程中，种群中每个个体代表问题的一个可能解。遗传算法单次操作过程分为以下几个步骤：选择、交叉、变异。操作过程中，将每个个体的所有参数看作其对应的染色体，每个参数为染色体的一段。遗传算法优化支持向量机有以下流程。

1.初始化

设置需要使用遗传算法优化的所有参数及其取值范围，设置种群内个体数目 pop_size，种群最大代数 max_pop，设置交叉权重 cross_weight，交叉概率 cross_prob，设置变异概率 mutation_prob。按照这些参数构建 pop_size 个 SVR 模型，作为初代种群。并设置训练数据和验证数据。设置交叉权重。

2)训练种群

对种群内的每个 SVR 模型,使用训练数据进行训练。

3)选择操作

对每个 SVR 个体,用模型对验证数据进行预测,并使用预测结果与样本真实值的 R2_Score 作为其适应度:

$$\text{R2\_Score}=1-\frac{\sum_{i=1}^{n}(y_i-\hat{y}_i)^2}{\sum_{i=1}^{n}(y_i-\bar{y})^2}$$

式中,y_i ——第 i 个样本真实值;

$\hat{y}_i$ ——模型对第 i 个样本预测值;

$\bar{y}$ ——样本均值。

R2_Score 越高,表示模型对样本拟合得越好。R2_Score=1,表示预测值和真实值完全相同。

计算出所有个体适应度后,采用轮盘赌算法,选择出 pop_size 数目的个体,作为下一代种群,该过程中适应度高的个体有更大概率被选中。由于 R2_Score 可能为负,此时需要对种群所有个体的适应度加上一个值,使适应度均为正值。

4)交叉操作

随机选择两个个体,设其染色体为 A、B,按照个体间交叉概率 cross_prob 对 A、B 进行交叉操作。

随机选择交叉点,随机选择向前或向后的交叉方向(当向前交叉时,对两个个体的染色体在交叉点以前的部分进行操作;当向后交叉时,对两个个体的染色体交叉点以后的部分操作),对交叉方向上 A,B 的每一段 v_a,v_b,按照交叉权重重新设置值:

$$v_a=v_a*\text{cross\_weight}+(1-\text{cross\_weight})*v_b$$

$$v_b=v_b*\text{cross\_weight}+(1-\text{cross\_weight})*v_a$$

式中,cross_weight——指定的交叉权重。

5)变异操作

按照指定的变异概率 mutation_prob 对种群内每个个体的染色体 A 进行变异操作。

随机选择 A 上的一段 v_a,再随机选择两个 0 到 1 之间的值 p、q,计算新的 v_a 值:

$$v_a=v_a-(v_a-\min v_a)*(1-q^{1-\frac{t}{\text{max\_pop}}})$$

$$v_a=v_a-(\max v_a-v_a)*(1-q^{1-\frac{t}{\text{max\_pop}}})$$

式中,$\min v_a$,$\max v_a$——v_a 的最小值和最大值;

t 和 max_pop——当前种群代数和种群最大代数。

该变异公式使得计算轮次越大，变异趋向于更小的幅度。

先进行上面的第 1)步，然后重复第 2)～5)max_pop 次，选择出种群中适应度最高的个体(SVR 模型)，作为最优解。

8.7.4 最优加权组合理论

设构造了 m 个单一的监测预报模型 $k_i(i=1,2,\cdots,m)$，构成组合预报模型 $K_q=\varphi(k_1,k_2,\cdots,k_n)$，其中 $n\leqslant m$，q 为模型的组合数。

设组合模型中各单一模型的权向量 $\boldsymbol{P}=[p_1,p_2,\cdots,p_n]$，并取 $\sum_{j=1}^{n}p_j=1$，此时组合预报模型的形式为：

$$K=p_1\hat{K}_1+p_2\hat{K}_2+\cdots+p_n\hat{K}_n=\sum_{j=1}^{n}p_j\hat{K}_j$$

设某个单一模型的拟合残差为：

$$e_{ti}=k_{ti}-\hat{K}_{tj}\quad(j=1,2\cdots m;t=1,2\cdots,n)$$

则各单一预报模型可构成拟合残差矩阵：

$$\boldsymbol{V}=[\sum_{t=1}^{n}e_{ti}e_{tj}]\quad(i,j=1,2\cdots m)$$

按最小二乘法原理求解目标函数：

$$\begin{cases}Q=\sum_{i=1}^{n}e_i^2=\min\\ \text{s. t}=\sum_{j=1}^{n}p_j=1\end{cases}$$

令 $\boldsymbol{R}=[1,1,\cdots,1]^{\mathrm{T}}$，则上式成为：

$$\begin{cases}Q=\sum_{i=1}^{n}e_i^2=\boldsymbol{P}^{\mathrm{T}}\boldsymbol{V}\boldsymbol{P}=\min\\ \text{s. t}=\sum_{j=1}^{n}p_j=\boldsymbol{R}^{\mathrm{T}}\boldsymbol{P}=1\end{cases}$$

求解得最优权重向量为：

$$\boldsymbol{P}_0=\frac{\boldsymbol{V}^{-1}\boldsymbol{R}}{\boldsymbol{R}^{\mathrm{T}}\boldsymbol{V}^{-1}\boldsymbol{R}}$$

由上式即可解得组合预测模型中各个单一模型的最优权重比。

组合预报模型在最大化信息利用的基础上，集合了单一监测模型包含的所有信息，与任何单一预报模型相比，有较低的均方差，在大多数情况下，将单一监测预报模型通过科学的组合，可以提高大坝变形监控预报的精度。

8.7.5 算例验证

验证算例选用某坝 PL02YC213 测点 2006 年 5 月 14 日至 2019 年 12 月 20 日的监测数据，利用 2006—2018 年数据进行建模，然后利用 2019 年原因量数据预测 2019 年效应量数据，并与实测数据进行比对，以验证模型的有效性。

训练和预测过程的结果见表 8.7-1 和图 8.7-1、图 8.7-2。

表 8.7-1　GM-BP-SVM 组合模型总体建模精度

过程	模型	相关系数	决定系数	估计标准误差	组合权重
训练	组合模型	0.975040	0.950099	1.257838	—
	GM 子模型	0.720399	0.126525	5.262534	0.015400
	BP 子模型	0.971229	0.942301	1.352557	0.248[illegible]91
	SVM 子模型	0.974506	0.948885	1.273050	0.735[illegible]09
预测	组合模型	0.975911	0.951858	1.207916	—
	GM 子模型	0.604071	0.046535	5.375606	0.015400
	BP 子模型	0.975508	0.947828	1.257456	0.248[illegible]91
	SVM 子模型	0.978087	0.954946	1.168537	0.735[illegible]09

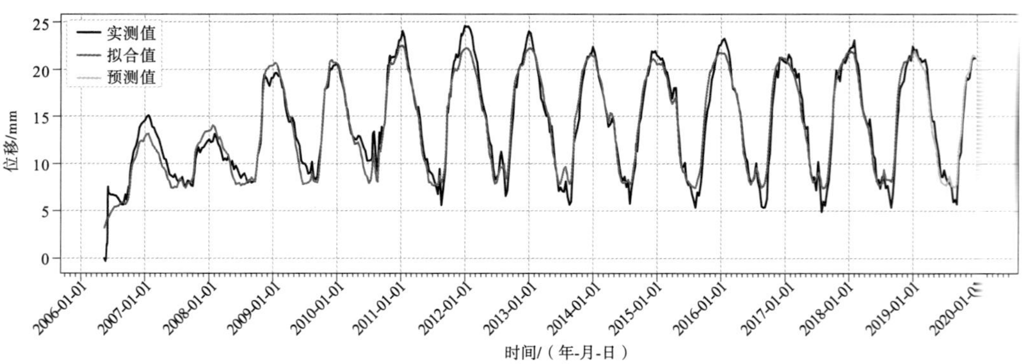

图 8.7-1　GM-BP-SVM 组合模型计算值和实测值对比

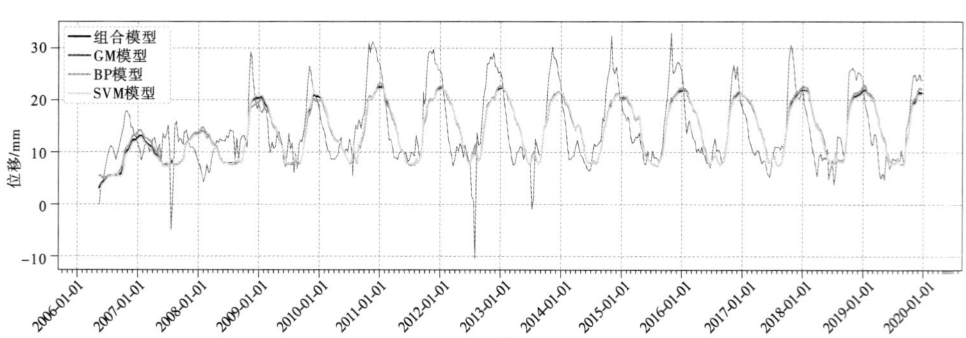

图 8.7-2　GM-BP-SVM 组合模型各子模型结果对比

从上述结果可以看出，GM模型的拟合精度较低，BP模型居中，SVM模型最好，组合模型采用最优加权组合法，合理确定3个模型的权重，最终SVM模型权重最高，BP次之，GM最低，相对关系合理。组合模型的拟合效果优于3个子模型，表明最优加权组合方法是有效的。在预测方面，GM模型预测精度过低，导致最优加权组合模型的预测效果较SVM模型略有下降。

8.7.5 小结

①由于实际大坝工作条件复杂，影响因素众多，单一的分析模型在稳定性上有所不足，本模型采用最优加权组合方法，将灰色系统模型(GM)、神经网络模型(BP)和支持向量机模型(SVM)有机结合，取长补短，有助于获得更优和更稳定的建模和预测效果。

②本模型算例建模和预测结果与实测结果规律高度一致，模型训练结果的总体精度指标较好，表明模型是有效的。从结果来看，GM子模型的精度相对较低，SVM模型精度最高，组合模型的效果不低于SVM模型。但上述结果仅是一个算例的结果，对于不同的数据，不同的选项设置，GM、BP、SVM3个模型的效果可能有所变化，最优加权组合方法取长补短，采用最优的权重组合，确保最终计算结果的可靠性和稳定性。当用户建模经验不足，模型因子和选项设置不尽合理时，最优加权组合模型较单一模型具有更强的鲁棒性和智能性，有助于获得更优的计算结果。

③本模型针对各子模型提供了较为丰富的设置参数，专业用户可以根据具体情况对模型进行深入的调试。

④由于本组合模型中含有GM模型，而GM模型要求数据时间间隔相等，同时预测数据必须紧接训练数据，因此程序内部会进行检测和插值重采样处理，不需要用户额外考虑，进一步提高了模型的智能性。

⑤对比各子模型发现，在时间跨度较长时，GM模型的建模和预测精度显著低于BP和SVM模型，导致组合模型的预测精度反而有所下降。针对上述问题，考虑移除GM模型，仅对BP和SVM模型进行最优加权组合，详见下节。

8.8 滑坡变形破坏灰色模型预测技术

8.8.1 概述

滑坡变形破坏系统实质上也是一个灰色系统。这是因为表征边坡变形破坏的各种参数是在某一空间和特定时间上的综合反映，是一个多因素相互作用、协调平衡发展的复杂系统的反映。对一个具体的失稳边坡，尽管可以通过各种手段和途径了解各单因素的信息以及因素间的定性关系，但是，目前还是很难把系统中的所有信息搞清楚。所以，边坡变形破坏系统也是一个灰色系统。

滑坡的变形破坏通常要经历初始蠕变、渐变、加速变化以及滑坡启动—突变，这样一些阶段性十分明确的动态变化特征。如果在这些阶段，对边坡进行了变形监测，那么就可以认为变形监测序列是边坡变形破坏系统的综合反映。它显然受到该系统的各个因素的制约和影响，如边坡的地质环境、气象条件以及边坡自身的构造等。无法描述各个因素互相作用的容量关系，但某一时刻边坡的变形监测序列本身，恰是这些影响因素综合作用的结果，在这种情况下，只有从变形监测序列本身挖掘有用信息，建立预测模型，进行边坡变形破坏时间预测。其预测过程见图 8.8-1。

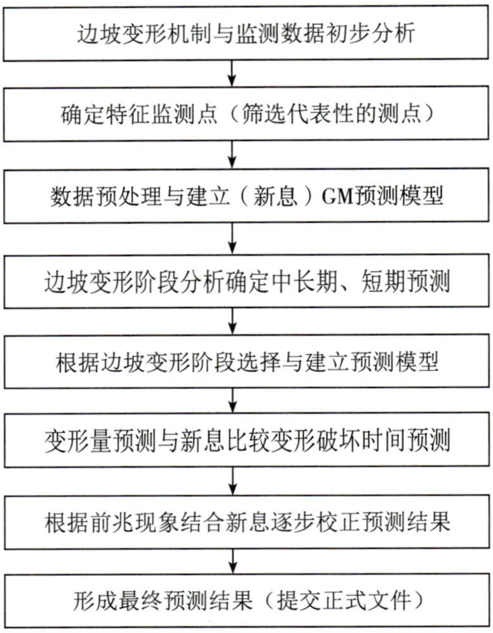

图 8.8-1　滑坡变形破坏时间预测过程

8.8.2　滑坡变形破坏时间的 Verhulst 动态模型灰预测方法

(1)模型分析

实质上，GM 模型拟合是对原始观测值进行累加生成后，再按常用最小二乘法来获得参数估值，在数据还原前它是一条指数曲线。

由灰色系统理论可知，Verhulst 模型白化形式的微分模型为：

$$\frac{\mathrm{d}x^{(1)}}{\mathrm{d}t}=ax^{(1)}-b[x^{(1)}]^2 \tag{8.36}$$

对于式(8.36)可表示为：

$$\frac{\mathrm{d}y}{\mathrm{d}t}=ay-by^2 \tag{8.37}$$

满足初始条件 $y=y_0, t=t_0$ 的解为：

$$y(t)=\frac{\frac{a}{b}}{1+(\frac{a}{b_0}\cdot\frac{1}{y_0}-1)\mathrm{e}^{-at}} \tag{8.38}$$

式中：y——蠕变量；

t——时间。

在滑坡预报中，我们感兴趣的是滑坡破坏时间的预报，或者，滑坡趋于稳定的最终蠕变量值的预测。因此，下面探讨 Verhulst 模型用于滑坡变形的预测方法。

(2)滑坡破坏时间预测

由数学分析理论可知，式(5.17)反映了滑坡蠕变速度。于是，当 $b<0, a\approx 0$ 且 $\frac{\mathrm{d}y}{\mathrm{d}t}\to\infty$ 时，式(8.38) y 曲线发散，表明滑坡将发生破坏；当 $b<0, a=0$ 时，式(8.37)可表示为：

$$\frac{\mathrm{d}y}{\mathrm{d}t}=-b'y^2 \tag{8.39}$$

其满足初始条件 $y=y_0, t=0$ 的解为：

$$t=-\frac{1}{b'}(\frac{1}{y}+\frac{1}{y_0}) \tag{8.40}$$

当 $\frac{\mathrm{d}y}{\mathrm{d}t}\to\infty$，显然 $y\to\infty$，于是对式(8.40)求极限，即可得到滑坡破坏时间预报值 t_{fp}

$$t_{fp}=\lim_{y\to\infty}[-\frac{1}{b'}(\frac{1}{y}+\frac{1}{y_0})]=-\frac{1}{b'y_0} \tag{8.41}$$

式中 b' 亦按上述方法可求得。

(3)滑坡趋于稳定的预报

同理，当 $a>0, b>0$ 且 $\frac{\mathrm{d}y}{\mathrm{d}t}\to 0$ 时，式(8.38) y 曲线收敛，表明滑坡趋于稳定，由式(8.37)可知，满足前面条件的 $y_{fp}=\frac{a}{b}$，即为最终蠕变值，为便于分析我们绘制了图 8.8-2。

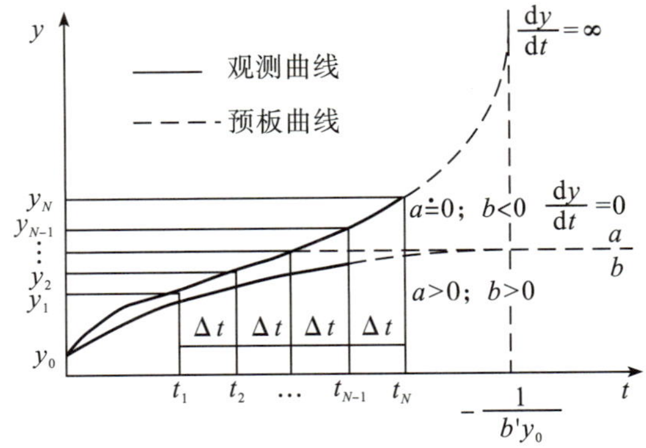

图 8.8-2 滑坡预报模型

通常建立的灰模型，可以用来预测几个时间步长的数据，一旦预测结果已经发生而成为实测，应不断地将每一个新测得的数据送入 $x^{(0)}$ 中，重新建立模型，这样可将相继进入系统的扰动因素考虑进去。随着滑坡蠕变的发展，原来老观测数据愈来愈不适用于新的情况，这时，可根据实际情况，选择一个合适的维数(数据个数)，每补充一个新息，去掉一个最老的数据，以维持建模的数据个数不变，在滑坡加速蠕变期，这类模型的建立十分重要，它是滑坡预报的基础。

8.8.3 滑坡边坡变形破坏时间预测实例分析

(1)长江三峡新滩滑坡

滑坡等斜坡不稳定现象既可以是自然本身，也可以是自然和人为所造成或诱发的，其结果往往是灾难性的。因此，人们十分重视对滑坡的监测和预测工作。有关区域性的滑坡预测始于 20 世纪 60 年代，到 70 年代中期苏联、美国、日本以及澳大利亚等国，开展了较广泛的地区性或者全国性的滑坡预测，其成果已服务于社会。预测方法也由传统的滑坡工程地质条件的定性类比，过渡到工程地质条件定量化描述和定量预测。由于滑坡是一个极其复杂的发展演化过程，在目前的技术手段条件下，采用确定函数模型法进行确定性的区域滑坡预测比较困难，通常采用统计模型法进行概率性的统计预测。本节以灰色系统理论为基础，提出以滑坡体地表位移观测值为依据的滑坡破坏灰预测法。

滑坡赖以产生的斜坡系统实质上是一个灰色系统。这是因为表征滑坡的各种参数或要素是在某一空间和特定时间上的综合反映，是一个多要素相互作用、协调平衡发展的复杂系统的反映。以滑坡地表位移观测值为例，可以认为它是斜坡系统的综合反映，或者是某种激励下的一个效应量，它受到该系统内各个因素的制约和影响，如该滑坡区的地质环境、气候条件以及斜坡自身的构造等。无法去描述各个因素相互作用的定量关系，但某一时刻滑坡体的地表位移观测值本身恰是这些影响因素综合作用的结果，这一点是可以肯定的。在这种情况下，不去研究这些影响因素的个数及相互之间的定量关系（实际上也不可能找出这种定量关系），而是从地表位移观测值时间系列这一组灰色数据本身挖掘有用的信息，建立预测模型，进行滑坡破坏灰预测。

灰色系统预测理论认为，对系统行为特征超出某个阈值（界限值）的异常值将在何时再现的预测称为灾变预测。预测的任务不是确定异常值的大小（因为异常值的大小是指定的灰数），而是确定异常值出现的时间。灾变预测建模所用的数据已不是行为特征量本身，而是异常行为特征发生的时间。下面用1985年6月12日凌晨3时45分至4时20分发生在湖北省秭归县境内长江西陵峡中新滩镇的大型滑坡发生前的地表位移观测值序列，从两种GM(1,1)模型出发阐明滑坡破坏灰预测法。

(2) 中长期灰预测

新滩滑坡监测点 A_3 的月变形量和相应时刻月降雨量见图8.8-3。从图8.8-3中可以看出，A_3 点的变形过程是由渐变和突变两种方式交替变化的，一般突变期在每年雨季之后出现。从历史上的大滑坡来看，这种突变往往是滑坡破坏的前奏。因此，对这种突变发生日期进行预测，具有一定的实际意义。

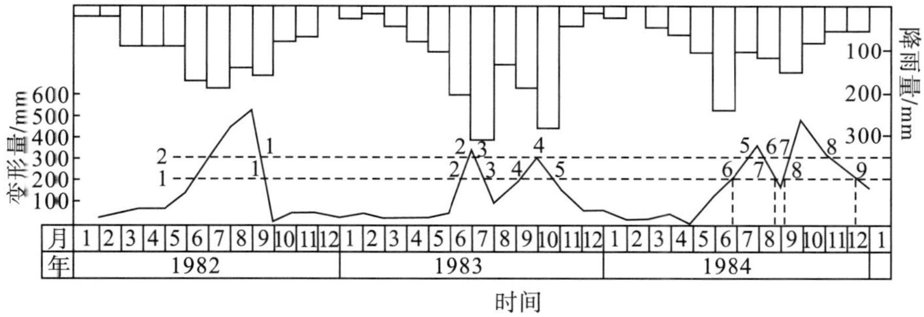

图 8.8-3　A_3 监测点月变形量和相应时刻月降雨量

从灰色系统理论的角度来看，当任给定一阈值 ξ，若突变值大于 ξ 时，即可认为是灰色灾变。那么用灰色系统理论可根据历史上灾变出现的日期，预测下次灰色灾变出现的日期。需要指出的是，这种灾变出现的日期并非都会产生滑坡破坏。

现给定 $\xi_1=200\text{mm}$（ξ 的选取可根据位移观测值精度 σ 来定，比如取 $\xi\geqslant 3\sigma$，或者根据经验选取），以1982年6月12日为参考点，以 ξ_1 为阈值的时间间隔灰集为：

$$p\otimes(i)=\begin{Bmatrix} 1 & 2 & 3 & 4 & 5 & 6 & 7 & 8 & 9 \\ \otimes(3) & \otimes(12) & \otimes(13) & \otimes(15) & \otimes(16) & \otimes(24) & \otimes(26) & \otimes(27) & \otimes(30) \end{Bmatrix}$$

式中，$\otimes(i)$——白数 (i) 邻域的数。

按实际资料白化后得白化集：

$$p(i)=\begin{Bmatrix} 1 & 2 & 3 & 4 & 5 & 6 & 7 & 8 & 9 \\ 3.2 & 12.2 & 13.3 & 15.0 & 16.5 & 24.6 & 26.6 & 27.0 & 30.3 \end{Bmatrix}$$

按 $p(i)$ 建立 GM(1,1)模型，得参数向量 $\hat{\boldsymbol{a}}$ 为：

$$\hat{\boldsymbol{a}}[a,u]^{\mathrm{T}}=[-0.1351,11.0879]^{\mathrm{T}}$$

模型为：

$$\hat{a}^{(1)}(k)=85.2877\mathrm{e}^{0.1351(k-1)}-82.0877 \tag{8.42}$$

模型按后验差检验 $c=0.21$，$p=1$，预测精度等级为“好”，说明该模型可用。

按模型得预测值：

$$\hat{a}^{(0)}(10)=36.4$$

$$\hat{x}^{(0)}(10)-\hat{x}^{(0)}(9)=36.4-30.3\approx 6$$

上式说明继 1984 年 12 月最后一次突变后，下一次突变将在 6 个月后产生。实际上在 1985 年 6 月 11 日产生突变，6 月 12 日凌晨出现滑坡破坏。

如果选定 $\xi_2=300\text{mm}$，以 1982 年 7 月 1 日为参考点的时间间隔灰集为：

$$p\otimes(i)=\begin{Bmatrix}1 & 2 & 3 & 4 & 5 & 6 & 7 & 8\\ \otimes(2) & \otimes(12) & \otimes(12) & \otimes(15) & \otimes(24) & \otimes(25) & \otimes(26) & \otimes(28)\end{Bmatrix}$$

按实际资料白化后得白化集：

$$p(i)=\begin{Bmatrix}1 & 2 & 3 & 4 & 5 & 6 & 7 & 8\\ 2.5 & 12.0 & 12.2 & 15.6 & 24.8 & 25.5 & 26.6 & 28.4\end{Bmatrix}$$

按 $p(i)$ 建立 GM(1,1)模型，得参数向量 $\hat{\boldsymbol{a}}$ 为：

$$\hat{\boldsymbol{a}}=[a,u]^{\mathrm{T}}=[-0.1432,11.7825]^{\mathrm{T}}$$

模型为：

$$\hat{x}^{(1)}(k)=84.8063\mathrm{e}^{0.1432(k-1)}-82.3063 \tag{8.43}$$

模型按后验差检验，$c=0.29$，$p=1$，预测精度等级为“好”，说明该模型可用。

按模型得预测值：

$$\hat{x}^{(0)}(9)=35.5$$

$$\hat{x}^{(0)}(9)-\hat{x}^{(0)}(8)=35.5-28.4\approx 7$$

上式说明继 1984 年 11 月最后一次突变后，下一次突变将在 7 个月后产生。这同 $\xi_1=200\text{mm}$ 所得结果一致。

(3)滑坡破坏时间预测

长江三峡新滩滑坡监测点 F_1 于 1985 年 6 月 11 日上午 8 时至 8 时 45 分的变形过程线见图 8.8-4。由于灾变预测通常以时间作为建模的数据列，因此取 $\Delta y=1\text{cm}$ 所对应的时间(单位：min)系列灰集为：

$$p\otimes(i)=\begin{Bmatrix}1 & 2 & 3 & \cdots & 24\\ \otimes(2) & \otimes(3) & \otimes(5) & \cdots & \otimes(45)\end{Bmatrix}$$

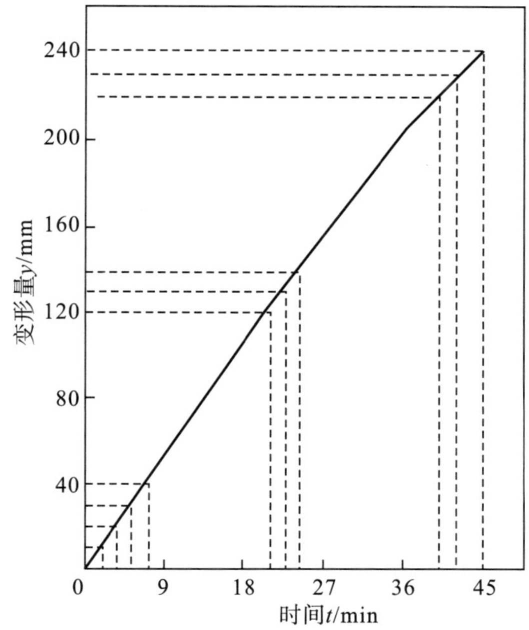

图 8.8-4　监测点 F_1 实测变形过程线

按实际资料白化后得白化集：

$$p(i)=\begin{Bmatrix} 1 & 2 & 3 & \cdots & 24 \\ 2.0 & 3.5 & 5.2 & \cdots & 45.0 \end{Bmatrix}$$

对 $p(i)$ 建立非线性灰色 Verhulst 动态模型，得参数向量 $\hat{\boldsymbol{a}}$ 为：

$$\hat{\boldsymbol{a}}=[a,b]^{\mathrm{T}}=[-0.172784,0.000183]^{\mathrm{T}}$$

对应的微分模型为：

$$\frac{\mathrm{d}t}{\mathrm{d}y}=0.172784t-0.000183t^2 \tag{8.44}$$

模型按后验差检验，$c=0.74$，$p=0.54$，预测精度等级为"不合格"，因此该模型不能用。

为了提高模型拟合精度，本节提出用权因子累加生成法生成原始序列，然后建立 GM 模型，可以得到公式：

$$x^{(0)}(k)=\alpha p^{(0)}(k)+(1-\alpha)x^{(0)}(k-1) \quad (k=1,2,\cdots,n) \tag{8.45}$$

按下面的公式对预测系列进行还原：

$$\hat{p}^{(0)}(k)=[\hat{x}^{(0)}(k)-(1-a)\hat{x}^{(0)}(k-1)]/\beta \quad (k=1(1)n) \tag{8.46}$$

式中，α，β 可根据需要进行调整。当 $\alpha=\beta=1$ 时，权因子累加生成法即为一般累加生成法。

根据建模意图，本节取 $\beta=1$，然后逐步调整 α 值，直到两次后验差比值 c 值相近。再按权因子累加生成法对 $p(i)$ 进行累加生成，重新建立非线性 GM(1,1)模型。经过调整计算，取 $\alpha=2.0$，$\beta=1$，模型参数 $\hat{a}$ 为：

$$\hat{a}=[a,b]^{\mathrm{T}}=[0.180498,0.000195]^{\mathrm{T}}$$

其对应的微分模型为：

$$\frac{\mathrm{d}t}{\mathrm{d}y}=0.180498t-0.000195t^2 \tag{8.47}$$

模型按后验差检验，$c=0.41$，$p=0.92$，模型预测精度等级为“合格”，模型可用于预测。

下面介绍如何用上述模型进行预测。

由于$\frac{\mathrm{d}y}{\mathrm{d}t}$表征滑坡的位移速度，若$\frac{\mathrm{d}y}{\mathrm{d}t}\to\infty$，即可认为滑坡趋于灾变，这样可推得$\frac{\mathrm{d}t}{\mathrm{d}y}\to 0$时滑坡趋于破坏，这就是滑坡破坏预测的机理。由式(8.47)可知，满足$\frac{\mathrm{d}t}{\mathrm{d}y}=0$的有意义的解为：

$$t=\frac{0.180498}{0.000195}=926$$

将 t 换算为小时即 15.4h，此结果表明在最后一次观测时间以后 15.4h 时，滑坡发生破坏，亦即 6 月 12 日零时 36 分滑坡发生破坏。而新滩滑坡破坏实际发生时间为 1985 年 6 月 12 日 3 时 45 分。两者仅差 2.6h，因而说明预测结果是令人满意的。

本节提出的滑坡破坏预测法，分两步进行，首先是用 GM(1,1)模型对滑坡可能发生破坏的月份进行预测，即滑坡破坏的中长期预测，然后用滑坡破坏前几天的位移动态观测值，建立非线性的 GM(1,1)模型对滑坡破坏的时间进行预测，即滑坡的近期预测。

对长江三峡新滩滑坡的预测表明，滑坡破坏灰预测法中长期预测结果与实际一致，近期预测结果仅差 2.6h。从灰色系统理论来看，这一结果是准确的，因为可以认为差值 2.6h 是灰预测结果白化后的结果。

滑坡破坏是一种灾变日期预测。从灰色系统理论来讲，一般宁可其结果是灰的，这一点也并不难理解，因为灰色系统预测给出的是一个区间，是一个包含有某个确定日期的灰区间，这将有利于对未来情况作大致的估计，而这又是其他预测方法难以办到的。

8.9 高边坡深层岩体变形的灰色空间模型预测

8.9.1 工程概况

长江三峡水利枢纽永久船闸为双线连续五级船闸，位于长江左岸坛子岭北侧。船闸总水头 113m，闸室主体段总长 1607m，系在深开挖的闪云斜长花岗岩体中修建而成，两线船闸间为 60m 宽的中间岩体隔离墩。船闸两侧形成了人工开挖的路堑式岩质高边坡，边坡高度 70～170m。底部闸室墙部位为 50～70m 的直立坡。由于船闸薄壁衬砌墙依附于岩体，使边坡岩体成为结构的组成部分，因此，岩体的变形直接影响到船闸的正常运行。为限制边坡变形，采取在两岸山体挖排水洞排水和对边坡进行预应力锚索（杆）加固等工程措施。

永久船闸主体段的边坡基岩由坚硬的花岗岩组成，且以微新岩体为主，岩体结构完整，整体强度较高。岩体风化自上而下可分为全、强、弱、微 4 个风化带，全、强风化岩体最厚达 46m。各级结构面与边坡走向间的夹角一般在 30°以上，尚不具备形成边坡整体平面滑动的切割条件。但受结构面控制构成的楔形体滑动是边坡破坏的主要形式。边坡位于低应力（小于 10MPa）区，原始地应力方向与边坡走向夹角较小，对边坡稳定有利。

船闸区多年平均降水量 1147mm，多年平均气温 16.9℃。本区地下水以大气降水入渗为主，主要分布于弱风化带内，地下水压力对边坡稳定影响较大。

由于人工岩质高边坡施工难度大，技术十分复杂，其稳定性问题早在工程前期就引起了国内外专家的广泛关注。为监测边坡变形、指导施工和验证设计参数，在永久船闸部位布设了大量的监测仪器。监测项目包括变形监测、渗流监测、应力应变监测、爆破振动监测、地应力监测、水力学监测、锚索（杆）应力监测、岩体松弛范围监测和岩体声发射监测等，已经取得的大量工程施工期监测信息表明，船闸高边坡与中隔墩岩体整体稳定性良好。

8.9.2 永久船闸主体段开挖与岩体变形特性

永久船闸边坡施工过程中的爆破开挖是导致岩体变形的主要因素，其次是气温导致岩体温度变化、降雨影响地下水位升降、岩体锚固和原始地形等因素。有文献通过对永久船闸大量的监测资料分析后认为，受爆破开挖卸荷影响后的岩体可划分为表层松动带、卸荷变形带和应力调整带。表层松动带是边坡表部受多种因素严重扰动了的岩体，主要表现为岩体强烈卸荷并受到施工爆破损伤。因此，实测的表层松动带岩体上的位移量是若干因素综合作用的结果。卸荷变形带内岩体的整体性没有受到明显损伤，总体上仍维持原有的结构类型和质量级别。这一带岩体的位移主要是由岩体的“张开位移”和“应变位移”两部分组成。研究表明，对三峡工程船闸花岗闪长岩等脆性岩体而言，岩体结构面的“张开位移”值占全部的观测位移值的 65%。若将岩体的“张开位移”与“应变位移”之和称为岩体的“纯位移”，显然，在监测支洞中安装的监测仪器测得的位移，即是岩体的“张开位移”与“应变位移”之和。但要想实测到位于表层松动带的开挖面附近岩体的“纯位移”来准确用于反演分析，几乎是不可能的。

本节尝试利用布置在永久船闸南高边坡勘探平硐内的部分监测仪器的观测成果，

就边坡深层岩体变形规律进行分析研究;并用灰色系统理论建立了深层岩体位移空间模型,预测了二闸室南坡直立墙中部开挖面附近岩体的"纯位移"区间为 11.35～13.06mm。与清华大学周维垣等用弹塑性损伤断裂的方法,考虑分级开挖、进行有限元分析和计算,得出二闸室南坡直立墙中部岩体位移 14mm 的结果基本一致。

8.9.3 边坡深层岩体变形监测与分析

8.9.3.1 监测布置

三峡工程前期地质勘探用的 8# 平硐,主硐轴线方向横穿永久船闸二闸室中部并与船闸轴线近似正交。主硐长 760 余米,两端分别为永久船闸和升船机人工开挖边坡,主硐以上山体厚度 80～120m。在主硐中布置了 6 套伸缩仪和 21 个水准点,布置情况见图 8.9-1,其中有 2 个水准点位于永久船闸中隔墩(8# 平硐 A 支硐)和南槽中,在开挖后期被毁停测。

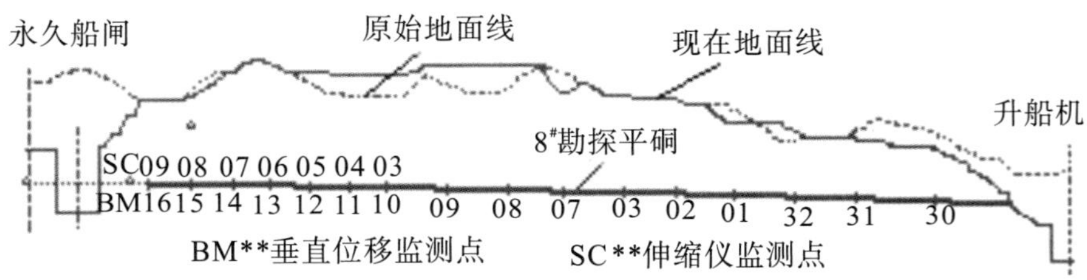

图 8.9-1 8# 勘探平硐变形监测布置图

伸缩仪用以监测 8# 平硐主洞段岩体的水平位移,6 套伸缩仪 SC03—SC09 基线共长 210m,各分段长 35m,测点 SC09 离永久船闸边坡 50m。岩体的垂直位移采用精密水准测量法观测,水准点布置与伸缩仪测点对应,其中,水准点 BM30 离升船机边坡 70m。该项目于 1995 年 9 月开始观测,每月观测 1 次,至今已较完整地记录了爆破开挖对岩体的影响。考虑到 8# 平硐主硐是基本垂直于永久船闸轴线,且平硐两端均为开挖边坡,因此,8# 平硐主硐变形监测数据还可进行卸荷影响范围分析。

8.9.3.2 深层岩体水平位移特点及分布规律

截至 2001 年 1 月,主硐段伸缩仪各测点累计伸长量及各分段伸长量见表 8.9-1(规定伸长为正)。各测点相对于固定点 SC03 的累计伸长量与开挖过程线见图 8.9-2;开挖与各测点位移见图 8.9-3;8# 平硐主洞段深层岩体的水平、垂直位移分布见图 8.9-4。

表 8.9-1　　主硐段伸缩仪各测点累计伸长量及各分段伸长量

测点累计伸长量/mm	SC04-SC03	SC05-SC03	SC06-SC03	SC07-SC03	SC08-SC03	SC09-SC03
	1.14	2.18	3.48	4.94	6.74	8.98
各分段累计伸长量/mm	SC03-SC04	SC04-SC05	SC05-SC06	SC06-SC07	SC07-SC08	SC08-SC09
	1.14	1.04	1.30	1.46	1.80	2.24

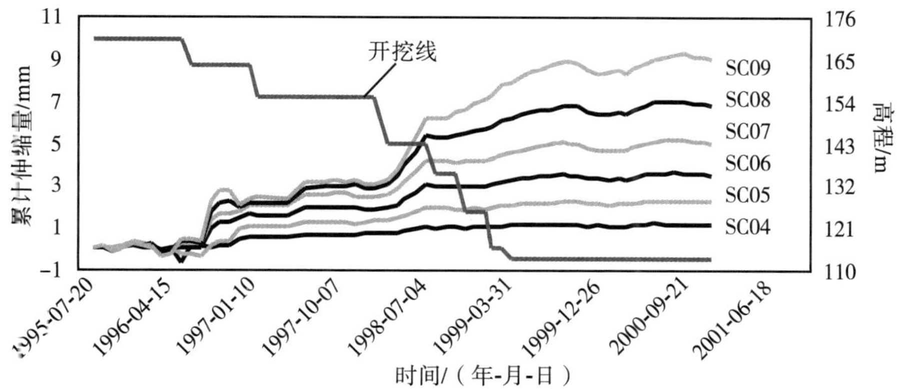

图 8.9-2　各测点相对于固定点 SC03 的累计伸长量与开挖过程线

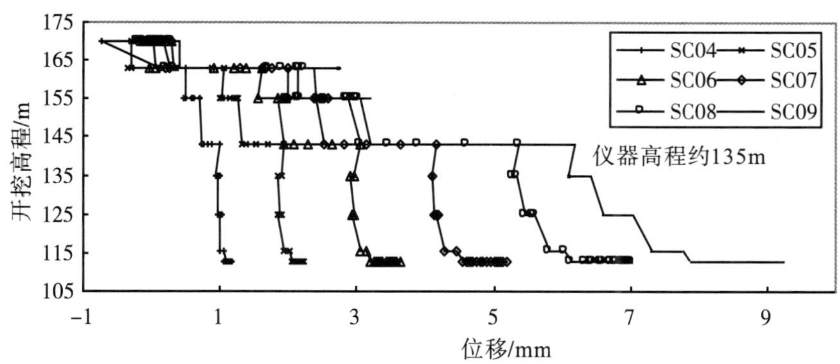

图 8.9-3　开挖与各测点位移

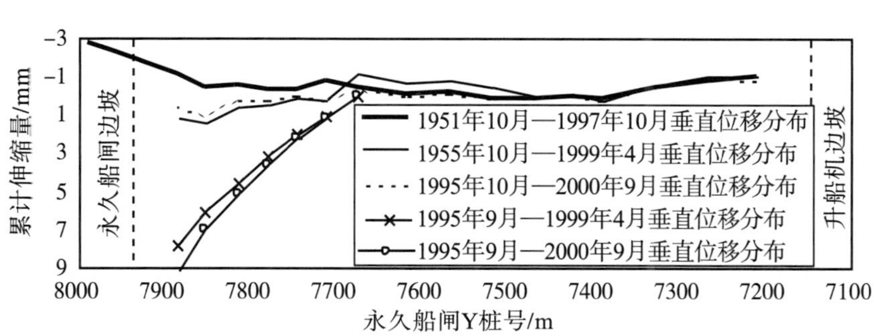

图 8.9-4　8# 平硐主硐段深层岩体的水平、垂直位移分布

根据观测结果结合图表分析，有以下结论。

①由表 8.9-1、图 8.9-2 和图 8.9-3 可以看出，8# 平硐主硐段深层岩体的水平位移，

按时间和空间位移分布特点可分为 5 个阶段来分析：

第 1 阶段，1995 年 9 月至 1996 年 6 月，由于这一阶段历时 10 个月，边坡处于一期开挖间隙期。各测点相对于固定点 SC03 的伸缩量基本为测量误差。

第 2 阶段，1996 年 7 月至 1998 年 3 月，这一阶段历时 21 个月，为南槽开挖期，1996 年 7 月第一梯段(高程 170～163m)开挖完成。各测点在 1996 年 9 月才发生明显位移，离直立墙最近的测点 SC09(距离 50m，高程 133m)伸长量 2.19mm 最大。显然，测点位移相对于开挖滞后约 2 个月。在随后的第二开挖梯段(高程 163～155m，1997 年 2 月)、第三开挖梯段(高程 155～143m，1997 年 11 月)完成后，测点 SC09 累计伸长量达到 3.20mm。

第 3 阶段，1998 年 4—7 月，这一阶段历时 4 个月，为南槽开挖梯段高程接近仪埋高程，是各测点伸长速率增加最快的阶段。在第四开挖梯段(高程 143～135m，1998 年 4 月)、第五开挖梯段(高程 135～125m，1998 年 7 月)完成后，各测点均呈快速增加态势，测点 SC09 累计伸长量达到 6.18mm。

第 4 阶段，1998 年 8 月至 1999 年 9 月，这一阶段历时 14 个月，南槽第六开挖梯段(高程 125～115m，1998 年 10 月)、第七开挖梯段(高程 115～113m，1998 年 12 月)完成后，开挖工作全部完成。各测点仍呈持续增加态势，但速率变缓。测点 SC09 累计伸长量达到 8.87mm。

第 5 阶段，1999 年 10 月至 2001 年 1 月，这一阶段历时 18 个月，测点 SC09 累计伸长量已从 8.87mm 回落至 8.30mm，又在 2000 年 10 月，测点 SC09 的累计伸长量达最大 9.24mm，后又开始回落至 8.98mm。这说明边坡深层岩体变形已逐步趋于稳定，已呈现出周期性波动特征。

②1996 年 12 月至 1998 年 7 月，岩体开挖高程为 170～125m，这期间各测段岩体的应变表现为离开挖面近的岩体应变量明显小于离开挖面远的岩体的应变量，1998 年 7 月之后，随着开挖高程的降低，上述岩体应变规律逐步改变为离开挖面近的岩体应变量明显大于离开挖面远的岩体的应变量。对这种岩体应变规律与开挖关系的深入研究具有一定的工程意义。

③伸缩仪观测结果表明，在离永久船闸边坡 225m 的测点 SC04 的实测最大伸长量为 1.15mm，也就是说爆破开挖对 8# 平硐主硐段深层岩体的影响较远，这可能是爆破开挖导致岩体应力调整的结果。

8.9.3.3 深层岩体垂直位移特点及分布规律

截至 2000 年 4 月，主硐段各垂直位移监测点在 1997 年 10 月、1999 年 10 月和 2000 年 4 月实测的反映岩体垂直位移分布图情况见图 8.9-4(下沉为正)。

从图 8.9-4 可以看出，1997 年 10 月岩体的垂直位移分布图(图中实线)表现为，主硐中部岩体较稳定。而在靠近永久船闸边坡侧 260m 范围的 9 个测点均表现为回弹，且离边坡愈近，回弹量愈大，最大回弹发生在中隔墩岩体中的测点 BM34，回弹量为 2.81mm，距船闸边坡 82m 位置的测点 BM15 回弹 0.44mm；在靠近升船机边坡侧 250m 范围的 4 个测点，也表现为回弹，最靠近边坡的测点 BM30（70m）最大回弹量为 1.03mm，略大于船闸侧测点 BM15(82m)的回弹，这种非对称性回弹可能与地质条件和当时两侧边坡的开挖进度有关。

而 1999 年 9 月岩体的垂直位移分布(图中虚圈线)相对于 1997 年 10 月岩体的垂直位移分布来说，测点 BM09 往升船机边坡方向的 9 个测点的垂直位移较稳定，测值变化不大。而测点 BM09 往船闸边坡方向的 7 个测点，表现出明显的下沉，最大下沉量 1.14mm，相对于 1997 年 10 月的下沉量达到 1.58mm。

2000 年 4 月岩体的垂直位移分布(图中实圈线)与 1999 年 9 月的垂直位移分布(图中虚圈线)情况基本一致，这也说明岩体垂直位移自 1999 年 9 月以来已基本稳定。

8.9.4 深层岩体位移的空间模型与预测

8.9.4.1 利用灰色系统理论建立位移空间模型

变形体系统是一个典型的灰色系统，这里简单介绍如何用变形观测系列建立位移空间模型。

设变形观测序列 $x^{(0)}=[x^{(0)}(1),x^{(0)}(2)\cdots,x^{(0)}(n)]$ 为等间距空间序列，记 AGO 为累加映射，即

$$\mathrm{AGO}:x^{(0)} \rightarrow x^{(1)} \tag{8.48}$$

按 $x^{(1)}$ 建立 GM(1,1)，可作 GM 映射：

$$\mathrm{GM}:x^{(1)} \rightarrow \mathrm{GM}[x^{(0)}(1);a,b] \tag{8.49}$$

记 IAGO 为累减映射，即

$$\mathrm{IAGO}:\hat{x}^{(1)} \rightarrow \hat{x}^{(0)} \tag{8.50}$$

如果记 GM(1,1)的建模结果为 $\mathrm{GM}[x^{(0)}(1);a,b]$，$a$ 为发展系数，b 为灰作用量，则灰预测建模可记为：

$$\begin{aligned} &\mathrm{GM}^{\circ}\mathrm{AGO}x^{(0)} \Rightarrow \mathrm{GM}[x^{(0)}(1);a,b] \\ &\mathrm{GM}^{\circ}\mathrm{AGO}x^{(0)} \Rightarrow \hat{x}^{(1)}(n+\xi) \end{aligned} \tag{8.51}$$

式中，ξ 为正整数，即未来第 ξ 时刻(空间)的累计变形预测值。

模型 $\mathrm{GM}[x^{(0)}(1);a,b]$精度可用相对残差或后验差检验。

8.9.4.2 开挖面附近岩体的“纯位移”预测

由于设在 8# 勘探平硐主硐岩体水平位移监测的最靠近船闸边坡的测点，离船闸南

槽直立墙壁约 50m，因此，该测点的水平位移显然要小于开挖面附近岩体的位移，要全面了解深层岩体的位移空间分布，就有必要利用某一时刻的观测序列，按上述方法建立位移空间模型，来实现开挖面附近岩体的"纯位移"的预测。

选择 2000 年 4 月和 2000 年 10 月的两个有代表性的观测时刻的等空间序列：

$$x_1^{(0)}=(1.06,1.02,1.18,1.36,1.72,1.96)$$

$$x_2^{(0)}=(1.14,1.10,1.34,1.56,1.84,2.26)$$

按上述方法建立 $GM[x^{(0)}(1);a,b]$ 模型：

$$GM^{\circ}AGO^{\circ}x_1^{(0)}\quad \Rightarrow GM[x_1^{(0)}(1);a,b]=GM(1.06;-0.169298,0.737624)$$

$$\Rightarrow \hat{x}_1^{(1)}(k+1)=5.4169e^{0.169298k}-4.36$$

$$GM^{\circ}AGO^{\circ}x_2^{(0)}\quad \Rightarrow GM[x_2^{(0)}(1);a,b]=GM(1.14;-0.176863,0.801830)$$

$$\Rightarrow \hat{x}_2^{(1)}(k+1)=5.6736e^{0.176863k}-4.53$$

模型精度检验见表 8.9-2。

表 8.9-2　　模型精度检验

GM1(1.06;−0.169298,0.737624)				GM2(1.14;−0.176863,0.801830)			
k	观测值	计算值	误差	k	观测值	计算值	误差
1	1.02	1.00	0.02	1	1.10	1.10	0.00
2	1.18	1.18	0.00	2	1.34	1.31	0.03
3	1.36	1.40	−0.04	3	1.56	1.56	0.00
4	1.72	1.66	0.06	4	1.84	1.87	−0.03
5	1.96	1.97	−0.01	5	2.26	2.23	0.03

由表 8.9-2 可知，模型精度均较高。用模型 GM1(1.06;−0.169298,0.737624)和 GM2(1.14;−0.176863,0.801830)预测的开挖面附近岩体的水平位移分别为 11.65mm 和 13.06mm。由于 2000 年 4 月记录的是最小的位移空间分布，而 2000 年 10 月记录的是最大的位移空间分布，因此，可以基本认为开挖面附近岩体的"纯位移"区间为 11.65～13.06mm。需要说明的是，8# 勘探平硐主硐与永久船闸二闸室交汇处在直立墙的中部，以上预测的位移并不能代表直立墙顶部的水平位移。

8.9.5　小结

通过以上分析可以得到以下初步认识。

①自 1999 年 10 月后，永久船闸南侧边坡监测断面的深层岩体变形已逐步趋于稳定，并已呈现出周期性波动变形特征。

②岩体开挖初期离开挖面近的岩体应变量明显小于离开挖面远的岩体应变量，随

着开挖高程的降低，逐步改变为离开挖面近的岩体应变量明显大于离开挖面远的岩体应变量。这符合岩体应变的一般规律，对这种岩体应变规律与开挖关系的深入研究具有一定的工程意义。

③伸缩仪观测结果表明，在离永久船闸边坡 225m 的测点 SC04 的最大伸长量为 1.15mm，也就是说爆破开挖对 8# 平硐主硐段深层岩体的影响较远，这是爆破开挖导致岩体应力调整的结果。

④用灰色系统理论建立的位移空间模型，预测了开挖面附近岩体的“纯位移”区间为 1..65～13.03mm，这与清华大学周维垣等用弹塑性损伤断裂的方法，考虑分级开挖、进行有限元分析和计算，得出二闸室南坡直立墙上、中、下部岩体的位移分别为 19mm、14mm、8mm 的结果基本一致。用这种方法预测只是一个初步尝试，值得更进一步的深入研究。

8.10 高边坡变形的动平均灰色模型预测

8.10.1 概述

近年来，由于人们改造自然活动的加剧，自然灾害发生的频率大大增加，尤其是地震、滑坡、溃坝以及地面沉陷等自然灾害给人类的生存构成了巨大威胁。人们认识到变形监测只是一种手段，合理而科学的预测才是目的。边坡滑坡作为最常见的地质灾害，越来越受到人们的重视。然而，造成边坡不稳定的因素很多，可能与人类行为有关，也可能与环境变化相关，其变形是一个系统过程，机理相当复杂，很难建立统一可靠的预报模型。因此，通过分析监测数据序列的规律性，建立动态的预测模型，推断变化规律成为一种有效的方法。目前，边坡位移的预测方法较多，有回归分析方法、分形理论、时间序列模型以及机器学习理论等，灰色理论作为一种研究某些既含已知信息又含未知或未确知信息的系统理论和方法，通过对原始数据的处理和灰色模型的建立，掌握系统发展规律，对系统的未来状态作出科学的定量预测，在变形预测中得到了广泛应用。

众所周知，传统灰色模型在对原始数据序列进行了累加生成后，采用指数模型进行参数求解。然而边坡沉降变形有其本身的特点，即在边坡开挖施工完成后，其变形除了时效影响的衰减变形外，边坡沉降变形与温度变化相关性较大，呈现周期性变化规律。对于原始数据序列存在周期性变化分量的问题，马能武采用动平均生成的灰色模型使这一问题得到了较好的解决。在边坡预测中，若原始数据本身就具有准指数规律，则对原始数据序列进行累加生成后，不但不能提高模型的预测精度，反而会增加数据的灰度，使预测效果大大降低。本书依据灰色系统理论，针对高边坡开挖施工完成后变形规律，对原始数据进行动平均生成，对生成的数据再进行准指数规律检验，建立了以动平均生成后的数据为基础的 GM(1,1)改进模型,对边坡沉降变形进行预测。

8.10.2 动平均灰色模型的建立

(1)灰色模型的基本思想

灰色模型以灰色模块为基础,一般不直接运用原始序列,通过对数据序列的灰色生成变换,将原始数据序列变换为具有较强规律性的数据序列,然后按生成的数据序列建立模型。所谓灰色变换,就是累加生成(AGO)和累减生成(IAGO)。假设原始序列为:

$$X^{(0)}=\{X^{(0)}(k)\mid X^{(0)}(k)\geqslant 0,k=1,2,3\cdots,n\} \tag{8.52}$$

对该数列作一次累加生成:

$$X^{(1)}(k)=\sum_{i=1}^{k}X^{(0)}(i) \tag{8.53}$$

一次累加生成后的序列为:

$$X^{(1)}=\{X^{(1)}(k)\mid X^{(1)}(k)\geqslant 0,k=1,2,3\cdots,n\} \tag{8.54}$$

依次类推,可对原始数据序列进行 m 次累加生成:

$$X^{(m)}(k)=\sum_{i=1}^{k}X^{(m-1)}(i) \tag{8.55}$$

经过多次累加生成后的数据序列,大多可用指数函数拟合,也就是说可以用微分方程来描述。累加生成的数据序列,已失去其原有的物理意义,故经过方程求解得到的结果,必须进行累加生成的逆运算,即累减生成:

$$X^{(m-1)}(k)=X^{(m)}(k)-X^{(m)}(k-1) \tag{8.56}$$

(2)GM(1,1)模型

灰色理论诞生初期,邓聚龙提出 GM(n,h)模型(其中 n 表示阶数,h 表示变量个数),为灰色系统的预测、决策与控制奠定了基础。GM(1,1)模型是迄今为止应用最为广泛的一种灰色模型,是由一个只包含单变量的一阶微分方程构成的模型。

GM(1,1)模型有以下建模方法及步骤。

1)累加生成

设有变量 $X^{(0)}$ 的原始数据序列 $X^{(0)}=\{X^{(0)}(1),X^{(0)}(2),X^{(0)}(3)\cdots,X^{(0)}(n)\}$,对其进行一次累加得 $X^{(1)}$:

$$X^{(1)}=\{X^{(1)}(1),X^{(1)}(2),X^{(1)}(3)\cdots,X^{(1)}(n)\} \tag{8.57}$$

式中,$X^{(1)}(k)=\sum_{i=1}^{k}X^{(0)}(i)$。

2)建模

由一次累加生成的白化微分方程为:

$$\frac{dX^{(1)}}{dt}+aX^{(1)}=b \tag{8.58}$$

对上式进行离散化，取 $X^{(1)}$ 为时刻 k 和 $k+1$ 的平均值，即 $0.5[X^{(1)}(k+1)+X^{(1)}(k)]$，可得：

$$X^{(0)}(k+1)+0.5a[X^{(1)}(k+1)+X^{(1)}(k)]=b \quad (k=1,2,3,\cdots,n-1) \tag{8.59}$$

3)求解参数 a，b

采用最小二乘准则，可求得参数 a，b。其中 a 称作发散系数，其大小反映了序列的增长速度；b 为灰色作用量。

$$\hat{\boldsymbol{a}}=[ab]^T=(\boldsymbol{B}^T\boldsymbol{B})^{-1}\boldsymbol{B}^T\boldsymbol{Y} \tag{8.60}$$

式中，$\boldsymbol{B}=\begin{bmatrix}-0.5[X^{(1)}(2)+X^{(1)}(1)] & 1\\ -0.5[X^{(1)}(3)+X^{(1)}(2)] & 1\\ \vdots & \vdots\\ -0.5[X^{(1)}(n)+X^{(1)}(n-1)] & 1\end{bmatrix}$，$\boldsymbol{Y}=\begin{bmatrix}X^{(0)}(2)\\ X^{(0)}(3)\\ \vdots\\ X^{(0)}(n)\end{bmatrix}$

4)建立预测公式

$X^{(1)}$ 的预测公式为：

$$\hat{X}^{(1)}(k)=[X^{(0)}(1)-b/a]e^{-ak}+b/a \quad (k=1,2,3,\cdots) \tag{8.61}$$

对 $\hat{X}^{(1)}$ 进行累减还原，得到 $X^{(0)}$ 的预测公式为：

$$\hat{X}^{(0)}(k)=\hat{X}^{(1)}(k)-\hat{X}^{(1)}(k-1)=(1-e^{a})[X^{(0)}(1)-b/a]e^{-ak} \tag{8.62}$$

式中，$k=1,2,3,\cdots$，$\hat{X}^{(0)}(1)=X^{(0)}(1)$。

在实际预测中，基于新陈代谢的动态 GM(1,1)模型运用较多，该模型核心思想是采用预测或者实测的新数据，来替换原有的老数据，设 $X^{(0)}(n+1)$ 为新数据，将其替代最老的数据 $X^{(0)}(1)$，从而可得到新的等维数列 $X^{(0)}=\{X^{(0)}(2),X^{(0)}(3),X^{(0)}(4)\cdots,X^{(0)}(n+1)\}$，按灰色模型代入式(8.61)中，如此循环替补下去，直到达到预测的期数为止。此处的新数据可以是预测值，也可以是实测值。

(3)动平均改进的 GM(1,1)模型

1)动平均生成

设原始数列为 $X^{(0)}=\{X^{(0)}(1),X^{(0)}(2),X^{(0)}(3)\cdots,X^{(0)}(n)\}$，该原始数列为一周期性的时间序列，每个周期内采样 m 次，所谓的动平均就是先计算第一个周期长度内的平均值，然后在此基础上，向前滑动一次生成，如此循环，则第 i 个平均值为 $\frac{1}{m}\sum_{j=i}^{i+m-1}X^{(0)}(j)$。将动平均生成的新序列记为 $M^{(0)}=\{M^{(0)}(1),M^{(0)}(2),M^{(0)}(3)\cdots,M^{(0)}(N)\}$，其中

$$M^{(0)}(i)=\frac{1}{m}[X^{(0)}(i)+X^{(0)}(i+1)\cdots X^{(0)}(i+m-1)]$$
$$N=n-m+1 \tag{8.63}$$

2)动平均改进模型建立

传统的GM(1,1)模型是对原始数据序列进行累加生成后,使之具备准指数规律,然后进行指数方程建模。对于原始数据序列已经具备准指数规律的,仍进行累加生成,反而会降低建模精度,预报结果并不理想。田敏等提出了首先进行原始数据的准指数规律检验,然后直接采用原始数据进行指数方程建模的方法。本书采用动平均生成后的数据直接建模。

首先对动平均生成的数据序列 $M^{(0)}$ 进行准指数规律检验,序列 $M^{(0)}$ 的级比定义为:

$$\sigma(k)=M^{(0)}(k)/M^{(0)}(k-1)\quad(k=2,3,\cdots,N) \tag{8.64}$$

若 $\max[\sigma(k)]-\min[\sigma(k)]<0.5$,则称 $M^{(0)}$ 具有准指数规律。

然后对原始数据序列 $M^{(0)}$ 建立白化微分方程 $\frac{\mathrm{d}M^{(0)}}{\mathrm{d}t}+aM^{(0)}=u$,其解为:

$$M^{(0)}(k)=c\mathrm{e}^{-ak}+b\quad(k=1,2,3,\cdots,N) \tag{8.65}$$

式中

$$b=u/a$$

根据最小二乘准则,可得:

$$(a,u)^{\mathrm{T}}=(\boldsymbol{B}^{\mathrm{T}}\boldsymbol{B})^{-1}\boldsymbol{B}^{\mathrm{T}}\boldsymbol{Y}_N \tag{8.66}$$

式中

$$\boldsymbol{B}=\begin{bmatrix}-0.5[M^{(0)}(2)+M^{(0)}(1)] & 1\\ -0.5[M^{(0)}(3)+M^{(0)}(2)] & 1\\ \vdots & \vdots\\ -0.5[M^{(0)}(k)+M^{(0)}(k-1)] & 1\end{bmatrix},\boldsymbol{Y}_N=\begin{bmatrix}M^{(0)}(2)-M^{(0)}(1)\\ M^{(0)}(3)-M^{(0)}(2)\\ \vdots\\ M^{(0)}(k)-M^{(0)}(k-1)\end{bmatrix}$$

利用数据序列 $M^{(0)}$ 估计参数列 $(c,b)^{\mathrm{T}}$,则有:

$$(c,b)^{\mathrm{T}}=(\boldsymbol{E}^{\mathrm{T}}\boldsymbol{E})^{-1}\boldsymbol{E}^{\mathrm{T}}\boldsymbol{Y} \tag{8.67}$$

式中

$$\boldsymbol{E}=\begin{bmatrix}\mathrm{e}^{-a} & 1\\ \mathrm{e}^{-2a} & 1\\ \vdots & \vdots\\ \mathrm{e}^{-na} & 1\end{bmatrix},\boldsymbol{Y}_N=\begin{bmatrix}M^{(0)}(1)\\ M^{(0)}(2)\\ \vdots\\ M^{(0)}(k)\end{bmatrix}$$

由此得出的 $M^{(0)}$ 的预测公式为:

$$M^{(0)}(k)=c\mathrm{e}^{-ak}+u/a \quad (k=1,2,3,\cdots,N) \tag{8.68}$$

原始数列预报值 $\hat{X}^{(0)}$ 的计算公式为：

$$\hat{X}^{(0)}(k+m)=X^{(0)}(k)+m[M^{(0)}(k+1)-M^{(0)}(k)] \tag{8.69}$$

8.10.3 算例分析

以三峡永久船闸高边坡为例，选取北边坡某测点 2000 年 3 月至 2005 年 12 月的位移观测数据，对 2006 年 3 月至 2008 年 12 月的变形数据进行预报。

首先对该测点的观测数据进行准指数规律检验，$\max[\sigma(k)]-\min[\sigma(k)]=0.335<0.5$，满足准指数规律。然后对观测序列建立改进的 GM(1,1)模型。采用 2.3 节中介绍的模型，在 MATLAB 环境下对上述模型进行编程实现，求解得出的动平均灰色模型方程表达式为：

$$M^{(0)}(k)=-6.2503\mathrm{e}^{-0.0686k}+6.9949 \tag{8.70}$$

然后根据式(8.69)可以求得原始数值序列的预报值，本例中 $m=4$。

在评价预报结果时，通常采用以下两项指标。

(1)平均绝对百分比误差(MAPE)

$$\mathrm{MAPE}=\frac{1}{n}\sum_{k=1}^{n}\frac{\varepsilon_i}{|X^{(0)}(k)|}\times 100\%,\varepsilon_i=|X^{(0)}(k)-\hat{X}^{(0)}(k)|,X^{(0)}(k)\neq 0 \tag{8.71}$$

(2)均方根误差(RMSE)

$$\mathrm{RMSE}=\sqrt{\frac{\sum_{i=1}^{n}\varepsilon_i\varepsilon_i}{n}} \tag{8.72}$$

式中，$X^{(0)}(k)$——观测值；

$\hat{X}^{(0)}(k)$——预报值；

n——预报个数。

采用改进的 GM(1,1)模型、传统的 GM(1,1)及基于新陈代谢的 GM(1,1)模型的预报数据见表 8.10-1。

表 8.10-1 预报数据结果

时间	实测	传统 GM(1,1)		新陈代谢 GM(1,1)		动平均改进 GM(1,1)	
(年-月)	/mm	残差 ε /mm	误差/%	残差 ε /mm	误差/%	残差 ε /mm	误差/%
2006-03	6.13	0.61	10.01	0.61	10.01	0.49	7.93
2006-06	4.88	2.17	44.53	1.96	40.16	1.75	35.88

续表

时间/(年-月)	实测/mm	传统 GM(1,1)		新陈代谢 GM(1,1)		动平均改进 GM(1,1)	
		残差 ε /mm	误差/%	残差 ε /mm	误差/%	残差 ε /mm	误差/%
2006-09	4.16	3.22	77.32	2.30	55.29	0.87	20.[illegible]9
2006-12	5.04	2.68	53.08	1.04	20.63	1.37	27.[illegible]4
2007-03	6.88	1.19	17.29	−0.88	12.79	0.03	0.50
2007-06	6.67	1.77	26.53	−0.45	6.75	0.24	3.59
2007-09	6.27	2.56	40.78	0.06	0.96	−0.98	15.55
2007-12	7.15	2.08	29.12	−0.70	9.79	−0.50	6.58
2008-03	7.92	1.74	21.92	−1.19	15.03	−0.78	9.[illegible]3
2008-06	6.32	3.78	59.80	0.75	11.87	0.80	12.58
2008-09	5.53	5.03	91.01	1.38	24.95	−0.04	0.[illegible]9
2008-12	7.35	3.70	50.31	−0.68	9.25	−0.51	7.[illegible]0
MAPE/%		43.48		18.12		12.41	
RMSE/mm		2.80		1.17		0.85	

从表中数据看出，传统的 GM(1,1)模型预报数据的 MAPE 为 43.48%，RMSE 为 2.80mm；基于新陈代谢的 GM(1,1)模型的 MAPE 为 18.12%，RMSE 为 1.17mm；动平均改进的 GM(1,1)模型的 MAPE 为 12.41%，RMSE 为 0.85mm。改进的 GM(1,1)模型的预测数据平均相对误差和均方根误差均最小，预报数据与实测数据差值在 2mm 以内，预测数据明显优于传统 GM(1,1)模型，较基于新陈代谢的 GM(1,1)模型预测效果更加稳定。

8.10.4 小结

本书根据边坡的变形特点，即在开挖施工期结束后，其沉降变形除了受时效衰减因子的影响外，还与温度变化有关，呈现一定的周期性特点，采用动平均生成，对生成后的数列进行准指数规律检验，得知边坡沉降位移动平均生成后的数列符合指数函数规律。在此基础上结合灰色理论，直接采用动平均生成的数列进行灰色系统建模，此建模方法更符合边坡变形的特点。实践证明，该方法预报效果优于传统的 GM(1,1)模型，或基于新陈代谢的 GM(1,1)模型，其预报数据更加稳定可靠，对高边坡的沉降变形预测具有实际意义。

8.11 滑坡体变形空间分布的灰关联评估模型分析

8.11.1 概述

在对滑坡体进行监测时，通常在滑坡体上布设十个至数十个监测点，用来监视滑坡体系统的变形工况。为了分析这些点的变形随时间的变化或者空间的变形分布情况，需要根据监测数据序列来建立模型进行系统分析。灰关联模型分析是根据因素之间发展趋势的相似或相异程度（即灰关联度）作为衡量因素间关联程度的一种方法。利用灰关联模型可以解决以下问题。

①对滑坡体变形系统输入原因量序列进行灰评估，找出许多因素中若干个关系十分密切的因素，既能够用这些因素的综合平均指标或其中的某一个因素来代表这几个因素，又可以使信息不受到严重损失。

②将滑坡体变形输出效应量序列进行聚类，对每个子类取一定数量的效应量序列进行建模分析，将大大减少计算量，提高工作效率。

③灰关联模型还可将滑坡体的输出效应量变形序列的大小、发展态势等进行分类，以确定稳定和非稳定的区域，以便为分析预报和工程治理措施等决策提供依据。

限于篇幅本书主要就上述第③个问题进行变形灰关联模型构造和实例分析。

8.11.2 灰关联模型构造

设滑坡体上有 m 个监测点，每个监测点有 n 个观测数据，得到的变形效应量序列如下：

$$Y_1=[y_1(1),y_1(2)\cdots,y_1(n)]$$

$$Y_2=[y_2(1),y_2(2)\cdots,y_2(n)]$$

$$\cdots$$

$$Y_m=[y_m(1),y_m(2)\cdots,y_m(n)]$$

分别计算以 $Y_i(i=1,2,\cdots,m)$ 为母序列，$Y_j(j=1,2,\cdots,m)$ 为子序列时的灰绝对关联度 $\varepsilon_{ij}(i,j=1,2,\cdots,m)$，并构造灰绝对关联矩阵为：

$$\boldsymbol{\Gamma}_\varepsilon=\begin{bmatrix}\varepsilon_{11} & \varepsilon_{12} & \cdots & \varepsilon_{1m}\\ \varepsilon_{21} & \varepsilon_{22} & \cdots & \varepsilon_{2m}\\ \cdots & \cdots & \cdots & \cdots\\ \varepsilon_{s1} & \varepsilon_{s2} & \cdots & \varepsilon_{sm}\end{bmatrix}$$

式中

$$\varepsilon_{ij}=\frac{1+|s_j|+|s_i|}{1+|s_j|+|s_i|+|s_i-s_j|};|s_i|=\left|\sum_{k=2}^{n-1}x_i^0(k)+\frac{1}{2}x_i^0(n)\right|;|s_j|=\left|\sum_{k=2}^{n-1}x_j^0(k)+\frac{1}{2}x_j^0(n)\right|$$

$\boldsymbol{\Gamma}_\varepsilon$ 为 Y_i 与 Y_j 的灰绝对关联度矩阵。其中，$\varepsilon_{ii}=1$，$\varepsilon_{ij}=\varepsilon_{ji}(i,j=1,2,\cdots,m)$，又称矩阵 $\boldsymbol{\Gamma}_\varepsilon$ 为对角线元素为 1 的上三角矩阵。因此，实际计算时只需计算 $j\geqslant i$ 时的 ε_{ij}。

给定临界值 $r\in[0,1]$，当 $\varepsilon_{ij}\geqslant r(i\neq j)$ 时，则视 Y_j 与 Y_i 为同类因素，这种根据灰绝对关联矩阵在临界值 r 下的分类，称为灰关联聚类。实际应用时，r 可根据需要确定，一般 $r>0.5$；r 越接近 1，分类越细，相应的组中同类因素就越少；当 $r=1$ 时，m 个因素序列各自为一类；当 r 越小，分类越粗，相应的组中同类因素就越多；当 $r=0$ 时，m 个因素序列均为一类。

同理，当利用变形原因量灰关联矩阵进行灰评估时，可对变形原因量之间进行分类。

8.11.3 应用实例

(1)金坪子滑坡基本特征及监测数据

金坪子滑坡位于金沙江右岸，上距乌东德坝址约 900m，是一段明显下凹的滑坡，平面似纺锤状，后缘呈弧形，高程 1900～1950m，前缘为金沙江河床，高程 780～800m 前后缘高差 1100～1200m，滑坡轴线东西走向，长约 3km，前缘宽约 1.5km，后缘宽约 1.2km，滑坡区平面面积 4.5km^2。整个滑坡区域分成 5 个区，其中Ⅰ、Ⅲ区处于总体稳定状态，Ⅳ、Ⅴ区为雄厚基岩，Ⅱ区滑坡局部存在变形。

滑坡体地表变形监测布置分别采用水平位移监测和垂直位移监测；同时进行滑坡体深层位移监测、地下水变化监测、大气降雨量与气温观测和裂缝观测。金坪子滑坡位于Ⅱ区的 17 个监测点(布置见图 8.11-1)，每季度观测水平位移样本矩阵见表 8.11-1，根据表 8.11-1 绘制的 17 个监测点水平位移过程线见图 8.11-2。

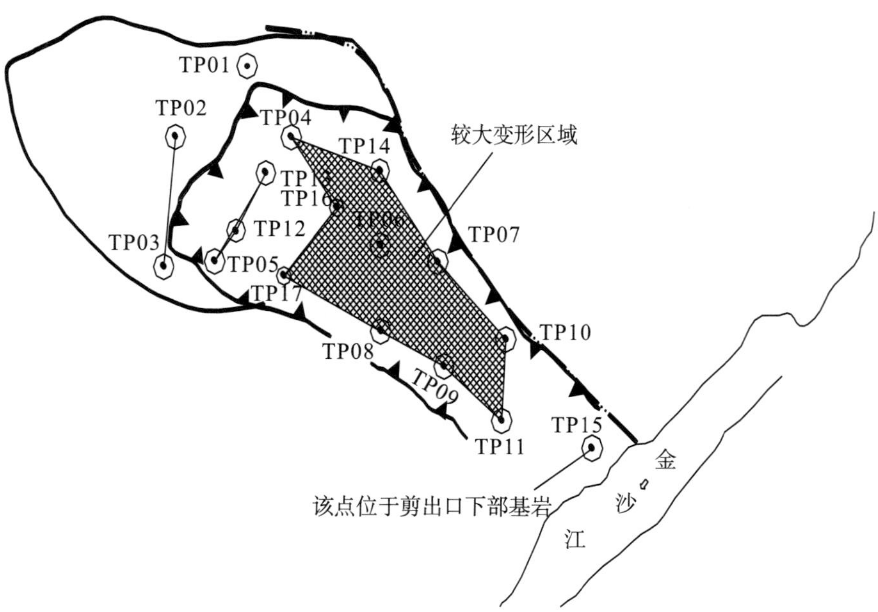

图 8.11-1 监测点布置及变形分区

表 8.11-1　　每季度观测水平位移样本矩阵　　(单位:mm)

点号	观测时间	2005 年 8 月	2005 年 11 月	2006 年 2 月	2006 年 5 月	2006 年 8 月	2006 年 11 月
	k	1	2	3	4	5	6
TP01	Y_1	4.05	4.70	9.48	5.16	18.28	17.41
TP02	Y_2	−1.99	9.68	16.83	16.33	28.24	29.79
TP03	Y_3	2.05	10.19	21.23	23.59	33.02	32.74
TP04	Y_4	44.25	127.43	193.52	229.36	270.86	292.19
TP05	Y_5	16.44	53.08	83.42	98.03	117.57	126.74
TP06	Y_6	65.22	187.13	279.34	327.54	381.20	411.40
TP07	Y_7	56.10	155.76	232.10	267.40	310.89	334.65
TP08	Y_8	57.59	166.65	252.34	292.45	341.46	367.04
TP09	Y_9	76.87	211.08	310.65	355.46	413.32	444.68
TP10	Y_{10}	63.74	168.92	241.71	273.44	318.76	340.01
TP11	Y_{11}	75.40	200.29	284.36	322.06	374.31	399.52
TP12	Y_{12}	0.00	11.13	40.36	55.37	77.48	84.58
TP13	Y_{13}	0.00	12.65	47.57	62.40	89.17	99.25
TP14	Y_{14}	0.00	37.51	130.59	183.44	239.64	268.35
TP15	Y_{15}	0.00	−2.35	0.02	7.53	6.79	1.36
TP16	Y_{16}	82.55	163.25	214.35	240.97	273.55	289.36
TP17	Y_{17}	37.15	108.65	165.73	192.96	230.30	246.62

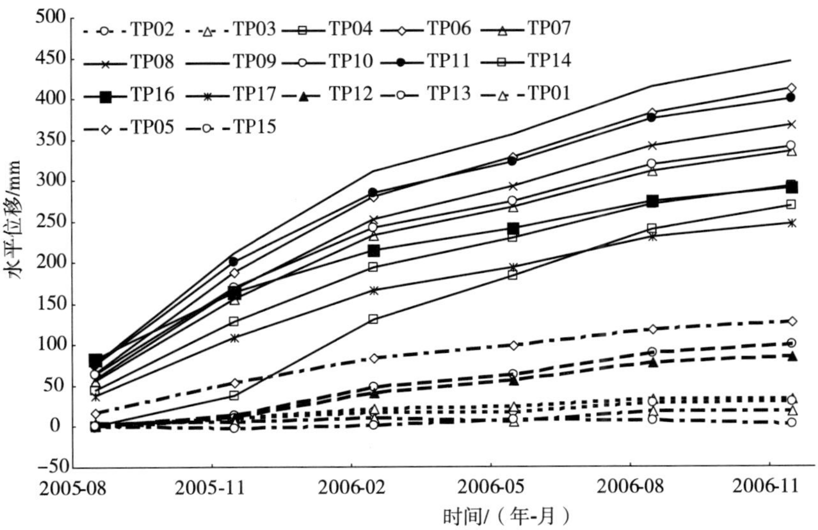

图 8.11-2　监测点水平位移过程线

(2)灰关联模型分析方法

用表 8.11-1 样本数据,依据上述公式可计算出灰绝对关联度矩阵(表 8.11-2)。依据表 8.11-2 对监测点的变形过程进行分类。

取临界值 $r=0.90$,从第一行开始,找出大于等于 0.90 的 $\varepsilon_{ij}=\varepsilon(Y_i,Y_j)(i<j)$,有

$\varepsilon(Y_2,Y_3)=0.99$;

$\varepsilon(Y_4,Y_7)=0.94$,$\varepsilon(Y_4,Y_{10})=0.93$,$\varepsilon(Y_4,Y_{14})=0.97$,$\varepsilon(Y_4,Y_{16})=0.93$,$\varepsilon(Y_4,Y_{17})=0.94$;

$\varepsilon(Y_6,Y_7)=0.91$,$\varepsilon(Y_6,Y_8)=0.95$,$\varepsilon(Y_6,Y_9)=0.97$,$\varepsilon(Y_6,Y_{10})=0.91$,$\varepsilon(Y_6,Y_{11})=0.98$;

$\varepsilon(Y_7,Y_8)=0.95$, $\varepsilon(Y_7,Y_{10})=0.99$, $\varepsilon(Y_7,Y_{11})=0.92$, $\varepsilon(Y_7,Y_{14})=0.91$;

$\varepsilon(Y_8,Y_9)=0.92$, $\varepsilon(Y_8,Y_{10})=0.95$, $\varepsilon(Y_8,Y_{11})=0.97$;

$\varepsilon(Y_9,Y_{11})=0.95$;

$\varepsilon(Y_{10},Y_{11})=0.93$, $\varepsilon(Y_{10},Y_{14})=0.91$;

$\varepsilon(Y_{12},Y_{13})=0.93$;

$\varepsilon(Y_{14},Y_{16})=0.96$, $\varepsilon(Y_{14},Y_{17})=0.95$;

$\varepsilon(Y_{16},Y_{17})=0.99$。

表 8.11-2　　灰绝对关联度矩阵

变形数量	Y_1	Y_2	Y_3	Y_4	Y_5	Y_6	Y_7	Y_8	Y_9	Y_{10}	Y_{11}	Y_{12}	Y_{13}	Y_{14}	Y_{15}	Y_{16}	Y_{17}
Y_1	1.00	0.65	0.65	0.52	0.54	0.51	0.52	0.51	0.51	0.52	0.51	0.56	0.55	0.52	0.73	0.5[illegible]	0.52
Y_2		1.00	0.99	0.56	0.64	0.54	0.55	0.55	0.54	0.55	0.55	0.71	0.68	0.57	0.57	0.5[illegible]	0.57
Y_3			1.00	0.56	0.64	0.54	0.55	0.55	0.54	0.55	0.55	0.71	0.68	0.57	0.57	0.57	0.57
Y_4				1.00	0.72	0.85	0.94	0.89	0.83	0.93	0.87	0.65	0.67	0.97	0.51	0.93	0.93
Y_5					1.00	0.66	0.69	0.67	0.65	0.69	0.66	0.83	0.88	0.74	0.52	0.75	0.76
Y_6						1.00	0.91	0.95	0.97	0.91	0.98	0.60	0.62	0.83	0.51	0.8[illegible]	0.80
Y_7							1.00	0.95	0.88	0.99	0.92	0.63	0.65	0.91	0.51	0.88	0.87
Y_8								1.00	0.92	0.95	0.97	0.62	0.63	0.87	0.51	0.84	0.83
Y_9									1.00	0.88	0.95	0.60	0.61	0.81	0.51	0.79	0.78
Y_{10}										1.00	0.93	0.63	0.65	0.91	0.51	0.88	0.87
Y_{11}											1.00	0.61	0.63	0.85	0.51	0.82	0.81
Y_{12}												1.00	0.93	0.66	0.53	0.67	0.67
Y_{13}													1.00	0.68	0.53	0.70	0.70
Y_{14}														1.00	0.51	0.96	0.95
Y_{15}															1.00	0.51	0.51
Y_{16}																1.00	0.99
Y_{17}																	1.00

从而有初步分类:

Y_2 与 Y_3 为同一类;

Y_4 与 Y_7、Y_{10}、Y_{14}、Y_{16} 和 Y_{17} 为同一类；

Y_6 与 Y_7、Y_8、Y_9、Y_{10} 和 Y_{11} 为同一类；

Y_7 与 Y_8、Y_{10}、Y_{11} 和 Y_{14} 为同一类；

Y_8 与 Y_9、Y_{10} 和 Y_{11} 为同一类；

Y_9 与 Y_{11} 为同一类；

Y_{10} 与 Y_{11} 和 Y_{14} 为同一类；

Y_{12} 与 Y_{13} 为同一类；

Y_{14} 与 Y_{16} 和 Y_{17} 为同一类；

Y_{16} 与 Y_{17} 为同一类。

如果将具有交集的归一类、未被选入的 Y_1、Y_5 和 Y_{15} 单独各视作一类，就得到 17 个监测点的 6 个聚类为：

1′类：$\{Y_2, Y_3\}$ ；

2′类：$\{Y_4, Y_6, Y_7, Y_8, Y_9, Y_{10}, Y_{11}, Y_{14}, Y_{16}, Y_{17}\}$ ；

3′类：$\{Y_{12}, Y_{13}\}$ ；

4′类：$\{Y_1\}$ ；

5′类：$\{Y_5\}$ ；

6′类：$\{Y_{15}\}$ 。

如果再用 6 类最小点号作代表，构成灰绝对关联度矩阵见表 8.11-3。

表 8.11-3　　灰绝对关联度矩阵

	Y_1	Y_2	Y_4	Y_5	Y_{12}	Y_{15}
Y_1	1.00	0.65	0.52	0.54	0.56	0.73
Y_2		1.00	0.56	0.64	0.71	0.57
Y_4			1.00	0.72	0.65	0.51
Y_5				1.00	0.83	0.52
Y_{12}					1.00	0.53
Y_{15}						1.00

取临界值 $r=0.80$，从第一行开始，找出大于等于 0.80 的 $\varepsilon_{ij}=\varepsilon(Y_i, Y_j)(i<j)$，有：

$$\varepsilon(Y_5, Y_{12})=0.83$$

此时，5′类可并入 3′类。最后得到 17 个监测点的 5 个聚类为：

1类：$\{Y_2, Y_3\}$ ；

2类：$\{Y_4, Y_6, Y_7, Y_8, Y_9, Y_{10}, Y_{11}, Y_{14}, Y_{16}, Y_{17}\}$ ；

3类：$\{Y_5, Y_{12}, Y_{13}\}$ ；

4 类：$\{Y_1\}$ ；

5 类：$\{Y_{15}\}$ 。

从表 8.11-3 和图 8.11-1、图 8.11-2 可以看出，用灰绝对关联矩阵构造变形体特征向量进行灰评估分析结果与实际是吻合的，即 2 类为较大变形区(图 8.11-1 中阴影部位)；3 类为变形区(图 8.11-1 中 3 点的连线部位)；1 类为小变形区(图 8.11-1 中 2 点的连线部位)；4 类和 5 类为基本稳定区域。

8.11.4 小结

根据滑坡变形时间序列构造了灰关联模型，将监测点变形过程、发展态势等进行分类，实例分析表明，滑坡变形的灰关联模型分析可以准确地识别变形体各个部位变形的空间分布情况，为滑坡监测预警和工程治理措施等决策提供技术支持。

8.12 基于灰统计评估模型的活断层错动识别与分级

8.12.1 概述

活断层一般指现今在持续活动的断层，或在人类历史时期或近期地质时期曾经活动过，极有可能在不远的将来重新活动的断层。活断层有两种基本活动方式：一种是黏滑性断层，围岩强度较高，两盘粘在一起，不产生或仅有极其微弱的相互错动，从而不断积累应变能，当应力达到围岩锁固段的强度极限后，较大幅度的相互错动在瞬间突然地发生引发地震；另一种是蠕滑型，围岩强度低，断裂带内含有软弱充填物或孔隙水压、地温高的异常带内，断裂锁固能力弱，不能积累较大的应变能，在受力过程中会持续不断地相互错动而缓慢地滑动。

目前对活断层的研究可以通过航卫片解释、地质地貌调查、地质填图、探槽开挖等手段，在第四系覆盖地区则必须使用各种地球物理探测和工程地质勘探方法。其目的就是要查明活断层的位置、活动时代、运动性质、滑动速率以及该断层上曾经发生地震的情况。20 世纪 70 年代以来国内外对活断层的研究取得了巨大的成就，形成了一套完整的研究活断层活动习性的方法，特别是探槽开挖技术和古地震研究方法已非常成熟。近年来的研究表明，活断层具有分段破裂特性，一条活断层的不同段落往往具有不同的破裂活动历史，它们可能分别发生破裂，每一次破裂对应一次地震。因此，通过对活断层破裂分段的研究，可以有效地提高地震预报的精度。

活断层的活动速率可用现代精密仪器精确测定，在我国的一些活动性较强的断裂上，都布设有短水准、短基线、跨断层水准测量网和三角观测网，获得了一批具有较高精度的数据。在强地震发生前后，震中一定范围内的断层会出现不同程度的活动变化，因此，利用跨断层短水准和短基线定期观测值，对断层错动情况进行监测分析，是地震前兆现象观测的重要手段之一。如何分析识别断层的活动情况或对活断层进行分级，是一个值得探讨的研究课题。本书主要利用灰统计模型理论来对活断层错动识别与分级评估进行研究。

8.12.2 灰统计模型理论方法

设对 $n(i=1,2,\cdots,n)$ 条断层进行监测，每条断层监测点有 $m(j=1,2,\cdots,m)$ 个单位时间内的断层错动速率观测值，则断层错动速率观测值样本矩阵为：

$$\boldsymbol{D}=(d_{ij})=\begin{bmatrix} d_{11} & d_{12} & \cdots & d_{1m} \\ d_{21} & d_{22} & \cdots & d_{2m} \\ \cdots & \cdots & \cdots & \cdots \\ d_{n1} & d_{n2} & \cdots & d_{nm} \end{bmatrix} \tag{8.73}$$

式中：$d_{1j},d_{2j},\cdots,d_{nj}$ ——第 j 次观测的 n 个监测点的空间位移样本列；

$d_{ij}(i=1,2,\cdots,n;j=1,2,\cdots,m)$ ——第 j 个统计单元对于第 i 个位移统计样本值。

现假设把活断层分成活动剧烈（AA 级）、活动（A 级）、微活动（B 级）、不活动（C 级）等几个灰类，即设有 $s(k=1,2,\cdots,s)$ 个灰类。通过变换使 j 样本值转化为项目 j 对各灰类 $s(k=1,2,\cdots,s)$ 的评估值，称为 j 项目所属灰类的灰统计评估。

将 j 样本 k 灰类的白化值函数记为 $f_j^k(d)\in[0,1]$，其标准白化值函数形式见图 8.12-1。

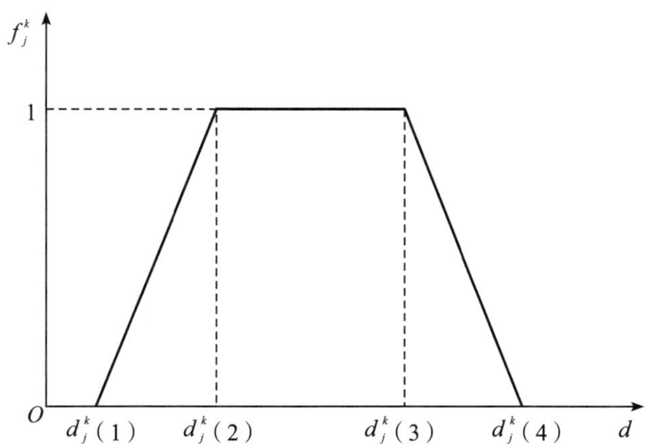

图 8.12-1 标准白化值函数形式

标准白化值函数的数学模型为：

$$f_j^k(d)=f_j^k[d_j^k(1),d_j^k(2),d_j^k(3),d_j^k(4)] \tag{8.74}$$

式中，$d_j^k(1),d_j^k(2),d_j^k(3),d_j^k(4)$ —— $f_j^k(d)$ 的转折点。

由图 8.12-1 知，标准白化值函数表达式为：

$$f_j^k(d)=\begin{cases}0 & (d\notin[d_j^k(1),d_j^k(4)])\\ \dfrac{d-d_j^k(1)}{d_j^k(2)-d_j^k(1)} & (d\in[d_j^k(1),d_j^k(2)])\\ 1 & (d\in[d_j^k(2),d_j^k(3)])\\ \dfrac{d_j^k(4)-d}{d_j^k(4)-d_j^k(3)} & (d\in[d_j^k(3),d_j^k(4)])\end{cases} \tag{8.75}$$

设 j 样本 k 灰类的标准白化值函数的临界值为

$$\lambda_j^k=\frac{d_j^k(2)+d_j^k(3)}{2} \tag{8.76}$$

实际应用时，一般标准的白化值函数退化为三种基本类型。

(1)上限测度白化值函数

假设活断层速率大于某一数值，称断层为活动剧烈(AA 级)。这时灰类的白化值函数 $f_j^k(d)$ 无第 3 个和第 4 个转折点，其形式见图 8.12-2。

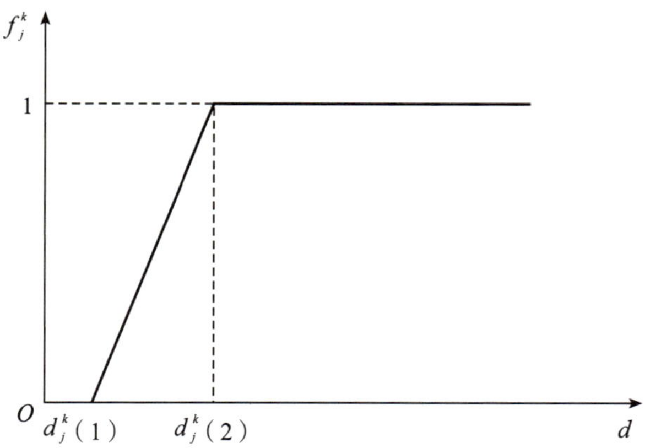

图 8.12-2　上限测度白化权函数形式

上限测度白化值函数表达式为：

$$f_j^k(d)=\begin{cases}0 & (d<d_j^k(1))\\ \dfrac{d-d_j^k(1)}{d_j^k(2)-d_j^k(1)} & (d\in[d_j^k(1),d_j^k(2))\\ 1 & (d\geqslant d_j^k(2))\end{cases} \tag{8.77}$$

此时 j 样本 k 灰类的上限测度白化值函数的临界值为：

$$\lambda_j^k=d_j^k(2) \tag{8.78}$$

(2)适中测度白化值函数

假设活断层速率在某一数值左右波动，称断层为活动(A 级)。这时灰类的白化值

函数 $f_j^k(d)$ 第 3 个和第 4 个转折点重合，其形式见图 8.12-3。

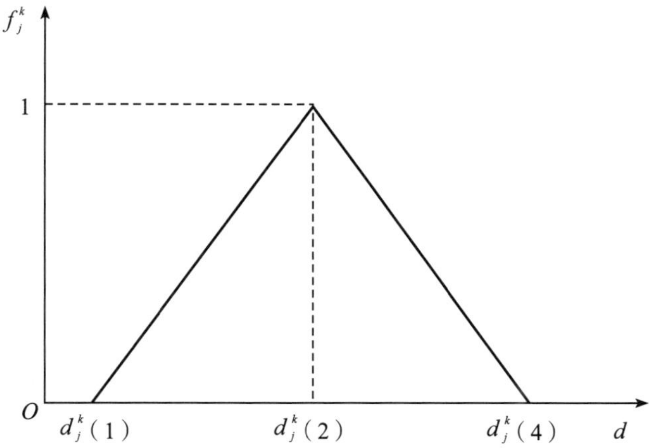

图 8.12-3 适中测度白化权函数形式

适中测度白化值函数表达式为：

$$f_j^k(d)=\begin{cases}0 & (d\notin[d_j^k(1),d_j^k(4)])\\ \dfrac{d-d_j^k(1)}{d_j^k(2)-d_j^k(1)} & (d\in[d_j^k(1),d_j^k(2)])\\ \dfrac{d_j^k(4)-d}{d_j^k(4)-d_j^k(2)} & (d\in[d_j^k(2),d_j^k(4)])\end{cases} \tag{8.79}$$

此时 j 样本 k 灰类的适中测度白化值函数的临界值为：

$$\lambda_j^k=d_j^k(2) \tag{8.80}$$

(3)下限测度白化值函数

假设活断层速率小于某一数值(或小于 2 倍中误差)，称断层为不活动(C 级)。这时灰类的白化值函数 $f_j^k(d)$ 无第 1 个和第 2 个转折点，其形式见图 8.12-4。

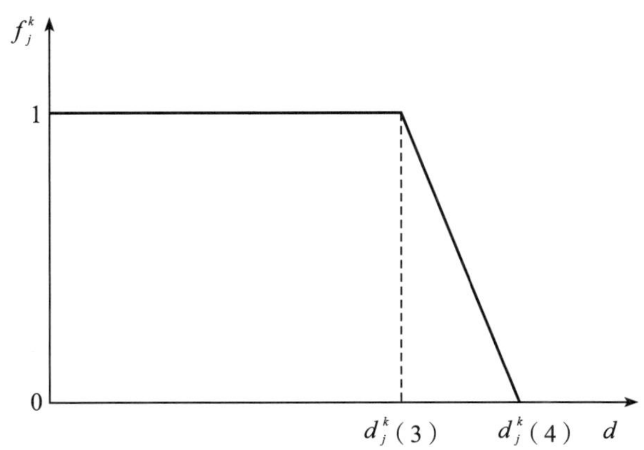

图 8.12-4 下限测度白化权函数形式

下限测度白化值函数表达式为：

$$f_j^k(d)=\begin{cases}0 & (d\notin[0,d_j^k(4)])\\ 1 & (d\in[0,d_j^k(3)])\\ \dfrac{d_j^k(4)-d}{d_j^k(4)-d_j^k(3)} & (d\in[d_j^k(3),d_j^k(4)])\end{cases} \tag{8.81}$$

此时 j 样本 k 灰类的下限测度白化值函数的临界值为：

$$\lambda_j^k=d_j^k(3) \tag{8.82}$$

λ_j^k 有客观临界值和相对临界值两种，客观临界值一般根据经验或专家建议确定；相对临界值根据样本矩阵确定。

设 j 样本列 $d_{1j},d_{2j},\cdots,d_{nj}$ 对 k 灰类白化值的单元全局和为 η_j^k ：

$$\eta_j^k=\sum_{i=1}^{n}f_j^k(d_{ij}) \tag{8.83}$$

再对 η_j^k 求和，得到 j 样本列的单元灰类全局和为 η_j ：

$$\eta_j=\sum_{k=1}^{s}\eta_j^k=\sum_{k=1}^{s}\sum_{i=1}^{n}f_j^k(d_{ij}) \tag{8.84}$$

于是，有 j 项目对 k 灰类的灰评估值 σ_j^k ：

$$\sigma_j^k=\frac{\eta_j^k}{\eta_j}=\frac{\sum_{i=1}^{n}f_j^k(d_{ij})}{\sum_{k=1}^{s}\sum_{i=1}^{n}f_j^k(d_{ij})} \tag{8.85}$$

考虑到有 $s(k=1,2,\cdots,s)$ 个灰类，便有 j 项目的灰评估序列 σ_j ：

$$\sigma_j=[\sigma_j^k]=[\sigma_j^1,\sigma_j^2,\cdots,\sigma_j^s] \tag{8.86}$$

若有：

$$\sigma_j^{k^*}=\max\{\sigma_j^1,\sigma_j^2,\cdots,\sigma_j^s\} \tag{8.87}$$

则称 j 项目属于 k^* 灰类，记为 $j\in k^*$ 。

8.12.3 活断层错动识别

1997—2001 年观测的 8 处断层年错动速率观测值（表 8.12-1），按灰统计模型方法进行分析，对活断层错动情况进行识别。

表 8.12-1　断层年错动速率观测值　（单位：mm）

测量时间	1997—1998 年	1998—1999 年	1999—2000 年	2000—2001 年	平均值
秭归县周坪东西线	0.38	0.15	0.12	0.15	0.20
秭归县周坪南北线	0.50	0.08	0.40	0.41	0.35
秭归县荒口	0.52	0.03	0.08	0.07	0.18

续表

测量时间	1997—1998 年	1998—1999 年	1999—2000 年	2000—2001 年	平均值
云阳青林口	0.22	0.21	0.03	0.19	0.16
秭归县高湾溪	0.47	0.13	0.16	0.23	0.25
兴山县高桥	0.78	0.51	0.85	0.19	0.58
秭归县水田坝	0.39	0.81	0.54	0.53	0.57
兴山县大峡口	0.52	0.03	0.28	0.23	0.26

(1)确定灰类及白化值函数形式

根据将活断层的直接标志定为位移量大于 0.1mm/a 的规定，取临界值大于 0.1mm 的为活动断层；小于 0.1mm 的为不活动断层，于是灰类白化函数分为两种：

①活动断层灰类(大于 0.1mm)为上限测度白化值函数 f_j^1。

$$f_j^1(d_{ij})=\begin{cases}\dfrac{d_{ij}}{0.1}=10d_{ij} & (d_{ij}\in[0,0.1))\\ 1 & (d_{ij}\geqslant 0.1)\end{cases}$$

②不活动断层灰类(小于 0.1mm)为下限测度白化值函数 f_j^2。

$$f_j^2(d_{ij})=\begin{cases}1 & (d_{ij}\in[0,0.1])\\ 2-\dfrac{d_{ij}}{0.1}=2-10d_{ij} & (d_{ij}\in(0.1,0.2))\\ 0 & (d_{ij}\geqslant 0.2)\end{cases}$$

(2)计算白化值的单元全局和 η_j^k

$$\eta_j^k=\sum_{i=1}^{17}f_j^k(d_{ij})$$

计算的第 $j(j=1,2,3,4)$ 个统计样本属于第 $k(k=1,2)$ 个灰类的白化值的单元全局和 η_j^k 见表 8.12-2。

表 8.12-2　白化值的单元全局

单元全局和	1	2	3	4	5	6	7	8
η_j^1	4.00	3.80	2.80	3.30	4.00	4.00	4.00	3.30
η_j^2	1.80	1.00	3.00	1.10	1.10	0.10	0.00	1.00

(3)计算 j 样本列的单元灰类全局和为 η_j

$$\eta_1=\sum_{k=1}^{2}\eta_j^k=\sum_{k=1}^{2}\sum_{i=1}^{8}f_j^k(d_{ij})=4.00+1.80=5.80$$

$$\eta_2=4.80;\eta_3=5.80;\eta_4=4.40;\eta_5=5.10;\eta_6=4.10;\eta_7=4.00;\eta_8=4.30$$

(4)计算 j 项目对 k 灰类的灰评估值 σ_j^k

$$\sigma_j^k=\frac{\eta_j^k}{\eta_j}=\frac{\sum_{i=1}^{8} f_j^k(d_{ij})}{\sum_{k=1}^{2}\sum_{i=1}^{8} f_j^k(d_{ij})}$$

计算的 j 项目对 k 灰类的灰评估值 σ_j^k 见表 8.12-3。

表 8.12-3　　j 项目对 k 灰类的灰评估值

灰评估值	1	2	3	4	5	6	7	8
σ_j^1	0.69	0.79	0.48	0.75	0.78	0.98	1.00	0.77
σ_j^2	0.31	0.21	0.52	0.25	0.22	0.02	0.00	0.23

(5)确定 j 项目的灰评估序列 σ_j，并判断灰类

$$\sigma_1=[\sigma_1^k]=[\sigma_1^1\quad \sigma_1^2]=[0.69\quad 0.31]$$

$$\sigma_1^{k^*}=\max\{\sigma_1^1\quad \sigma_1^2\}=\{0.69\quad 0.31\}$$

$$\sigma_1^{k^*}=0.69=\sigma_1^1$$

即 $k^*=1$，$(j=1)\in(k^*=1)$，表明秭归县周坪东西线断层属于“活动断层”。同理分析，得到活动断层识别结果表 8.12-4。

表 8.12-4　　活动断层识别结果

序号	项目名称	灰统计识别结果	传统平均值法识别结果
1	秭归县周坪东西线	活动断层	活动断层
2	秭归县周坪南北线	活动断层	活动断层
3	秭归县荒口	不活动断层	活动断层
4	长阳青林口	活动断层	活动断层
5	秭归县高湾溪	活动断层	活动断层
6	兴山县高桥	活动断层	活动断层
7	秭归县水田坝	活动断层	活动断层
8	兴山县大峡口	活动断层	活动断层

按传统方法，取各断层处监测点的错动速率平均值分析。由表 8.12-4 可知，采用灰统计方法得到的活断层识别结果与常规方法识别结果相比，在秭归县荒口断层识别上有出入。由表 8.12-1 数据可知，秭归县荒口处断层只有 1997—1998 年错动速率大于 0.1mm，其后续 4 年的错动速率均小于 0.1mm。这说明该处断层为不活动断层，而 1997—1998 年错动速率大于 0.1mm 是否为测量误差或者其他扰动引起，还有待研究。

8.12.4 活断层错动分级

按断层错动速率大小，可将长江三峡库首区活断层分为三级：A 级，年错动速率大于 0.6mm；B 级，年错动速率为 0.1～0.6mm；C 级，年错动速率小于 0.1mm。

将活断层分为 A 级、B 级和 C 级三个灰类，灰类白化函数见以下描述。

A 级活断层灰类为上限测度白化值函数 f_j^1：

$$f_j^1(d_{ij})=\begin{cases}\dfrac{d_{ij}}{0.6} & (d_{ij}\in[0,0.6))\\ 1 & (d_{ij}\geqslant 0.6)\end{cases}$$

B 级活断层灰类为适中测度白化值函数 f_j^2：

$$f_j^2(d_{ij})=\begin{cases}\dfrac{d_{ij}}{0.3} & (d_{ij}\in[0,0.3])\\ 2-\dfrac{d_{ij}}{0.3} & (d_{ij}\in(0.3,0.6))\\ 0 & (d_{ij}\geqslant 0.6)\end{cases}$$

C 级活断层灰类为下限测度白化值函数 f_j^3：

$$f_j^3(d_{ij})=\begin{cases}1 & (d_{ij}\in[0,0.1])\\ 2-\dfrac{d_{ij}}{0.1}=2-10d_{ij} & (d_{ij}\in(0.1,0.3))\\ 0 & (d_{ij}\geqslant 0.3)\end{cases}$$

计算的灰评估值 σ_j^k 结果见表 8.12-5。活断层分级评估结果见表 8.12-6。

表 8.12-5 j 项目对 k 灰类的灰评估值

灰评估值	1	2	3	4	5	6	7	8
σ	0.25	0.44	0.23	0.25	0.34	0.75	0.75	0.37
σ	0.41	0.36	0.17	0.50	0.44	0.22	0.25	0.43
σ	0.34	0.19	0.60	0.25	0.22	0.02	0.00	0.21

表 8.12-6 活断层分级评估结果

序号	项目名称	灰统计评估结果	传统平均值法识别结果
1	秭归县周坪东西线	B 级	B 级
2	秭归县周坪南北线	A 级	B 级
3	秭归县荒口	C 级	B 级
4	长阳青林口	B 级	B 级
5	秭归县高湾溪	B 级	B 级

续表

序号	项目名称	灰统计评估结果	传统平均值法识别结果
6	兴山县高桥	A级	B级
7	秭归县水田坝	A级	B级
8	兴山县大峡口	B级	B级

取各断层处监测点的错动速率平均值分析，与采用灰统计方法得到的活断层评估结果相比，在秭归县荒口、兴山县高桥和秭归县水田坝处断层识别上有出入。秭归县荒口处断层识别差异前已解释。在表8.12-2中，兴山县高桥处断层4个错动速率值，有2个远大于A级临界值0.6mm；而秭归县水田坝处断层4个错动速率值中，有1个远大于A级临界值0.6mm，2个接近A级临界值0.6mm。因此，分级评估差异也是灰统计方法顾及错动速率的离散影响结果。

8.12.5 小结

根据断层错动速率大小提出了基于灰统计模型的活断层错动识别与分级评估方法。通过对1997—2001年的8条跨断层处错动速率观测结果的灰统计模型分析，得出秭归县荒口处断层错动不明显，其余监测点处断层错动明显的结论。此外，兴山县高桥处断层和秭归县水田坝处断层活动级别略高于其他监测点处断层。与传统平均值方法相比较，在个别断层比较上存在差异，其主要原因是灰统计模型考虑了断层错动速率序列的离散影响，从而使活断层识别与分级评估结果更接近实际。

参考文献

[1] 邓聚龙.五种灰色预测[J].模糊数学,1985(2):33-42.

[2] 邓聚龙.灰色系统理论的GM模型[J].模糊数学,1985(2):23-32.

[3] 邓聚龙.灰色系统理论的关联空间[J].模糊数学,1985(2):1-10.

[4] 邓聚龙.灰色系统理论的关联空间[J].模糊数学,1985(2):1-10.

[5] 邓聚龙.灰色系统理论的生成函数[J].模糊数学,1985(2):11-22.

[6] 郭洪.灰色关联度的分辨系数[J].模糊数学 1985(2):55-58.

[7] 邓聚龙.灰色控制系统[M].武汉:华中工学院出版社,1985.

[8] 邓聚龙.灰色预测与决策[M].武汉:华中理工大学出版社,1985.

[9] 邓聚龙.灰色系统基本方法[M].武汉:华中理工大学出版社,1987.

[10] 邓聚龙.多维灰色规划[M].武汉:华中理工大学出版社,1989.

[11] 邓聚龙.灰色系统论文集[C]//武汉:华中理工大学出版社,1989.

[12] 邓聚龙.灰色系统理论教程[M].武汉:华中理工大学出版社,1990.

[13] 邓聚龙.灰色系统理论基础[M].武汉:华中科技大学出版社,2002.2.

[14] 邓聚龙.灰预测与灰决策[M].武汉:华中科技大学出版社,2002.

[15] 刘思峰,党耀国,方志耕,谢乃明等著.灰色系统理论及其应用(第五版)[M].北京:科学出版社,2010.

[16] 刘思峰.灰色系统理论及其应用(第九版)[M].北京:科学出版社,2021.

[17] 樊伟,杨军,刘廷廷.灰色神经网络组合模型及在滑坡预测中的应用[J].人民长江.2005,36(11):48-50.

[18] 韩正刚.用灰色系统理论分析坝基渗流观测资料[J].水利水电工程.1994(3):34-36.

[19] 何金平,李珍照,刘亚莲,等.初选多测点数学模型预置因子集的灰色关联度分析法[J].武汉水利电力大学学报,1999(1):18-21.

[20] 黄铭，葛修润，王浩. 灰色模型在岩体线法变形测量中的应用[J]. 岩石力学与工程学报，2001(2)：235-238.

[21] 黄铭. 数学模型与工程安全监测[M]. 上海：上海交通大学出版社，2008.

[22] 霍玉华. 隧道围岩变形量预测的灰色模型应用比较研究[J]. 北京交通大学学报. 2006，30(4)：42-45.

[23] 姜岩，栾元重. 地面沉降灰色模型预测[J]. 水文地质工程地质，1990(6)：34-35＋43.

[24] 焦明连，蒋廷臣. 基于小波分析的灰色预测模型在大坝安全监测中的应用[J]. 大地测量与地球动力学，2009，29(2)：115-117.

[25] 金跃强. 基于最优加权组合预测的江苏高新技术产业发展趋势研究[J]. 深圳职业技术学院学报，2017，16(3)：35-40.

[26] 孔令伟，郭爱国，赵颖文，等. 荆门膨胀土的水稳定性及其力学效应[J]. 岩土工程学报，2004，26(6)：727-732.

[27] 李斌，夏新利，崔龙，等. 新疆克孜尔水库 F2 活断层活动特征分析[J]. 工程地质学报，2009，17(6)：780-787.

[28] 李会中，段伟锋，王团乐. 金沙江乌东德水电站金坪子滑坡成因机制分析与稳定性评价[J]. 资源与环境工程，2005，19(4)：293-301.

[29] 李雷，郑书亚，张琪. 基于最优加权组合的能源评估预测模型[J]. 中国高新区，2018(13)：49.

[30] 李卫强，高俊义，陈林. 巫奉高速滑坡危险性的灰色聚类评价[J]. 交通世界(建养. 机械)，2010，(08)：170-172.

[31] 廖野澜，谢谟文. 监测位移的灰色预报[J]. 岩石力学与工程学报，1996(3)：78-80＋82-83.

[32] 刘国华，王军，蒋建群，等. 改进灰色关联度分析及其在大坝观测中的应用[J]. 中国农村水利水电. 2004(3)：55-58.

[33] 刘鸣，龚壁卫，刘军，等. 膨胀土(岩)渠坡现场监测技术研究[J]. 长江科学院院报，2009，26(11)：62-66.

[34] 刘鸣，刘军，谭峰屹，等. 新乡膨胀岩试验段渠坡处理现场监测研究[J]. 长江科学院院报，2011，28(10)：148-155.

[35] 刘祖强，张正禄，邹启新，等. 工程变形监测分析预报的理论与实践[M]. 北京：中国水利水电出版社，2008.

[36] 张军,刘祖强.滑坡监测分析预报的非线性理论和方法[M].北京:中国水利水电出版社,2010.

[37] 陈善雄,赵旻,冷星火,等,强膨胀土渠坡破坏机理及处理技术[M].北京:科学出版社,2016.

[38] 童广勤,李双平,大坝安全智能监测理论与实践[M],武汉:长江出版社,2023.

[39] Liu Z,Liu Y,Zhang J,et al. Identification and evaluation of active fault in the resevior head of three gorges project based on grey statistical model[C]//2011 IEEE International Conference on Grey Systems and Intelligent Services 15Th WOSC International Congress on Cybernetics and Systems. Nanjing China,2011. 510-516.

[40] Liu Y,Li C,Liu Z. Research on the application of new generation information technology in safety monitoring of watershed hub operation[C]//2021 7th International Conference on Hydraulic and Civil Engineering & Smart Water Conservancy and Intelligent Disaster Reduction Forum(ICHCE & SWIDR). IEEE,2021:881-885.

[41] Li S, Liu Z, Zheng M, et al. Research on intelligent monitoring system of hydraulic engineering based on digital twin[C]//2021 7th International Conference on Hydraulic and Civil Engineering & Smart Water Conservancy and Intelligent Disaster Reduction Forum(ICHCE & SWIDR). IEEE,2021:224-231.

[42] Li S, Liu Z, Zheng M, et al. Exploration on big data architecture and its correlation analysis for safety monitoring in operation of basin's hydro-junctions[J]. IOP Conference Series Earth and Environmental Science, 2019. DOI: 10. 1088/1755-1315/304/2/022026.

[43] 刘祖强.系统辨识技术在大坝观测资料分析中的应用[J].大坝观测与土工测试,1990(1):23-28.

[44] 刘祖强.土石坝垂直位移预报模型的建立[J].长江科学院院报,1990(3):73-78.

[45] 刘祖强,刘祖强.长江三峡新滩滑坡前缘深层蠕变灰色处理[J].大坝观测与土工测试,1990,14(2):3-8.

[46] 刘祖强.非线性灰色模型在滑坡观测数据处理中的应用[J].武测科技,1990(3):22-26.

[47] 刘祖强,沈天佑.长江三峡黄腊石滑坡监测系统辨识斜坡蠕变能力及蠕变趋势灰色分析[J].工程勘察,1991(2):57-60.

[48] 刘祖强.变形趋势的灰色模型及其预测灰色平面[J].勘察科学技术,1991(6):48-51.

[49] 刘祖强.滑坡破坏灰色预测[J].水利水电技术,1991(2):38-42.

[50] 刘祖强.滑坡灰色灾变预测[J].勘察科学技术,1991(5):1-5.

[51] 刘祖强.大坝变形灰色季节预测[J].江西测绘,1991(1):25-29.

[52] 刘祖强.滑坡观测数据灰色处理[J].矿山测量,1992(1):22-24.

[53] 刘祖强.大坝观测统计模型因子选择的两种新方法[J].水利学报,1992(2):67-70.

[54] 刘祖强.试论变形体变形的灰色特征及其性态的灰色评估[J].工程勘察,1992(4):49-52.

[55] 刘祖强.大坝安全监测动态系统灰色模型研究[J].勘察科学技术,1994(1):49-54.

[56] 刘祖强.工程变形态势的组合模型分析与预测[J].大坝观测与土工测试,1996,20(3):11-14.

[57] 刘祖强,张正禄,梅文胜,等.乌东德水电站金坪子滑坡监测及若干关键技术[J].水电自动化与大坝监测,2009,33(5):61-64

[58] 刘祖强,刘彦杰.清江库区丹水撇洪渠边坡变形监测与变形分析[J].地理空间信息,2007,5(3):89-91.

[59] 刘祖强,吕笑,龚文慈,等.膨胀土(岩)渠坡自动化综合监测系统研究[J].人民长江,2014,45(7):31-35.

[60] 刘祖强,马能武,叶青.三峡永久船闸高边坡表层岩体变形分析研究[C]//中国水利水电测绘信息网、长江水利委员会长江勘测规划设计研究院、国家电力公司成都勘测规划设计研究院合编.纪念水利水电测绘信息网成立 20 周年水利水电测绘科技论文集.武汉:湖北辞书出版社,2003.144-148.

[61] 刘祖强,裴灼炎,廖勇龙.三峡永久船闸高边坡深层岩体变形分析与预测[J].人民长江,2002,33(4):1-4.

[62] 刘祖强,张潇,施云江.三峡永久船闸直立坡岩体变形监测与变形分析[J].人民长江,2004,35(5):3-5.

[63] 刘祖强,杨红,廖永龙.三峡永久船闸建筑物变形特性分析[J].水电站自动化与大坝观测,2005,29(2):59-63.

[64] 刘祖强,张正禄,杨奇儒,等.三峡工程近坝库岸滑坡变形监测方法试验研究[J].

工程地球物理学报,2008,5(3):351-355.

[65] 赵哲炎,刘祖强,粟玉英.滑坡体变形空间分布的灰关联模型分析[J].人民长江,2013,44(23):60-62.

[66] 刘祖强,郑敏,熊涛.南水北调中线工程渠坡膨胀土含水率监测及分析[J].长江科学院院报,2018,35(7):74-78.

[67] 李双平,马能武,马瑞,等.工程安全监测信息云服务平台[J].水利水电快报,2022,43(12):6-7.

[68] 周华,李双平,丁建新,等.基于WebGL的结构有限元在线分析评价可视化平台[J].人民长江,2021,52(S2):305-308.

[69] 谢向荣,程翔,李双平.安全监测技术在膨胀土渠道监测中的应用[J].人民长江,2015,46(5):26-29+34.

[70] 李双平,张斌.基于小波与谱分析的大坝变形预报模型[J].岩土工程学报,2015,37(2):374-378.

[71] 郑敏,李双平,裴灼炎.三峡大坝安全监测可视化系统开发[J].人民长江,2013,44(4):56-58+76.

[72] 张斌,史波,陈浩园,等.大坝安全监测自动化系统应用现状及发展趋势[J].水利水电快报,2022,43(2):68-73.

[73] 张斌,顾功开,李超.基于动平均改进灰色模型的高边坡沉降变形预测[J].人民长江,2010,41(20):56-59.

[74] 刘波,张斌,喻佳,等.基于多元线性回归模型的大坝变形预报研究[J].人民长江,2010,41(20):53-55.

[75] 娄飞,张春,李峰.基于最优加权组合法的电力负荷预测研究[J].蚌埠学院学报,2013,2(6):15-18.

[76] 罗庆成.灰色关联分析与应用[M].南京:江苏科学技术出版社,1989.

[77] 门东坡,王金力,何超平,等.基于最优加权组合模型的煤炭消费结构预测[J].煤炭工程,2021,53(3):190-196.

[78] 石建舟,张潇.长江三峡库首地质与地震灾害监测[C]//中国水利水电测绘信息网、长江水利委员会长江勘测规划设计研究院、国家电力公司成都勘测规划设计研究院合编.纪念水利水电测绘信息网成立20周年水利水电测绘科技论文集.武汉:湖北辞书出版社,2003,100-103.

[79] 苏爱军.滑坡预报方法探讨[J].水文地质工程地质.1990,(5):50-51.

[80] 唐红梅,陈洪凯,唐芬,等.重庆库区松散土体滑坡危险性分区及评价[J].灾害学,2004,(1):3-8.

[81] 汪豫忠.活断层研究现状及其展望综述[J].地震学刊,1993(4):55-58.

[82] 王宝明.非饱和膨胀土含水率与强度特性的直接快剪研究[J].科技风,2015(6):27-28.

[83] 王芳.基于最优加权组合模型的体检人数预测研究[J].现代医院,2017,17(8):1110-1114.

[84] 王红君,蒋伟杰,赵辉,等.基于最优加权组合模型的转炉炼钢耗氧量预测[J].河南理工大学学报(自然科学版),2017,36(2):94-98.

[85] 王家鼎.大城市地面沉降灾害的灰色预测[J].甘肃科学(甘肃省科学院学报).1990(4):61-67.

[86] 王利,张双成,李亚红.动态灰色预测模型在大坝变形监测及预报中的应用研究[J].西安科技大学学报,2005(3):328-332.

[87] 王念秦,王永锋,罗东海,等.中国滑坡预测预报研究综述[J].地质论评 2008,54(3):355-360.

[88] 王学萌.灰色系统模型在农村经济中的应用[M].武汉:华中理工大学出版社,1989.

[89] 吴之明.大坝混凝土施工期温度预测与控制灰色模型[J].清华大学学报(自然科学版).1994(2):94-101.

[90] 夏元友.滑坡灰色系统预测模型及其应用[J].自然灾害学报.1995(1):74-78.

[91] 熊支荣,李珍照.灰色系统理论在大坝观测资料分析中的应用[J].水利水电技术,1991(4):46-51.

[92] 徐金明,段光贤.上海市地震滑坡的预测研究[J].地质灾害与防治,1990(1):69-74+44.

[93] 徐君毅,曾安敏.基于缓冲算子的灰色模型在地壳形变预测中的应用[J].大地测量与地球动力学,2009,29(3):91-94.

[94] 严智渊.灰色系统预测与决策[M].南京:江苏科学技术出版社,1989.

[95] 晏同珍,伍法权,殷坤龙.滑坡系统静动态规律及斜坡不稳定性空时定量预测[J].地球科学,1989(2):117-133.

[96] 杨红军,王胜辉,李潇潇.基于最优加权组合模型的光伏出力预测[J].沈阳工程学院学报(自然科学版),2019,15(4):300-305.

[97] 杨英明,李全生,方杰.基于最优加权组合模型的煤炭消费预测分析[J].煤炭工程,2018,50(5):156-160.

[98] 杨永林,苏琴,朱航.短水准短基线观测资料反映出的川滇几个断层活动特点[J].四川地震,2005(3):17-21.

[99] 臧德彦,古长森.秦山核电站海堤沉陷灰色模型预测[J].华东地质学院学报,1998,(02):85-92+94.

[100] 张吉艳,蔡德所,郭雅男,等.最优加权组合预测模型在大坝变形监测中的应用[J].人民珠江,2016,37(10):100-104.

[101] 张新生,叶晓艳.最优加权组合模型在管道腐蚀预测中的应用[J].中国安全生产科学技术,2019,15(5):68-73.

[102] 朱玉平,黄涛.基坑变形的灰色模拟与预测[J].广东土木与建筑,2000,(04):19-22.

[103] 中华人民共和国国家发展和改革委员会.水电水利工程区域构造稳定性勘察技术规程:DL/T 5335—2006[S].北京:中国电力出版社,2006.

[104] 艾克热木·艾合买提.基于最优加权组合模型的交通事故预测研究[D].乌鲁木齐:新疆大学,2015.

[105] 艾斯卡尔·吾休尔,木尼热·亚森.灰色关联分析法在大坝安全监测数据处理中的应用[J].水资源与水工程学报,2004,15(2):33-35.

[106] 常丹,李旭,刘建坤,等.土体含水率测量方法研究进展及比较[J].工程勘察,2014,42(9):17-22.

[107] 陈善雄,赵旻,冷星火,等.强膨胀土渠坡破坏机理及处理技术[M],北京:科学出版社,2016.

[108] 党耀国,刘思峰,王正新,等.灰色预测与决策模型研究[M].北京:科学出版社,2009.

[109] 王铁生,贾存,李浩.灰关联与混合模型相结合在大坝变形中的应用[J].华北水利水电学院学报,2009,30(3):18-20.

[110] 丁立,田林亚,范雷刚,等.基于灰色聚类法和灰色关联分析的大坝安全评价[J].测绘工程,2015,24(4):66-69+73.

[111] 顾艳玲,杨永森.一种基于熵权和灰色关联分析的大坝安全综合评价方法[J].水利建设与管理,2022,42(7):25-28.

[112] 李波,刘明军,张治军.未确知滤波法和灰色模型在大坝变形预测中的应

用[J]. 长江科学院院报,2011,28(10):86-89.

[113] 王嘉晟,曹文杰,杨云霄,等. 卡尔曼滤波与灰色模型在岳城水库大坝沉降分析中的应用[J]. 海河水利,2018(4):59-61+67.

[114] 冯钱桢,黄腾. 灰色 BP 神经网络组合模型在大坝沉降监测中的应用[J]. 甘肃科学学报,2020,32(1):14-17.

[115] 李明然,田林亚,洪毅. 改进的灰色马尔科夫模型在大坝变形预测中的应用[J]. 水利与建筑工程学报,2012,10(3):65-66+194.

[116] 任超,梁月吉,庞光锋,等. 基于灰色最小二乘支持向量机的大坝变形预测[J]. 大地测量与地球动力学,2015,35(4):608-612.

[117] 卢献健,刘海锋,蒋园园,等. 基于灰色遗传 BP 神经网络的大坝变形预测[J]. 桂林理工大学学报,2017,37(4):647-652.

[118] 刘强,沈振中,聂琴,等. 基于灰色模糊理论的多层次大坝安全综合评价[J]. 水电能源科学,2008,26(6):76-78+185.

[119] 李宗坤,乔小琴,赵庆. 灰色模糊组合评价法在大坝安全综合评价中的应用[J]. 水电能源科学,2010,28(8):67-69.

[120] 孙玮玮,李雷,郑昊尧. 基于灰色关联度法的大坝风险后果综合评价[J]. 人民黄河,2012,34(4):102-104.